高职高专
名校名师精品“十三五”规划教材

Technology and Application of Cloud Computing

云计算基础

技术与应用

易海博 池瑞楠 张夏衍◉主编
易文周◉副主编

人 民 邮 电 出 版 社
北 京

图书在版编目（CIP）数据

云计算基础技术与应用 / 易海博，池瑞楠，张夏衍主编. -- 北京 : 人民邮电出版社，2020.10（2024.6重印）
高职高专名校名师精品“十三五”规划教材
ISBN 978-7-115-53938-0

Ⅰ. ①云… Ⅱ. ①易… ②池… ③张… Ⅲ. ①云计算－高等职业教育－教材 Ⅳ. ①TP393.027

中国版本图书馆CIP数据核字(2020)第074177号

内 容 提 要

本书较为全面地介绍了云计算的概念、云计算服务、云计算的部署、云计算的特点、云计算安全、云计算市场、计算机网络、数据库、虚拟化基础、Linux 基础、Web 服务、公有云平台、私有云平台等知识，并在每个章节安排了实战项目，让学生更好地学习和掌握云计算基础技术，提升解决实际问题的动手能力。

本书可以作为高职高专云计算技术与应用专业的教材，也可以作为云计算入门课程的参考书。

◆ 主　　编　易海博　池瑞楠　张夏衍
副 主 编　易文周
责任编辑　左仲海
责任印制　王　郁　马振武
◆ 人民邮电出版社出版发行　　北京市丰台区成寿寺路 11 号
邮编　100164　　电子邮件　315@ptpress.com.cn
网址　https://www.ptpress.com.cn
天津千鹤文化传播有限公司印刷
◆ 开本：787×1092　1/16
印张：16.5　　2020 年 10 月第 1 版
字数：331 千字　　2024 年 6 月天津第 10 次印刷

定价：49.80 元

读者服务热线：(010)81055256　印装质量热线：(010)81055316
反盗版热线：(010)81055315
广告经营许可证：京东市监广登字 20170147 号

前　言 FOREWORD

云计算技术被认为是继互联网技术之后信息技术的又一次重大变革，它是信息技术发展和服务模式创新的集中体现，是信息化发展的必然趋势。我国云计算市场即将进入产业规模高速扩大阶段，届时对产业发展的人才需求将呈现较高的增长态势，尤其是对优秀云计算人才的需求将不断扩大。

党的二十大报告提出：我们要坚持教育优先发展、科技自立自强、人才引领驱动，加快建设教育强国、科技强国、人才强国。本书从构建云计算的知识体系，到阐明云计算的基本原理，引导读者动手实践，从学到做，为读者学习云计算后续课程打下基础。本书特点如下。

1. 面向无基础的读者，覆盖云计算相关知识。

本书面向无云计算基础的读者，按照由浅入深的顺序，详细介绍了云计算的概念、云服务、云部署、云计算的特点、云安全、云市场，以及计算机网络、云数据库、虚拟化、Linux 基础、Web 服务、公有云和私有云等知识，内容通俗易懂，是一本入门级读物。

2. 每一章的理论知识安排对应的实战项目。

为了使读者能快速理解云计算的相关知识，本书在每一章均安排了对应的实战项目，并给出了详细的实战教程，读者能够根据实战教程独立完成实战项目，从而掌握云计算的相关知识。

本书的参考学时为 48～64 学时，建议采用理论实践一体化的教学模式进行学习。

本书由易海博、池瑞楠、张夏衍任主编，易文周任副主编，同时苏梓烨参与了实战教程的编写以及全书的校对，易海博统编全稿。本书得到了广东时汇信息科技有限公司的大力支持，并通过时汇公司的蜜蜂实训平台创建实战项目，为读者提供了详细的实战教程，是一本理论与实践相结合的云计算专业教学指导用书。

由于编者水平和经验有限，书中难免有不足和疏漏之处，恳请读者批评指正。

编　者

2023 年 5 月

目 录 CONTENTS

第 1 章 云计算概述

云计算的产生和发展有着深刻的时代烙印。在短短十年间，云计算概念已经成为当今信息技术领域中最重要的新概念之一。云计算被称为继大型计算机、个人计算机、互联网之后的第 4 次 IT 产业革命，正在成为未来互联网和移动互联网结合的一种新兴的计算模式。云计算是下一代互联网、物联网和移动互联网的基础，全球信息领域的主要厂商都在围绕云计算重新布局。

本章要点：

1. 了解云计算的概念；

2. 了解云计算与并行计算、分布式计算、集群计算、网格计算、效用计算的联系和区别。

1.1 云计算

云计算是新的概念，那么它的内涵是什么，发展历史又是什么呢？其实，云计算不是一个全新的技术，是在已有技术的基础上发展起来的，那么它的概念是如何提出的呢？

1.1.1 云计算的概念

云计算（Cloud Computing）是一个新概念，产生的历史并不长，对云计算的定义有多种说法。

（1）厂商角度：云计算的“云”是存在于互联网服务器集群上的资源，它包括硬件资源[如中央处理器（CPU）、内存储器、外存储器、显卡、网络设备、输入输出设备等]和软件资源（如操作系统、数据库、集成开发环境等），所有的计算都在云计算服务提供商所提供的计算机集群上完成。

（2）用户角度：云计算是指技术开发者或者企业用户以免费或按需租用的方式，利用云计算服务提供商基于分布式计算和虚拟化技术搭建的计算中心或超级计算机，使用数据存储、分析以及科学计算等服务。

（3）抽象角度：云计算是指一种商业计算模型，它将计算任务分布在由大量计算机构成的资源池上，使各种应用系统能够根据需要获取计算力、存储空间和信息服务。

（4）正式的定义：云计算是一种按使用量付费的模式，这种模式提供可用的、便捷的、按需的网络访问，进入可配置的计算资源共享池（资源包括网络、服务器、存储、应用软件、服务），只需投入很少的管理工作，或与服务供应商进行很少的交互，这些资源就能够被快速提供。这是美国国家标准与技术研究院（National Institute of Standards and Technology，NIST）对云计算的定义，是被大众广泛接受的定义。

1.1.2 云计算的内涵

对云计算概念的定义虽然很多，但脱离不开一个名词，即互联网。可以说，“云”是互联网的一种比喻说法。而云计算可以被认为是基于互联网的相关服务的增加、使用和交付模式，通常需要通过互联网来提供动态易扩展的资源。云计算的兴起代表着计算和数据资源正在逐渐迁移至互联网，所以有的人认为云计算就是“互联网+计算”。云计算和互联网应用日益结合，不断推动互联网应用和云计算的发展。

一方面，互联网的大规模应用（如搜索引擎、网络媒体、社交网络、网上购物等网络应用）使得服务提供商拥有了大型数据中心来支撑自身业务的发展，如亚马逊（Amazon）、谷歌（Google）、微软（Microsoft）等大型公司都计划或已经在自己庞大的基础设施上提供更多的服务。这一趋势使用户可以采取租用基础设施的服务方式完成自身业务，避免了自建机房和维护系统，这使云计算服务成为可能，从而推动互联网应用的进一步发展。

另一方面，不同类型的互联网应用，使用户越来越多地将数据（如文字、图片、音频、视频等个人数据）存储到互联网上。与此同时，智能手机和便携式计算机等移动终端的快速发展，不仅提供了随时随地接入互联网的能力，还满足了运行各种互联网应用的需求，使用户可以方便地通过这些轻量级的设备访问存储在互联网上的数据。大量的数据存储和计算功能都需要通过网络来实现，这进一步推动了云计算的发展。

除了“互联网”，云计算与另一个名字也紧密相关，即“虚拟化”。虚拟化使用所谓的虚拟机管理程序从一台物理计算机创建若干台虚拟机。云计算通过虚拟化实现了有弹性可扩展的资源和服务，虚拟化技术是云计算的一个重要基础。云计算服务提供商通过对软硬件资源的虚拟化，将基础资源变成了可以自由调度的资源共享池，从而实现资源的按需配给，向用户提供按使用量付费的服务。用户可以根据业务的需要动态调整所需的资源，而云计算服务提供商也可以提高自己的资源使用效率，降低服务成本，通过多种不同类型的服务方式为用户提供计算、存储和数据业务的支持。

1.1.3 云计算的发展历史

云计算概念的历史并不长，但云计算技术在近年来却发展飞速。

真正意义上的云计算服务是在2000年以后出现的，即Amazon公司于2006年3月推出弹性计算云（Elastic Compute Cloud）服务。同年8月，Google公司的首席执行官埃里克·施密特（Eric Schmidt）在美国加利福尼亚州圣何塞（San Jose）举行的搜索引擎大会（SES 2006）上介绍的“Google 101”项目中使用了“云计算”一词，这是云计算概念第一次出现在公众视野中。2007年10月，Google公司与美国国际商业机器公司（IBM）开始在美国的大学中推广“云计算”计划，为这些大学提供相关的云计算软硬件设备及技术支持，旨在降低云计算技术在学术研究方面的成本。2008年2月，IBM在中国无锡太湖新城科教产业园启动“IBM-中国云计算中心”的建设，这被认为是全球第一个云计算中心（Cloud Computing Center）。2010年7月，美国国家航空航天局（National Aeronautics and Space Administration，NASA）和美国云计算公司Rackspace、美国超威半导体公司（AMD）、美国英特尔公司（Intel）、美国戴尔公司（Dell）等公司共同宣布“OpenStack”开放源代码计划，持续推动开源的云计算管理平台项目的发展。2013年12月，IBM首次宣布将其顶级计算基础结构服务引入我国，随后Amazon公司也将Amazon的公有云计算服务引入我国。

云计算的兴起和发展顺应了当前全球范围内整合计算资源和服务能力的趋势，满足了高速处理海量数据的需求，为高效、可扩展和易用的软件开发和使用提供了支持和保障。

1.2 其他计算

在云计算出现之前的主要计算方法有并行计算、分布式计算、集群计算、网格计算和效用计算。云计算虽然是一个新的概念，但与它们关联紧密。

1.2.1 并行计算

并行计算（Parallel Computing）或称平行计算（见图1-1），是相对串行计算提出的概念，是指同时使用多种计算资源解决计算问题的过程，其主要目的是快速解决大型且复杂的计算问题。并行计算的特点是将任务分解成离散的多个部分，通过执行多个程序指令来同时完成计算。在多计算资源下解决问题的耗时要明显短于在单个计算资源下解决问题的耗时。

云计算是在并行计算出现之后产生的概念，并且云计算是由并行计算发展而来的，两者在很多方面有着共性。但并行计算不等同于云计算，两者区别如下。

图 1-1　并行计算

1. 云计算源于并行计算

并行计算的出现是由于人们不满足于 Intel 公司创始人戈登·摩尔（Gordon Moore）提出的“摩尔定律”（当价格不变时，集成电路上可容纳的元器件的数目，每隔 18～24 个月便会增加一倍，性能也将提升一倍）的增长速度，希望将任务分解成离散的多个部分，随时并及时地执行多个离散部分，从而获得更快的计算速度。这种很简单的实现高速计算的方法被证明相当成功，但由于并行计算可以达到的并行度有限，所以人们开始把提高计算速度的思想从一台计算机的并行转移到多台计算机协同并行上来，逐渐产生了云计算的概念。

2. 用户群体不同

并行计算的提出最初主要是为了满足科学技术领域的专业需要，利用并行计算的领域也基本局限于科学技术领域。传统并行计算机的使用是一个相当专业的工作，需要使用者有较高的专业素质，而且并行计算绝大部分采用命令行的操作，这对用户的要求非常高。而云计算面向的不仅仅是科学技术领域和专业用户，它将计算资源包装成易使用的服务，无须专业的操作知识，几乎所有的行业和用户都可以很容易地使用云计算。

3. 高性能与低要求

为了提高并行计算的能力，人们采用昂贵的服务器，不惜代价地提高计算速度。为提高并行计算能力而设计和开发的高性能计算机不断推陈出新，一台大型高性能计算机如果在 3 年内不能得到有效的利用就会逐渐被淘汰，巨额的投资将无法收回。云计算的最重要目的并不是追求高性能，而是将计算资源以服务的形式提供给更多的人使用。云计算并不一定要求使用昂贵的服务器，云计算中心的计算力和存储力可随需要逐步增强，云计算的基础架构支持这一动态增强的方式，每个节点可以是非常廉价的计算机。

1.2.2 分布式计算

分布式计算（Distributed Computing）是把需要进行大量计算的工程数据分成小块（见图 1-2），由多台计算机分别计算，在上传运算结果后，将结果统一合并得出数据结论的计算方法。

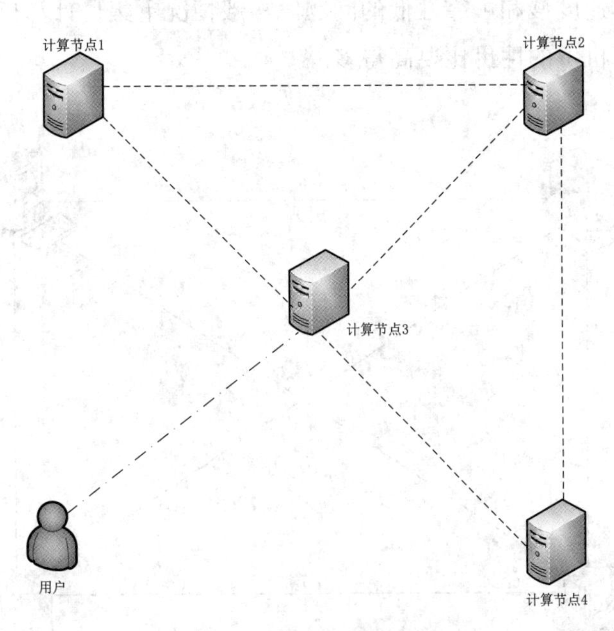

图 1-2 分布式计算

并行计算与分布式计算都运用并行来获得更高的性能，化大任务为小任务。简单来说，如果处理单元共享内存，就称为并行计算，反之就是分布式计算。但是，分布式计算的任务包互相之间有独立性，上一个任务包的结果未返回或者结果出现错误，对下一个任务包的处理几乎没有什么影响。因此，分布式计算对实时性要求不高，而且允许存在计算错误。相对于并行计算，分布式计算的资源利用率更高，计算效率也更高。

除此之外，分布式计算与云计算的理念更加接近。可以说，云计算是在分布式计算的基础上扩充和发展起来的。概括来说，分布式计算具有以下几个优点：

（1）稀有的资源可以共享；

（2）通过分布式计算可以在多台计算机上平衡计算负载；

（3）可以把程序放在最适合运行的计算机上。

目前常见的分布式计算项目通常利用世界各地上千万志愿者计算机的闲置计算能力，通过互联网进行数据传输。例如，分析计算蛋白质的内部结构和相关药物的项目，该项目结构庞大，需要惊人的计算量，仅由一台计算机计算是不可能完成的。

1.2.3 集群计算

集群计算（Cluster Computing）是指同时使用多台计算机（如个人计算机、服务器、工作站等计算机）、多个存储设备和记忆冗余的互连线路来组成一个对用户来说单一的、高可用的系统（见图 1-3），通过这个系统来实现计算的负载均衡。集群系统中的单个计算机通常称为节点，通过局域网连接，但也有其他的连接方式。集群计算机通常用来改进单个计算机计算速度慢和可靠性低的问题。一般情况下集群计算机比单个计算机（如工作站或超级计算机）的性价比要高得多。

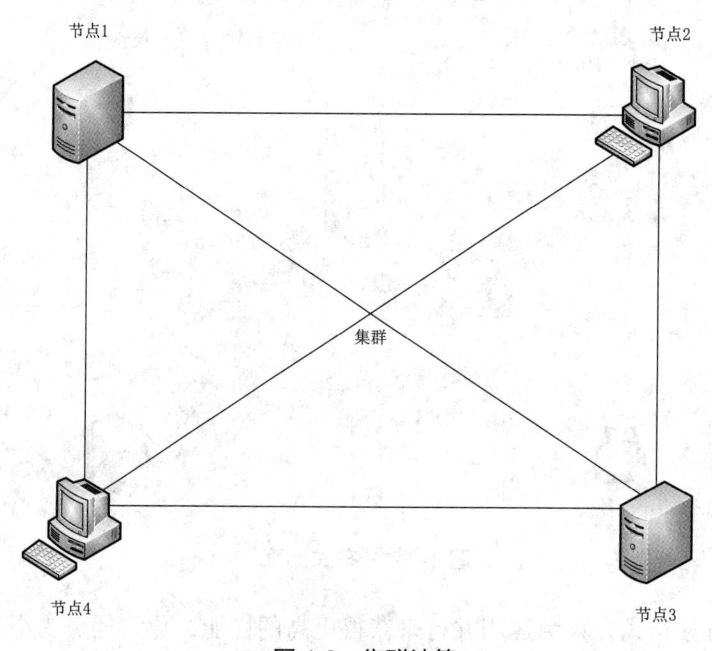

图 1-3 集群计算

云计算是在集群计算出现之后产生的概念，两者在很多方面有着共性和区别。

1. 连接方式相同

集群计算将多台计算机、多个存储设备和记忆冗余的互连线路组成一个对用户来说单一的、高可用的系统；云计算也是将多个计算设备连接起来组成一个云计算平台，为用户提供服务。

2. 设备要求不同

集群计算连接的多台计算机一般是同构的，通常通过局域网连接；而云计算组成的计算设备不要求同构，甚至可以是不同配置、不同种类的设备。

3. 主要用途不同

集群计算的一个常见用途是在一个高流量的网站中实现负载均衡，例如，一个网页请求被送到管理服务器，然后此服务器决定此请求由几个相同 Web 服务器中的哪一个进行处理，这种集群计算的处理方式将能够增加通信量和提升处理速度。集群计算还可以被用来进行低廉的并行计算，这些并行计算通常为科学研究或其他需要并行运算的应用服务。而云计算的用途不仅限于负载均衡，它面向的用户更加广泛，可以为广大用户提供高性价比的计算服务。

1.2.4 网格计算

网格计算（Grid Computing）是指利用互联网把地理上广泛分布的各种资源，如计算资源、存储资源、带宽资源、软件资源、数据资源、信息资源、知识资源等（见图 1-4），连成一个逻辑整体，就像一台超级计算机，为用户提供一体化的信息和应用服务（如计算、存储、访问等）。

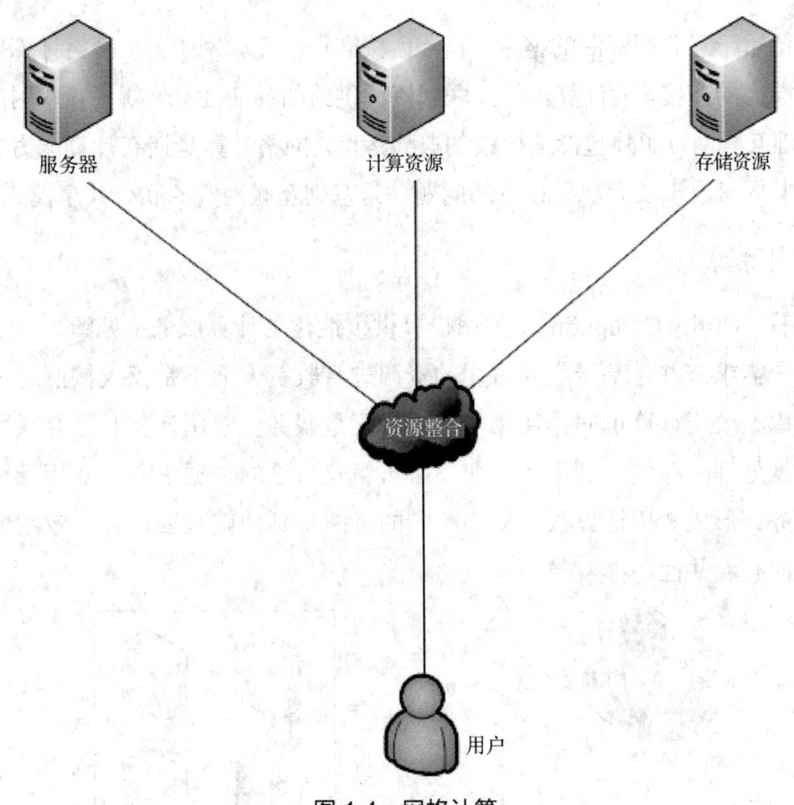

图 1-4 网格计算

网格计算和集群计算是相对提出的，集群计算连接的是同构的计算机，网格计算是异构的，连接的是一组相关的计算机，它的运作更像一个计算公共设施而不是一个独立的计算机。网格计算可扩展至用户计算机，而集群计算一般局限于数据中心。

云计算是在网格计算出现之后产生的概念，两者在很多方面有着共性和区别。

1．都可以提高网络资源的利用率

网格计算和云计算都可以提高网络资源的利用率，特别是将闲置的计算资源、存储资源、带宽资源、软件资源、数据资源、信息资源、知识资源等接入互联网，形成一个逻辑整体，就像一台超级计算机，为用户提供一体化的信息和应用服务。

2．主要用途不同

网格计算和集群计算的主要用途一致，都是把一个需要非常强的计算能力才能解决的问题分成许多小的部分，然后把这些部分分配给许多计算机进行处理，最后把这些计算结果综合起来得到最终结果。云计算的主要用途不是为科研人员处理复杂运算，而是为广大用户提供高性价比的计算服务。

3．侧重点不同

云计算侧重于互联网资源的整合，整合后按需提供互联网资源。网格计算侧重于不同组织间计算能力的连接。云计算依靠互联网资源供给的灵活性，革新了互联网产业的商业模式，是基础互联网资源外包商业模式的典型运用。网格计算是拥有计算能力的节点自发形成联盟，共同解决涉及大规模计算的问题，是基础互联网资源联合共享模式的运用。

1.2.5 效用计算

效用计算（Utility Computing）为用户提供个性化的计算服务（见图 1-5），以满足不断变化的用户需求，并且基于实际占用的资源进行收费，而不是仅仅按照时长或速率进行收费。所以，效用计算也叫作使用收费或者配量服务。效用计算利用互联网来实现企业用户的数据处理、存储和利用，企业不必再组建自己的数据中心。效用计算把计算包装成一种服务，形成效用计算服务模型，它的进一步延伸就是云计算。效用计算和云计算在很多方面有着共性。

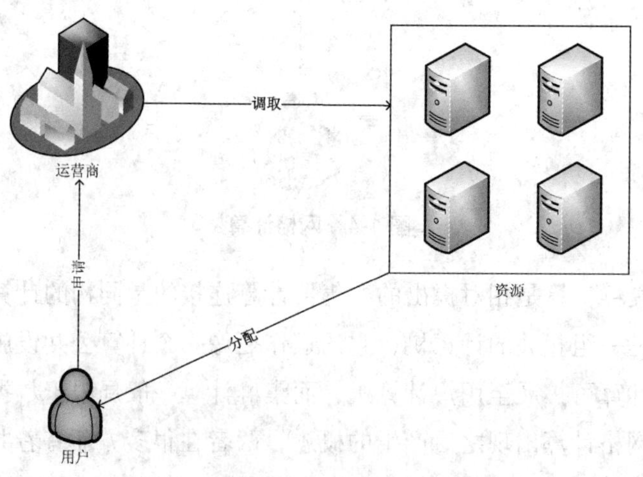

图 1-5　效用计算

1. 效用计算和云计算都是服务模型

效用计算是一种提供服务的模型。在这个模型里，服务提供商提供用户需要的计算资源和基础设施管理，并根据应用所占用的资源情况进行收费，而不是仅仅按照速率进行收费。云计算也是一种服务模型，它使用互联网上大量的分布式计算机来代替本地计算机或远程服务器，帮助企业完成大量计算任务，为企业节省了大量时间和设备成本，从而能够将更多的资源放在自身业务的发展上，将数据业务外包给公用计算供应商来处理。

2. 效用计算是云计算的一个重要组成部分

云计算需要效用计算，需要对用户进行收费。可以说，云计算是并行计算、分布式计算和网格计算的发展，或者说是这些计算科学概念的商业实现，并采用效用计算的商业模式，为广大用户提供服务。

1.3 实战项目：多人共同使用云端 Office

项目目标：能够在线使用云端 Office，并邀请其他人共同使用云端 Office。

实战步骤如下。

（1）网络上提供了许多共同办公应用软件，有助于提高协同工作的效率，除提供基础的文档文件编辑功能之外，允许多人协同修改，并且文件存储在云端，节省了本地的空间。“一起写”就是其中之一（见图 1-6）。进入“一起写”的官网，主页面介绍了“一起写”的主要功能。

图 1-6　“一起写”官网

（2）注册账户，在网站顶部导航栏的最右侧有“注册”按钮，单击“注册”按钮（见图 1-7）。

（3）单击“注册”按钮之后，进入合作版本选择的页面，本实战项目使用的版本为个人版，单击选择个人版（见图 1-8）。

注册

图 1-7　注册新用户

图 1-8　选择个人版

（4）选择个人版后，进入“注册一起写账号”页面，注册账号的方式有 3 种，分别是手机号注册、邮箱注册和第三方账号登录（见图 1-9），本实战项目选择的是手机号注册的方式，在填写完手机号后，单击“下一步”按钮。

图 1-9　“注册一起写账号”页面

（5）注册成功后，进入用户页面，在首页有初始生成的几个样例（见图 1-10），分别是文档、表格和演示文稿，本实战项目使用的是其中的文档。

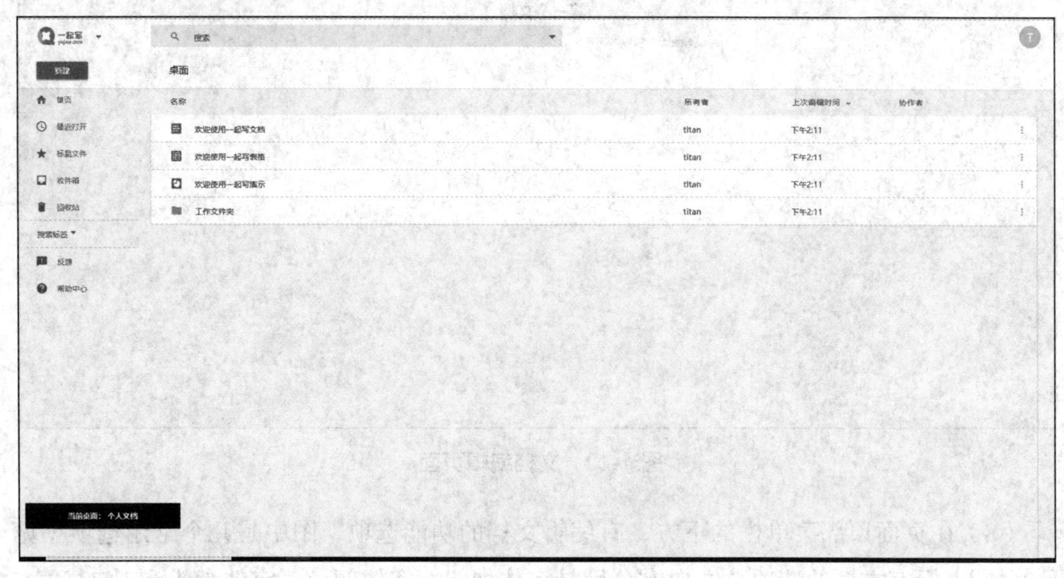

图 1-10　用户页面

（6）在页面的左侧，单击“新建”按钮，展开菜单，新建一个文档（见图 1-11）。

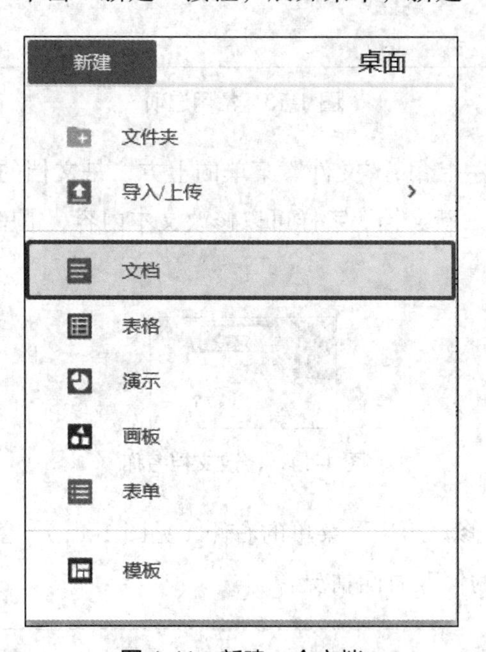

图 1-11　新建一个文档

（7）新建文档后自动进入新创建的文档编辑页面，它与通常使用的 Word 文档的界面十分相似（见图 1-12）。

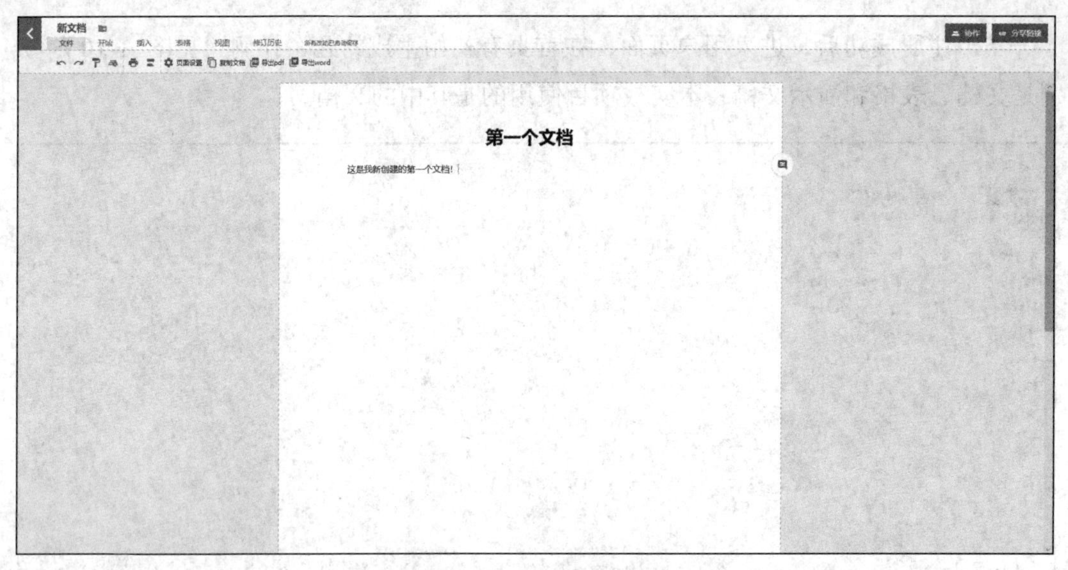

图 1-12 文档编辑页面

（8）在页面顶部菜单栏的下方，有编辑文档的功能选项，图中是几个常用选项（见图 1-13），标有方框的选项自左向右分别是字体加粗、字体颜色、字体大小和对齐方式。

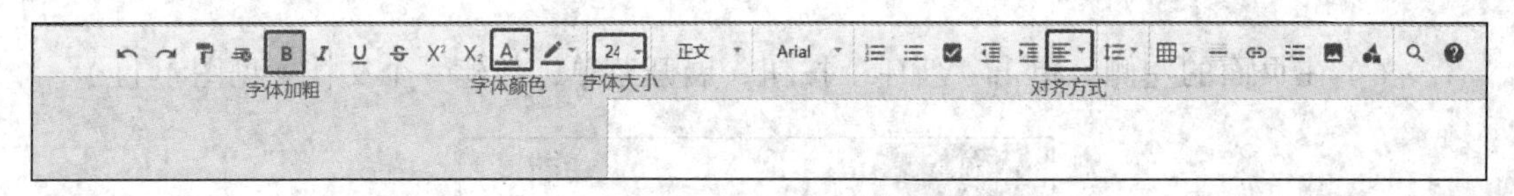

图 1-13 常用选项

（9）在页面顶部的左上角，“文件”菜单的上方，是文档的当前名称，默认的文档名称为“新文档”，单击“新文档”字样可以修改文本内容，也就是修改文档名称（见图 1-14）。

图 1-14 修改文档名称

（10）在菜单栏处“修订历史”菜单的右侧（见图 1-15），会提醒该文档什么时候被修改过，方便了解文档的修改时间情况。

图 1-15 修改时间情况

（11）单击菜单栏的“修订历史”菜单，可以看到谁修改过文档（见图 1-16）。

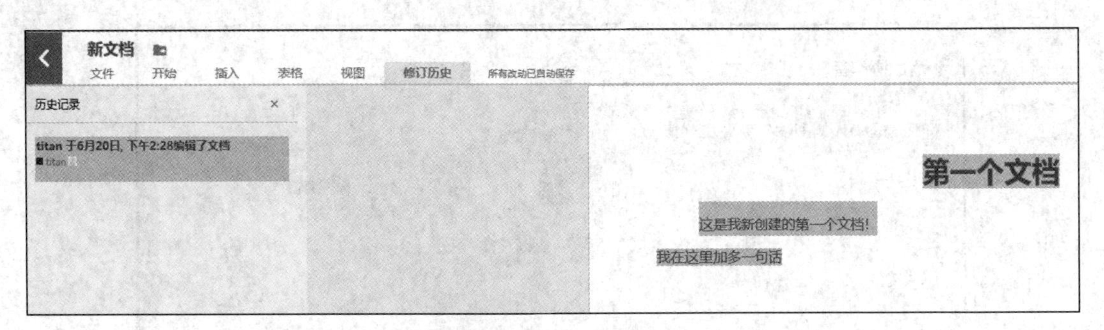

图 1-16　谁修改过文档

（12）“一起写”支持多人协同修改文档，单击网页菜单栏右上角的“协作”按钮（见图 1-17），进行协作人员的添加操作。

图 1-17　协作

（13）单击“协作”按钮后，进入“协作者列表”页面，在这里可以添加协作者（见图 1-18），单击图中方框处的“添加协作者”按钮。

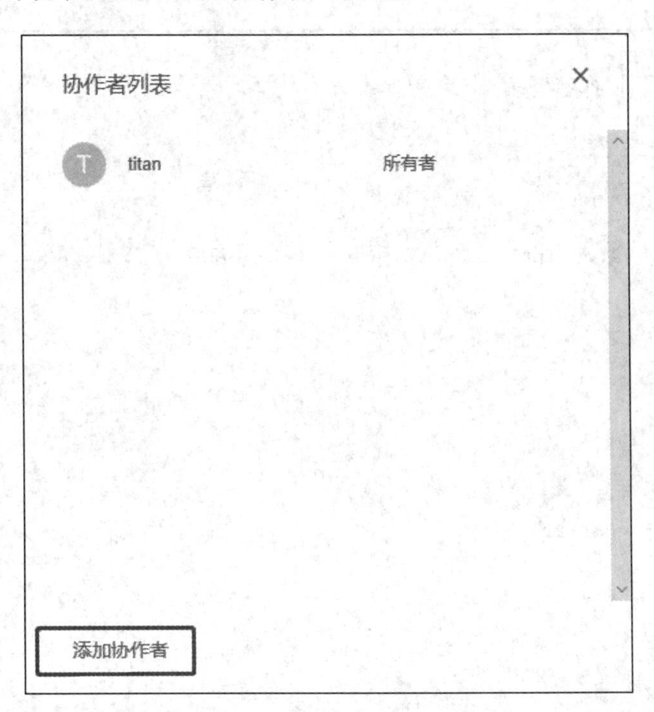

图 1-18　添加协作者

（14）进入“添加协作者”对话框，对话框分为左右两栏，左侧可以搜索联系人，右侧是已选择联系人，在此可以将自己的协作伙伴一起添加进来（见图 1-19、图 1-20）。

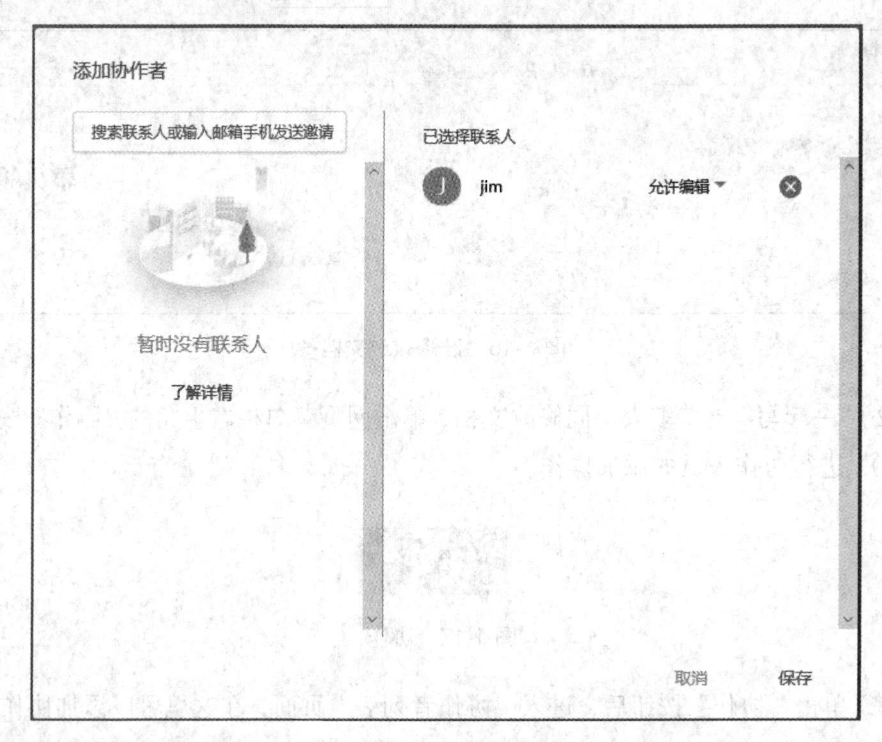

图 1-19　添加协作者 jim

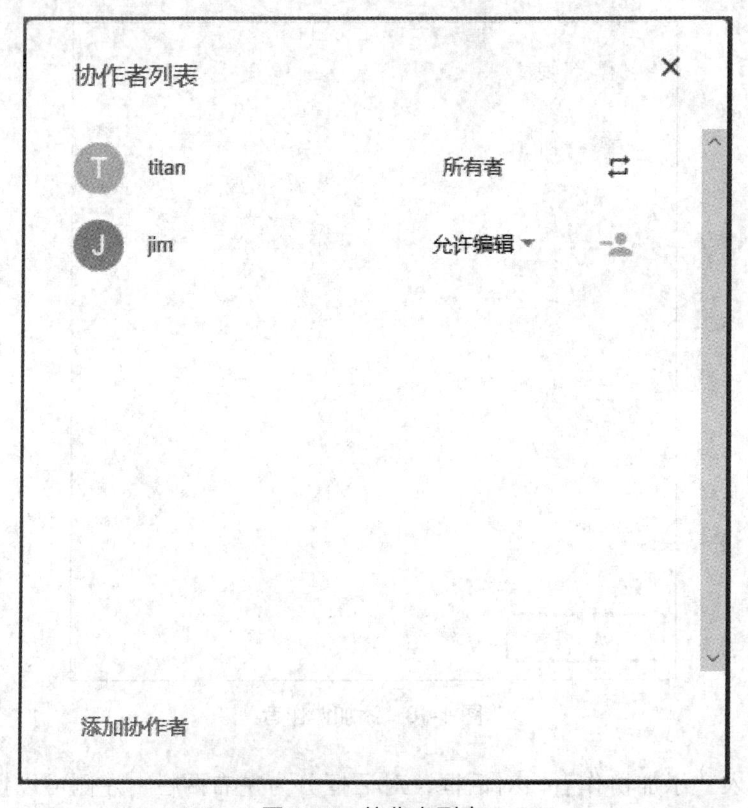

图 1-20　协作者列表

（15）邀请协作者后，被邀请协作的一方会在收件箱收到邀请（见图 1-21），收件箱在用户主页面的左侧。

图 1-21　收件箱

（16）单击菜单栏的“修订历史”菜单，在修订历史页面的左侧，可以看到对方修改过的记录（见图 1-22）。

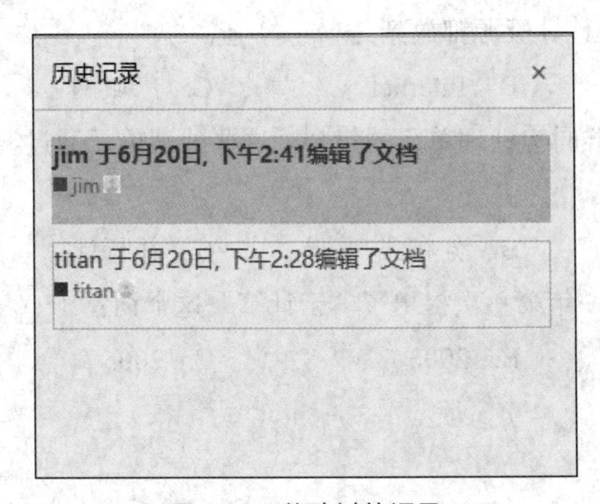

图 1-22　修改过的记录

1.4 思考与练习

1. 云计算是对分布式计算、并行计算、网格计算及分布式数据库的改进处理。

A. 正确　　B. 错误

2. 网格计算和将计算资源作为可计量的服务提供的公用计算，在互联网宽带技术和虚拟化技术高速发展后萌生出云计算。

A. 正确　　B. 错误

3. 云计算可以把普通的服务器或者 PC 连接起来以获得超级计算机的计算和存储等功能，但是成本更低。

A. 正确　　B. 错误

4. 云计算的基本原理为：利用非本地或远程服务器（集群）的分布式计算机为互

联网用户提供服务（计算、存储、软硬件等服务）。

A. 正确　　B. 错误

5. 利用互联网把分散在不同地理位置的计算机组成一台虚拟的超级计算机的概念是（　　）。

A. 并行计算　　B. 分布式计算　　C. 网格计算　　D. 效用计算

6. 云计算是对（　　）技术的发展与运用。

A. 并行计算　　B. 网格计算

C. 分布式计算　　D. 以上三个选项都是

7. 超大型数据中心运营中，（　　）所占比例最高。

A. 硬件更换费用　　B. 软件维护费用

C. 空调等支持系统维护费用　　D. 电费

8. 云计算就是把计算资源都放到（　　）上。

A. 对等网　　B. Internet　　C. 广域网　　D. 无线网

9.（　　）是一群同构处理单元的集合，这些处理单元通过通信和协作来更快地解决大规模计算问题。

A. 虚拟化　　B. 分布式　　C. 并行计算　　D. 集群

10. Google 在哪一年第一次提出了“云计算”这个词？（　　）

A. 2002　　B. 2003　　C. 2005　　D. 2006

第 2 章 云计算服务

传统计算机行业的业务与服务过于复杂，成本高昂，软硬件资源多、种类复杂、维护成本高并且需要有专门的团队进行管理维护。云计算的出现很大程度上解决了这些问题，根据用户的需求进行资源配置，软硬件资源由云服务提供商提供，节省了管理维护的成本，提高了安全性。

本章要点：

1. 了解云计算服务；
2. 了解 3 种服务模式的关系；
3. 了解 3 种服务模式的延伸；
4. 了解云计算服务模式示例：天翼云。

2.1 云计算服务概述

云计算可以提供一种服务，它将大量用网络连接的计算资源统一管理和调度，构成一个计算资源池，向用户提供按需服务。用户通过网络以按需、易扩展的方式获得所需的资源和服务。

云计算服务提供商是云计算服务的提供者，它以软件即服务（Software as a Service，SaaS）、平台即服务（Platform as a Service，PaaS）、基础设施即服务（Infrastructure as a Service，IaaS）的模式将云计算资源组织起来，提供给用户（见图 2-1）。云计算服务的用户可以是大型企业、政府、事业单位、科研单位，也可以是中小型企业，甚至是个人。云计算服务提供商将云计算资源以多种模式进行组织，将其以服务的形式像水和电一样提供给用户使用。

1. 服务

以中小型企业为例，云计算服务提供商可以为它们搭建信息化所需要的网络基础设施及软件、硬件运作平台，并提供前期的实施、后期的维护等一系列服务。

（1）从技术方面来看：企业采用云计算服务模式在效果上与企业自建信息系统基本没有区别，企业无须再配备互联网方面的专业技术人员，同时又能得到最新的技术实现，满足企业对信息管理的需求；云计算服务提供商通过有效的技术措施，可以保证每家企业数据的安全性和保密性。

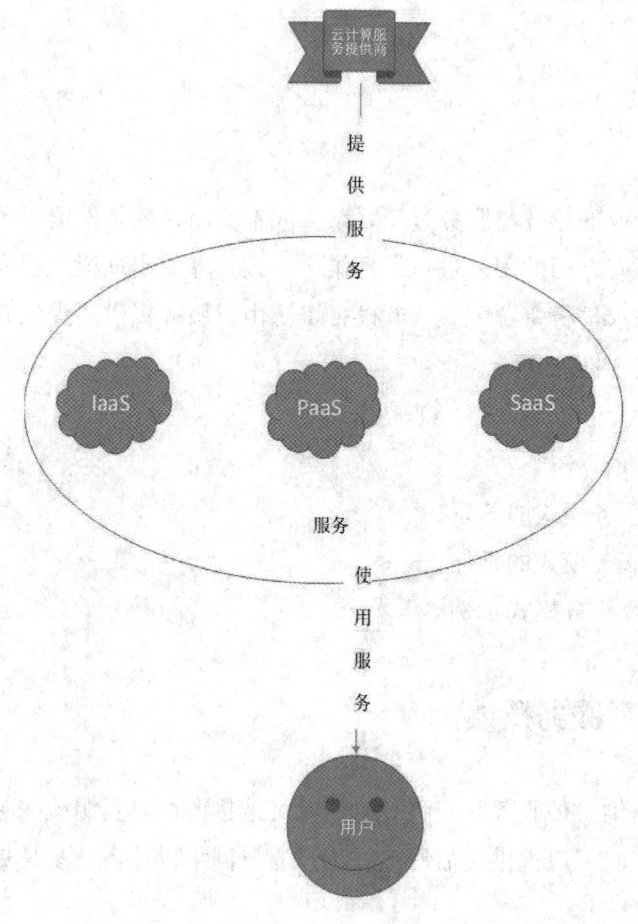

图 2-1　云计算服务的提供方式

（2）从投资方面来看：企业不用一次性投资到位，不占用过多的运营资金，只以相对低廉的租金进行投资，即可通过互联网享用信息系统；企业无须购买软硬件、建设机房、招聘互联网技术人员，只需前期一次性支付项目实施费和定期的软件租赁服务费，节省了大量购买互联网产品、技术和维护运营资金，从而使企业缓解了资金不足的压力，使其不用考虑成本折旧问题，并能及时获得最新硬件平台及最佳解决方案。

（3）从维护和管理方面来看：由于企业采取租用服务的方式来进行物流业务管理，不需要专门的维护和管理人员，也不需要为维护和管理人员支付额外费用，所以很大程度上缓解了企业在人力、财力上的压力，使其能够集中资金对核心业务进行有效的运营；

并且，企业可以像使用水电一样，方便地利用信息化系统，从而大幅度降低了中小企业信息化的门槛与风险。

2. 服务模式

从以上的例子可以看出，云计算服务提供商可以为用户提供网络软件、开发平台甚至基础设施的服务。根据现在最常用也是较权威的标准，即美国国家标准技术研究院的定义，从用户体验的角度，云计算主要分为 3 种服务模式（见图 2-2）。

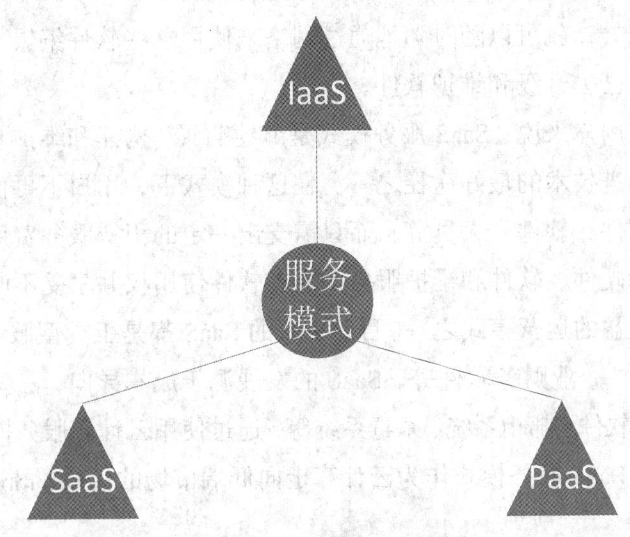

图 2-2 云计算服务模式

（1）SaaS，其作用是将软件作为服务提供给用户。

（2）PaaS，其作用是将一个开发平台作为服务提供给用户。

（3）IaaS，其作用是将虚拟机或者其他资源作为服务提供给用户。

2.1.1 软件即服务

软件即服务是云计算的一种服务模式，即把软件作为一种服务提供给用户。SaaS 诞生于互联网，随着云计算的发展而快速发展。

云计算服务提供商将应用软件统一部署在自己的服务器上，用户可以根据自己的实际需求，通过互联网向服务提供商订购所需的应用软件服务，按订购的服务多少和时间长短向服务提供商支付费用，并通过互联网获得云计算服务提供商提供的服务，用户不能管理应用软件运行所在的基础设施和平台，只能做有限的应用程序设置。用户不用再购买软件，而改为向提供商租用基于 Web 的软件来管理企业经营活动，且无须对软件进行维护。服务提供商会全权管理和维护软件，在向用户提供互联网应用的同时，也提供软件的离线操作和本地数据存储，让用户随时随地都可以使用其订购的软件和服务。

SaaS 早已走入人们的生活，如搜索引擎、电子邮箱等。人们不需要在自己的计算机中安装搜索系统或者邮箱系统，通过浏览器即可使用 Google、百度等公司提供的搜索引擎，使用网易、新浪等公司提供的电子邮箱。而随着 SaaS 逐渐发展，不少需要在计算机上安装的软件也逐渐走上云端，例如，Google 公司的 Google Docs 产品和微软公司的 Microsoft OfficeOnline 产品（包括 WordOnline、ExcelOnline、PowerPointOnline 和 OneNoteOnline 等）已经可以通过 SaaS 实现云端办公，打开扩展名为 DOC、XLS、ODT、ODS、RTF、CSV 和 PPT 的文件。这两款产品的特点是用户无须在本机安装，只需要打开浏览器，注册账号，就可以随时随地通过网络来使用这些软件编辑、保存、阅读自己的文档，不需要自己去升级和维护软件。

对企业和个人用户来说，SaaS 服务模式是节约购买、构建和维护基础设施和应用程序的费用，获取先进技术的最好途径之一。在这种模式下，用户不再像传统模式那样花费大量资金用于硬件、软件、人员等，而只需支出一定的租赁服务费用，通过互联网便可以享受到相应的硬件、软件和维护服务，享有软件使用权并享受不断升级的服务，这是网络应用最具效益的运营模式之一。目前 90%的 SaaS 都是工具型服务，如邮件、杀毒、办公自动化（OA）、企业财务软件等。SaaS 的发展源于成本导向，一些中小企业不愿建立自己的财务应用软件、邮箱系统、杀毒系统等，通过使用云计算服务提供商提供的 SaaS 服务降低成本，而 SaaS 服务模式作为云计算走向低端市场的模式，既避免了盗版，又获取了用户。

SaaS 模式最早由一家用户关系管理（Customer Relationship Management，CRM）软件服务提供商 Salesforce 在 1999 年创立。Salesforce 公司拥有超过 100 000 个用户，它的用户关系管理服务被分成 5 个大类，包括销售云（Sales Cloud）、服务云（Service Cloud）、数据云（Data Cloud）、协作云（Collaboration Cloud）和用户云（Custom Cloud）。除了 Salesforce 公司，最早的 SaaS 厂商还有 Netsuite 公司，它成立于 1998 年，是专门为中小型企业提供定制化企业管理软件的应用程序制造商。Salesforce 公司和 Netsuite 公司在 SaaS 发展的前期都专注于 CRM 的在线化。2003 年，互联网技术服务公司 Sun Microsystems 推出 J2EE 技术，随后微软推出.NET 技术，这两种技术让以前只能通过桌面应用才能实现的功能可以通过基于网页的技术实现。随后，以 Salesforce 公司为首的多家企业推出了功能强大、用户体验良好的企业级产品，标志着 SaaS 模式技术已经变得成熟。随着包括 Salesforce 在内的一些企业运用 SaaS 模式的成功，Microsoft、Google、IBM、美国甲骨文公司（Oracle）等互联网领域的巨头也都已悄然抢占 SaaS 市场。同时，SaaS 服务模式正在逐渐细化和深入发展，除了 CRM，企业资源计划（Enterprise Resource Planning，ERP）、电子健康记录（Electronic Health Record，EHR）、供应链管理（Supply Chain Management，SCM）等系统也都开始 SaaS 化。

经过十余年的发展，SaaS 模式的主要产品已包括 Salesforce 公司的 Sales Cloud、Google 公司的 Google Apps、美国雅虎（Yahoo!）公司的 Zimbra、卓豪（ZOHO）公司的 Zoho 和 IBM 公司的 LotusLive 等。

SaaS 产品主要有以下几个优势（见图 2-3）。

图 2-3 SaaS 的优势

（1）随时随地访问：在任何时候或者任何地点，只要接上网络，用户就能访问 SaaS 产品。

（2）支持公开协议：SaaS 产品支持公开协议（如 HTML 4/5 等协议），能够方便用户使用。

（3）安全保障：SaaS 产品需要提供一定的安全机制，不仅要使存储在云端的用户数据处于安全的境地，而且也要在用户端实施一定的安全机制（如 HTTPS 协议）来保护用户。

（4）多住户机制：SaaS 产品通过多住户机制，不仅能更经济地支撑庞大的用户规模，而且能提供一定的可定制化服务以满足用户的特殊需求。

（5）优化服务的收费方式：用户可以按需要选择不同种类的收费方式，从而有效降低用户的运营成本。

（6）灵活选择：用户可以灵活选择 SaaS 产品的模块、备份、维护、安全、升级等功能，按需订购，选择更加自由。

（7）面向用户：SaaS 产品为用户提供面对面使用指导，用户不需要额外的专业互联网技术人员，可以更专注于核心业务。

（8）产品优化：SaaS 产品可以被灵活启用和暂停，产品更新速度也在加快。

SaaS 服务模式从 1999 年至今，经过多年的发展，已经从 SaaS 1.0 的阶段逐渐进化到 SaaS 2.0 的阶段。类似于 Web 1.0 与 Web 2.0 的概念，SaaS 1.0 更多地强调由云计算服务提供商提供全部应用内容与功能，应用内容与功能的来源单一；而 SaaS 2.0 要求云计算服务提供商在提供自身核心 SaaS 应用的同时，还向各类开发伙伴、行业合作伙伴开放一个具备强大定制能力的快速应用定制平台，使这些合作伙伴能够利用平台迅速配置出适用于特定领域、特定行业的 SaaS 应用，与云计算服务提供商本身的 SaaS 应用无缝集成，并通过云计算服务提供商的门户平台、销售渠道提供给最终企业用户使用，共同分享收益。

SaaS 服务模式通过租赁的方式提供软件服务，免去了软件安装操作过程中一系列专业的复杂环节，让软件的实施和使用变得简单易掌握。SaaS 服务模式在给用户和提供商带来收益的同时也带来了挑战：第一是在安全方面，第二是在管理方面。把用户的业务数据放在"别人"的设备上，甚至将应用委托给"别人"，这需要极大的信任与制度保证。SaaS 服务模式如何应对这两个挑战，决定了 SaaS 的进一步发展前景。

2.1.2 平台即服务

平台即服务是云计算的一种服务模式，即把平台作为一种服务提供给用户。

云计算服务提供商提供的 PaaS 服务模式是将开发环境、服务器平台、硬件资源等服务提供给用户，用户在平台的基础上定制开发自己的应用程序并通过其服务器和互联网传递给其他用户。PaaS 和 SaaS 服务模式的区别在于 SaaS 的用户不能管理应用软件运行所在的基础设施和平台，只能做有限的应用程序设置。PaaS 服务模式将软件研发的平台作为一种服务放在网上，加快了 PaaS 产品的开发。PaaS 服务模式可以提供的平台包括操作系统、编程语言环境、数据库和 Web 服务器等，用户可以在平台上部署和运行自己的应用。但是，用户不能管理和控制底层的基础设施，只能控制自己部署的应用。

PaaS 服务模式面向的主要用户是开发人员。通过使用 PaaS 模式的产品，用户可以在一个包含软件开发工具包（Software Development Kit，SDK）、文档和测试环境等在内的开发平台上非常方便地编写应用，而且不论是在部署，或者是在运行的时候，用户都无须为服务器、操作系统、网络和存储等资源的管理操心，这些烦琐的工作都由 PaaS 服务提供商负责处理。PaaS 的整合率非常惊人，一台运行 Google App Engine 的服务器能够支撑成千上万的 Google Android 应用，也就是说，开发人员通过利用 PaaS 服务模式极大地降低了开发成本。

PaaS 服务模式最早由 Amazon 公司于 2008 年创立，Amazon 公司因此被《商业周刊》评为 2008 年的创新企业。Amazon 在创建初期是一家出售图书的电子商务公司，建立了一个图书销售的电子商务平台。后来，Amazon 公司将它的电子商务平台出租，租给其他的公司。例如，Amazon 公司将它的电子商务平台租借给一家电子产品公司，这家公司利用 Amazon 公司的电子商务平台进行一些个性化的配置，之后就可以用于销售它的电子产品，而不需要自己开发电子商务平台，从而降低了开发成本。

PaaS 服务模式虽然出现得比 SaaS 要晚，但它发展非常迅速。PaaS 服务模式的主要产品包括 Google 公司的 Google App Engine，Salesforce 公司的 Heroku，Microsoft 公司的 Microsoft Azure、免费应用引擎 AppFog、软件平台 Mendix 和云中管理 App 平台 Standing Cloud 等。例如，运用 PaaS 服务模式的产品百度云虚拟主机（Baidu Cloud Hosting，BCH）是基于容器技术、热迁移技术和百度生态能力的集高性能、高可靠性、高安全性和高可用性于一体的新一代网络主机服务，零基础的开发者可以通过 BCH 轻松地完成网站的部署、发布、运维、推广；关系型数据库（Relational Database Service，RDS）也是一种运用 PaaS 服务模式的产品，它基于 SQL Server 数据库引擎，提供全面监控、故障修复、数据备份及可视化管理支持等专业的托管式数据库服务，开发者可以通过 RDS 轻松完成数据库的使用、管理和维护。

PaaS 产品主要有以下几个优势（见图 2-4）。

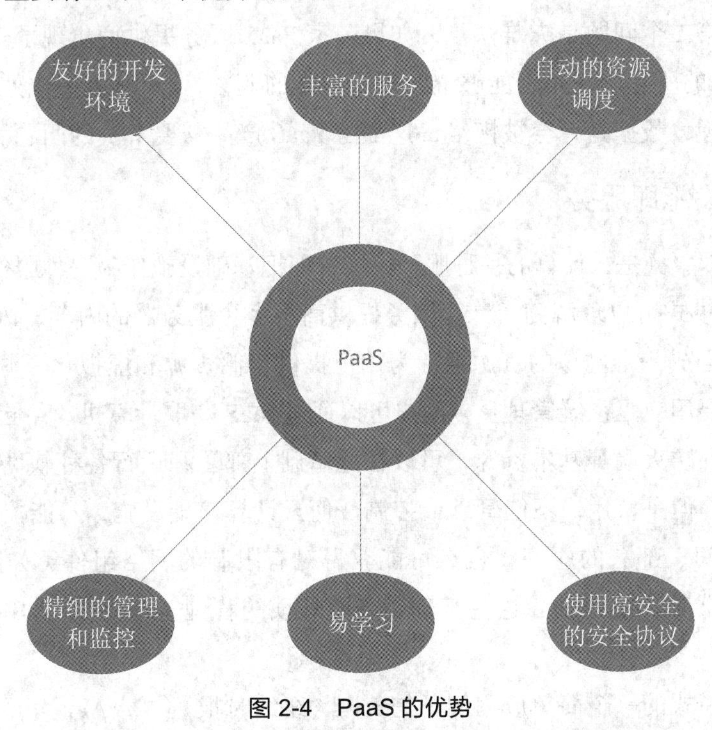

图 2-4　PaaS 的优势

（1）友好的开发环境：PaaS 产品通过提供 SDK 和集成开发环境（Integrated Development Environment，IDE）等工具来让用户能在本地方便地进行应用的开发和测试。

（2）丰富的服务：PaaS 产品会以应用程序编程接口（Application Programming Interface，API）的形式将各种各样的服务提供给上层的应用。

（3）自动的资源调度：PaaS 产品具有可伸缩性，不仅能优化系统资源，而且能自动调整资源来帮助运行于其上的应用，以便更好地应对突发流量。

（4）精细的管理和监控：PaaS 产品可以提供应用层的管理和监控，能够观察应用运行的情况和具体数值（如吞吐量和反应时间），以便更好地评估应用的运行状态，PaaS 产品还可以通过精确计量应用使用所消耗的资源来更好地计费。

（5）易学习：PaaS 产品包括不同类型的平台，用户在 PaaS 平台上面开发，或许可以不需要学习新的语言或者新的框架。

（6）使用高安全的安全协议：PaaS 产品需要使用高安全的安全协议，所以要不断更新安全协议和措施，以免数据泄露以及个人身份数据丢失，招致严厉的处罚，或者非常重大的业务损失或失败。

制约 PaaS 产品发展的最大问题是安全问题，即数据加密需求对应用程序性能的影响以及灾难恢复。首先是数据加密，数据加密是 PaaS 产品在把数据发送给 PaaS 之前必须执行的一个操作步骤，而这一步骤需要花费大量的时间，从而对应用程序的性能造成了不利影响。第二个问题是灾难恢复，如果一家 PaaS 服务提供商出现了长时间的故障，那么 PaaS 服务的所有用户是否能够继续开展正常的业务,处于队列中或处理过程中的消息会被如何处理，数据是否会被恢复，这都是 PaaS 产品需要解决的问题。

2.1.3 基础设施即服务

基础设施即服务是云计算的一种服务模式，即把基础设施作为一种服务提供给用户。

IaaS 服务模式可以理解为云计算服务提供商将多台服务器的内存、I/O 设备、存储和计算能力整合成一个虚拟的资源池，为用户提供存储资源和虚拟化资源等服务。IaaS 服务模式的主要用户是系统管理员。用户可以通过 IaaS 获取计算机、存储空间、网络连接、负载均衡和防火墙等基本资源，可以在此基础上部署和运行各种软件，包括操作系统和应用程序。但是，用户不能管理或控制任何云计算基础设施，却能控制操作系统的选择、存储空间、部署的应用，也有可能获得对有限制的网络组件（如路由器、防火墙、负载均衡器等）的控制。这些基础设施的烦琐的管理工作将由 IaaS 服务提供商来处理。

IaaS 服务模式的一个简单应用例子是美国《纽约时报》（*The New York Times*）。它需要处理数据大小为 TB 级的文档数据，使用上千台 Amazon 公司的 Amazon EC2 虚拟机可以在 36h 内处理这些数据，如果没有 EC2 虚拟机，它处理这些数据可能需要花费数天甚至数月的时间。

IaaS 服务模式的产品主要包括 Amazon 公司的 Amazon EC2 虚拟机、美国的虚拟专用服务器提供商的 Linode、美国云计算公司的 Joyent 和 Rackspace、IBM 公司的 Blue Cloud 和美国思科公司的 Cisco UCS 等。IaaS 产品主要有以下几个优势（见图 2-5）。

（1）资源抽象：IaaS 使用资源抽象的方法，如资源池，可以更好地调度和管理物理资源。

（2）资源监控：IaaS 通过对资源的监控，能够保证基础设施高效率地运行。

（3）负载管理：通过负载管理，IaaS 不仅能使部署在基础设施上的应用更好地应对突发情况，还可以更好地利用系统资源。

（4）数据管理：IaaS 产品需要保证数据的完整性、可靠性以及可管理性。

（5）资源部署：IaaS 资源的部署将整个资源从创建到使用的流程自动化。

（6）安全管理：IaaS 安全管理的主要目标是保证基础设施和其提供的资源能被合法地访问和使用。

（7）计费管理：通过细致的计费管理，IaaS 能使用户更灵活地使用资源。

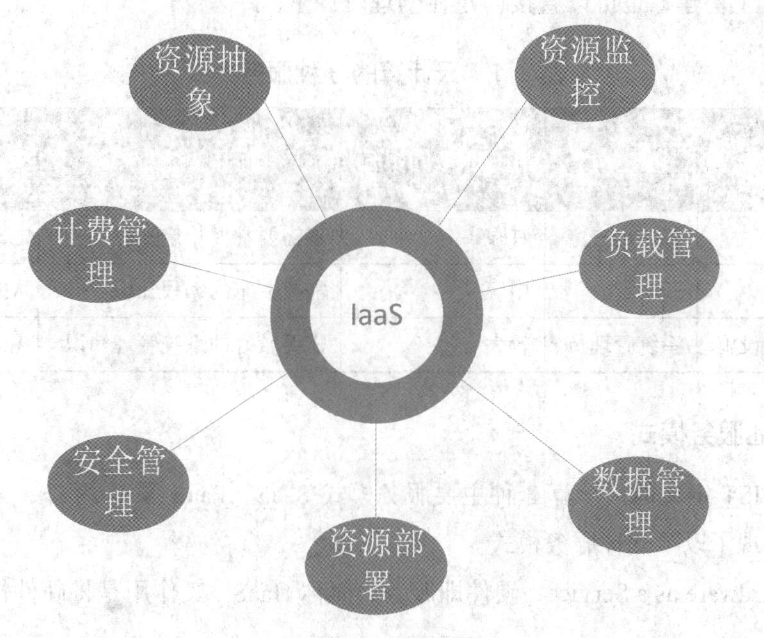

图 2-5　IaaS 的优势

但是，IaaS 也可能存在安全漏洞。例如，服务商提供一个共享的基础设施，包括 CPU 缓存、GPU 等，对该系统的使用者而言，基础设施并不是完全隔离的，这样就会产生一个后果，当一个攻击者得逞时，全部服务器都向攻击者敞开了大门。目前，IaaS 一般从分区和防御策略的角度来解决这个问题，监控环境中是否有未经授权的修改和活动。

2.2 3种服务模式的关系

1. 3种服务模式

云计算的3种主要的服务模式SaaS、PaaS和IaaS之间既有联系也有区别（见表2-1），可以从以下两个角度进行分析。

（1）用户体验角度：SaaS、PaaS和IaaS之间是相互独立的，因为它们主要的用户类型不同。SaaS的用户主要是中小型企业和普通用户，用户直接使用云平台的软件服务，不要求用户掌握编程开发知识；PaaS的用户主要是开发者，用户需要在云平台开发程序，要求用户掌握一定的编程开发知识；IaaS的用户是系统管理员，用户需要对云平台的系统进行管理，要求用户具有较好的编程开发知识和系统管理知识。

（2）技术角度：虽然SaaS基于PaaS产生，而PaaS又基于IaaS产生，但它们并不是简单的继承关系，因为首先SaaS可以基于PaaS或者直接部署在IaaS上，其次PaaS可以从IaaS上构建，也可以直接构建在物理资源上。

表2-1 云计算的3种服务模式

服务模式	服务类型	用户类型	用户获取的资源	对用户的要求	代表产品
SaaS	软件	普通用户	有限	不需要掌握特定知识	Google Apps
PaaS	平台	开发者	中等	需要一定的编程知识	Microsoft Azure
IaaS	基础设施	系统管理员	较大	需要较好的系统管理知识	EC2

2. 其他服务模式

除了NIST定义的云计算3种主要服务模式SaaS、PaaS和IaaS外，云计算在发展过程中还涌现了以下几种服务模式。

（1）Hardware as a Service，硬件即服务，简称HaaS，其作用是将硬件作为服务提供给用户。

（2）Backend as a Service，后端即服务，简称BaaS，其作用是将后端作为服务提供给用户。

（3）Mobile Backend as a Service，移动后端即服务，简称MBaaS，其作用是将移动后端作为服务提供给用户。

（4）Metal as a Service，金属即服务，简称MaaS，其作用是将金属设备作为服务提供给用户。

（5）Information Technology as a Service，IT 即服务，简称 ITaaS，其作用是将信息技术作为服务提供给用户。

（6）Communications as a Service，通信即服务，简称 CaaS，其作用是将通信作为服务提供给用户。

2.3　3 种服务模式的延伸

2.3.1　PaaS 的细化：后端即服务和移动后端即服务

后端即服务（BaaS）是云计算的一种服务模式，即把后端作为一种服务提供给用户。专门针对移动端的 BaaS 称为移动后端即服务（MBaaS），目前大多数 BaaS 平台都属于这一类。

随着互联网的发展，云计算的分工也像其他行业一样逐渐细化，后端服务就是这样被细化出来的。BaaS 服务模式旨在为移动和 Web 应用提供后端云计算服务，包括结构化的数据存储、文件存储、用户和权限管理、云参数、云代码、推送、支付、实时通信、社交媒体整合等。BaaS 服务模式可以降低开发成本，简化应用开发流程，让开发者只需专注于具体业务和逻辑的实现，无须关心后端基础设施构建、运维、服务器托管、网络、性能调优等工作。

BaaS 服务模式与 PaaS 服务模式是同一范畴，但两者也有区别。BaaS 服务模式简化了应用开发流程，而 PaaS 服务模式简化了应用部署流程。PaaS 服务模式是一个执行代码以及管理应用运行环境的开发平台，用户通过代码版本管理工具与平台交互。对开发者来说，PaaS 服务模式就像是一个容器，输入是代码和配置文件，输出是一个可访问应用的链接。BaaS 服务模式作为应用开发的新模型，将用户需求和应用层的通用服务进行抽象化，如用户管理和权限模块，通过简单的设置后，用户端可以直接对用户数据进行增、删、改、查，所有的操作都可以被抽象化。在传统的开发模式中，需要开发者进行用户权限设计、数据库表设置、数据的访问控制和具体业务逻辑实现。在 BaaS 服务模式中，开发者只需要定义模型，平台就会自动生成对应的接口，这可以让开发者更加专注于用户端代码具体操作。

BaaS 服务模式与中间件的功能接近，它使用统一的 API 和 SDK 来连接应用和后端云存储。传统的中间件需要通过本地的物理服务把后端服务集成到应用中，而 BaaS 服务模式通过云来集成后端服务。BaaS 服务模式和中间件的最大不同点是它们提供的云计算服务。云的优势很明显，简单、成本低，中间件的优势是数据安全、易于扩展。从现在的趋势来看，BaaS 服务模式和中间件不存在明显的取代关系，只不过可能以后 BaaS

服务模式和中间件会进一步整合。中间件将更多地被大型企业使用，同时会有越来越多的中小型企业、开发者选择使用 BaaS 服务模式。

在国内外，BaaS 服务模式已经受到巨头们的重视。BaaS 服务模式的主要产品包括移动后端服务 StackMob、移动后端支持平台 Parse、苹果移动开发平台 CloudKit、移动数据服务平台 TalkingData、实时后端数据库 Firebase、云测试平台 Testin 和新型视觉服务平台 Face++等。

BaaS 产品 Parse 是一个完整的手机操作系统 iOS 和 Android 后端支持平台，它可以让开发者完全忘掉服务器端的事情，全情投入用户端的开发。2013 年 4 月，Facebook 公司收购了 Parse 产品。Parse 为用户提供推送服务以及用户、社交网络连接，此外，Parse 还提供了本地数据与服务器端数据同步的服务，开发者只需要关注本地数据的操作和管理。有了 Parse，做一个 iOS 或 Android 应用变得容易。

CloudKit 也是一种 BaaS 产品。2014 年 6 月，苹果公司发布了 CloudKit 产品。CloudKit 提供 API，让用户能够访问苹果公司的 iCloud 服务器；其拥有可供每个用户访问的公开权限的数据库，每个用户可以用自己的私有数据库来存储数据；用户也可以通过 CloudKit 的文件存储系统来存储结构化数据和大文件；这些数据不仅存储在用户本地，而且存储在云端，用户可以在其他设备上访问这些数据。

Firebase 原本是一家实时后端数据库公司，专注于 BaaS 产品开发，它能帮助开发者很快地写出 Web 端和移动端的应用，无须用户购置服务器以及基础设施。2014 年 10 月，Google 公司收购了 Firebase，用户可以在使用 Firebase 的同时，结合 Google 的云计算服务进行开发。

Parse、CloudKit、Firebase 都是国外知名的 BaaS 产品，苹果和谷歌通过 BaaS 服务可以更好地完善其生态圈。Parse 也可以帮助 Facebook 建立它在移动端的地位，从巨头们在 BaaS 方面的布局也可以看出 BaaS 产品的价值。

1．BaaS 产品主要优势

（1）提高效率。BaaS 降低了开发中各个环节的成本，提高了效率。

（2）缩短上线时间。BaaS 减少了从构思到制作整个过程中的阻碍，并降低了上线后的运营成本。

（3）减少交付应用所需的资源。BaaS 需要的开发者和资源更少。

（4）针对手机和平板优化。BaaS 在控制台内进行流程开发和版本管理，支持 iOS 及 Android 版本的同步或异步管理。BaaS 同时支持增量更新，终端用户可在应用内进行更新。BaaS 在优化移动 App 数据和网络上花费了大量时间和资源，减少了跨平台和移动终端的碎片化问题。

（5）具有安全和弹性的基础设施。BaaS 提供捆绑的基础设施，解决了弹性、安全性等性能运营难题，让开发者专注于开发。

（6）具有大量的常用 API 资源。BaaS 将常用和必要的第三方 API 资源汇总，省去开发者单独收集的麻烦。BaaS 为应用提供第三方平台（微博、微信、QQ 等）的接入能力，支持接入授权，快速降低应用注册门槛，方便用户快捷登录。

（7）支持信息推送。BaaS 可以结合应用中的标签设置，针对不同类型的用户推送差异化信息，包括定时推送、离线推送等。BaaS 为 Android 和 iOS 终端分别提供基于消息队列遥测传输（Message Queuing Telemetry Transport，MQTT）和苹果推送通知服务（Apple Push Notification Service，APNS）技术的可靠高效信息推送服务，并保证推送信息到达的即时准确。

（8）支持数据存储。BaaS 为应用提供了库、表、记录等级别的数据定义语言（Data Definition Language，DDL）和数据操作语言（Data Manipulation Language，DML）的操作接口，用户可以通过可视化的界面设计数据库，包括创建类、定义字段、录入数据等。BaaS 支持多表关联处理和数据批量处理，提供记录导入、导出和检索管理的功能。同时，BaaS 可以自动生成对应的 API，用户可以通过任何语言操作已有的 API，另外，平台也内置用户系统、角色系统、文件系统、权限控制等模块。BaaS 为移动业务应用提供灵活的文件存储、上传、下载服务，支持存储配额操作接口，提供后台数据统计分析手段。

（9）支持数据统计。BaaS 可以查看应用的新增用户以及活跃用户数据，并支持自定义事件统计。

2．BaaS 的发展趋势

（1）出现更多的垂直云计算服务：随着技术的发展与市场需求，整个移动互联网行业发展的特点是更加垂直、细分和专业，所以也会出现更多垂直领域的 BaaS 服务提供商。

（2）满足自定义功能扩展：BaaS 在提供标准服务的基础上，让开发者可以根据自己的产品和业务特点，通过在线配置和上传代码的功能来扩展自定义功能，满足个性化需求。

（3）成为行业移动化解决方案的云端支撑服务：随着移动互联网和越来越多的行业结合，BaaS 服务以其简洁、高效、灵活、专业的特点，也被应用到各种行业的移动化解决方案中，成为行业移动化解决方案中云端的支撑服务。

2.3.2　IaaS 的同类：硬件即服务、金属即服务

硬件即服务（HaaS）是云计算的一种服务模式，即把硬件作为一种服务提供给用户。HaaS 概念的出现源于云计算，是云计算服务模式的最底层，与 IaaS 联系非常紧密，在

大部分情况下，HaaS 服务模式被认为是 IaaS 发展的雏形。HaaS 服务模式的主要思想是通过互联网分配更多的存储或处理容量给用户，这一过程当然比云计算服务提供商在基础环境中引入和安装新硬件要快得多。绝大部分云计算服务提供商都采用了低端廉价的硬件，如×86 服务器配上业余级磁盘存储。当然随着用户对服务质量（Quality of Service，QoS）、服务等级协议（Service-Level Agreement，SLA）要求的提高，高端硬件逐渐加入 HaaS。还有一个很有意思的现象是，不少 SaaS、PaaS 的云计算服务提供商配备了大量廉价的硬件设备，逐渐变成了 HaaS 服务提供商。

金属即服务（MaaS）是云计算的一种服务模式，即把金属设备作为一种服务提供给客户。MaaS 服务模式由南非的企业家马克·沙特尔沃思（Mark Shuttleworth）创建的 Canonical 公司开发，主要运用在 Canonical 公司的 Linux 产品发行版 Ubuntu 上。MaaS 服务模式的基本思想是开发者不需要了解硬件或者设备是什么，也不需要了解具体的技术细节是什么，只需要了解它能够提供什么。MaaS 服务模式抽象化所有物理设备为一种服务。从基本概念上来看，MaaS、HaaS 和 IaaS 的区别在于具体的产品实现的功能。

2.3.3 SaaS 的升级：IT 即服务

IT 即服务（ITaaS）是云计算的一种服务模式，即把信息技术作为一种服务提供给用户。ITaaS 服务模式提供了服务自助、成本透明、可治理与自动化的 IT 平台。越来越多的用户考虑用 ITaaS 服务模式替代本地的软件即服务，它被认为是未来的终极 IT 形态，将保证创新与 IT 的敏捷性。这一切的基础源于软件定义数据中心，它将所有基础设施虚拟化，将供给变为服务，通过软件实现全面的自动化。同时，ITaaS 也被认为是 SaaS 在 IT 领域的升级版。

2.3.4 云计算服务中的通信：通信即服务

通信即服务（CaaS）是云计算的一种服务模式，即把通信作为一种服务提供给用户。CaaS 服务模式将传统电信的功能如消息、语音、视频、会议、通信协同等封装成 AP 和 SDK，通过互联网对外开放，提供给企业、垂直行业以及个人开发者使用，将电信能力真正作为服务对外提供。

2.4 云计算服务模式示例：天翼云

中国电信从 2009 年开始启动云计算的研究和开发项目，2011 年 8 月正式对外发布名为“天翼云”的云计算战略、品牌及解决方案。2012 年 9 月，中国电信正式对外提供云主机和云存储服务，成为我国三大运营商中对外提供云计算服务的第一家运营商。中国电信的云计算发展战略明确提出，要做 IaaS 服务提供商的领导者、PaaS 应用的主导者和 SaaS 服务的提供者，因此“天翼云”的云计算体系主要包括 IaaS、PaaS 和 SaaS 这 3 个平台以及其他平台和系统。

（1）HaaS 平台：包括服务器、存储设备、网络设备、安全设备等。

（2）IaaS 平台：以虚拟机服务为主，完成计算机设备、网络设施、移动互联网设施等 IT 资源的虚拟化和基础管理，建立相应的多租户管理、服务管理、计费、账务等云计算服务管理系统，通过现有业务渠道，对外提供弹性存储、弹性计算、大容量数据库、灾难备份等 IaaS 云计算服务。

（3）运营支撑系统（Operation Support System，OSS）：主要支撑中国电信的运营，包括网络管理系统（Network Management System，NMS）和网元管理系统（Element Management System，EMS）等。

（4）业务支撑系统（Business Support System，BSS）：主要支撑中国电信的业务，包括用户关系管理（Customer Relationship Management，CRM）、业务运营支撑系统（Business & Operation Support System，BOSS）、在线计费系统（Online Charging System，OCS）、融合计费系统（Convergent Billing System，CBS）、电子充值中心（E-Voucher Center，EVC）和经营分析系统（Business Intelligence，BI）等。

（5）OS-PaaS 平台：包括计费引擎、协议适配、网络接入、商业智能引擎、海量存储、分布式文件系统、并行数据处理、分布式锁服务、集群调度管理等。

（6）AS-PaaS 平台：包括媒体（图片、音乐、视频）、通信（语言、短信、彩信、网络）业务，Web 资源（搜索、地图、邮箱）等；PaaS 平台整合中国电信业务服务能力，IaaS 平台的计算、存储能力，以及地理信息、社交网络、搜索等互联网热门应用，对政府、企业和其他社会机构提供综合的云平台服务。

（7）SaaS 平台：包括融合通信、融合信息、移动商店、数字音乐、多重播放、融合视讯、移动办公、统一通信、行业应用等；针对特定行业和典型应用，中国电信还提供基于云计算的专业解决方案。例如，中国电信在上海等地实施的金融云、智能交通云。

（8）ITaaS 平台：包括企业资源计划（Enterprise Resource Planning，ERP）、管理信息系统（Management Information System，MIS）、办公自动化（Office Automation，OA）、供应链管理（Supply Chain Management，SCM）和企业信息（Enterprise Messaging，EM）等。

2.5 实战项目：GitHub 云端代码仓库

项目目标：在写代码的时候，通常会涉及版本的迭代更新，保留旧版本的代码可以给新版本的代码提供基础，也就是代码仓库，通过它可以直观地看到项目代码是如何一步步更新变化的。本项目将以 GitHub 为例，完成云端代码备份。

实战步骤如下。

（1）GitHub 是一个代码仓库，可以用来管理代码版本，是程序员必备的工具。进入 GitHub 官网（见图 2-6），在主页面的右侧，根据提示在文本框内填入相关信息，可以注册新用户。

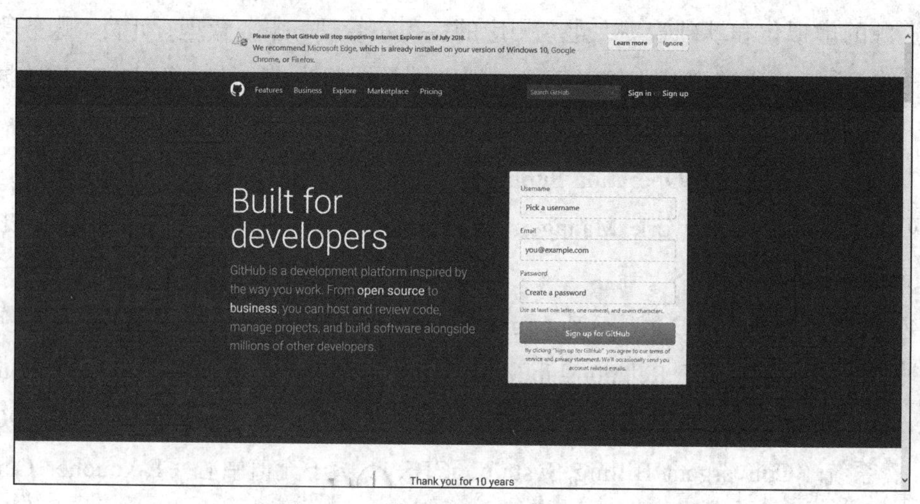

图 2-6 GitHub 官网

（2）注册一个自己的账户（见图 2-7），文本框从上往下依次是用户名、邮箱和密码。用户名是注册完成后，每次登录需要用到的登录用户名；邮箱的用处有很多，除了绑定账号外，在后续的操作中也会被用到；密码是登录时的口令。在填写完信息后，单击“Sign up for GitHub”按钮完成注册。

Username

Email

you@example.com

Password

Create a password

Use at least one letter, one numeral, and seven characters.

Sign up for GitHub

By clicking "Sign up for GitHub", you agree to our terms of service and privacy statement. We'll occasionally send you account related emails.

图 2-7 注册一个自己的账户

（3）注册完成后，进入登录后的主页面，单击网页右上角的“+”下拉按钮，在弹出的下拉列表框中单击“New repository”选项，创建一个新的代码仓库（见图 2-8）。进入到创建页面后（见图 2-9），主要填写仓库的名字、对仓库的描述与决定是否生成 README 文件。

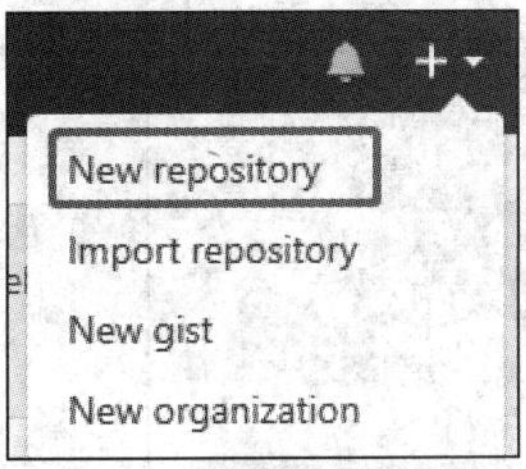

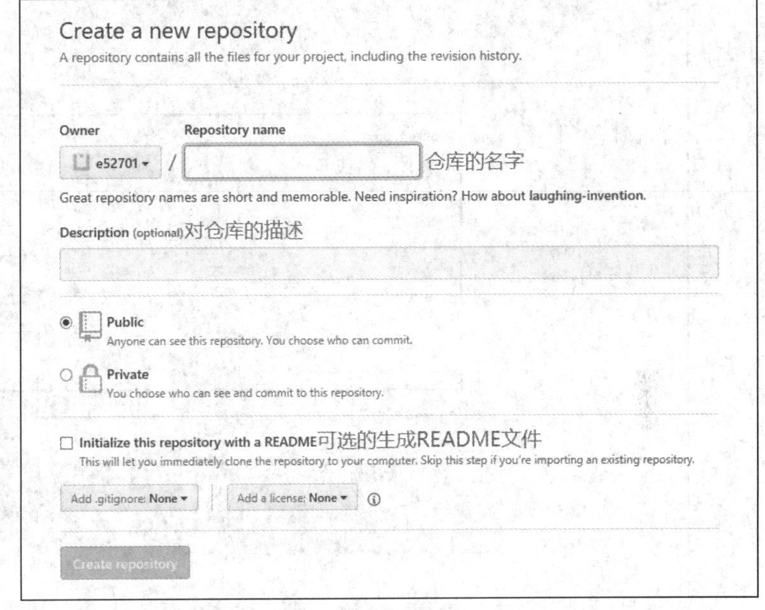

图 2-8　创建新代码仓库

图 2-9　创建页面

（4）创建仓库后，单击页面右上角“+”下拉按钮右侧的软盘图标下拉按钮，弹出下拉列表框，单击“Your profile”选项进入管理页面（见图 2-10），查看自己创建的代码仓库。

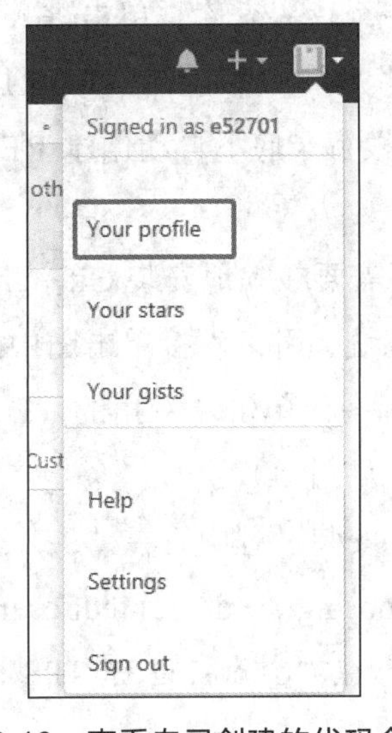

图 2-10　查看自己创建的代码仓库

（5）单击后，进入总览页面（见图 2-11），在图中方框处可以看到创建的所有仓库，在方框下方，可以看到对仓库进行操作的时间记录和操作记录。

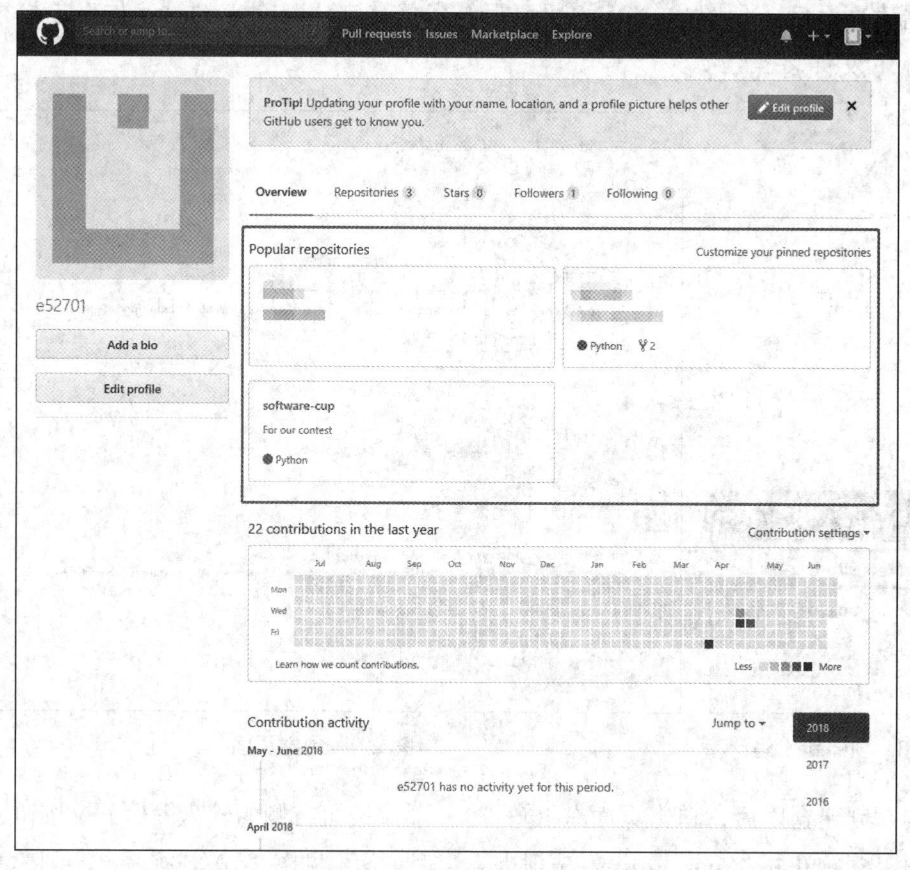

图 2-11　已创建的所有仓库

（6）在仓库总览处，选择一个代码仓库，单击进入仓库（见图 2-12），在仓库主页面可以看到根目录下的所有文件夹和文件（见图 2-13）。如果在创建的时候选中了创建 README 文件复选框，则会在根目录底下自动创建 README.md 文件，可以对该文件进行编辑，以描述项目。

（7）除了创建代码仓库，还需要在本地安装 Git。git-bash 用于管理 GitHub。首先进入 Git 官网，如果是 Windows 系统，可以直接单击图中的显示器图标；如果是其他的系统，则在页面中部四个圆形图标中，单击左下角的“Downloads”图标，单击后再找到对应自己系统的版本下载即可（见图 2-14）。

（8）下载完成后进行安装，安装过程中，在“Select Components”界面选择默认的选项即可（见图 2-15），在“Choosing the default editor used by Git”界面选择 Git 的默认编辑器 Notepad++（见图 2-16），在“Choosing HTTPS transport backend”界面单击第 1 个单选按钮（见图 2-17）。

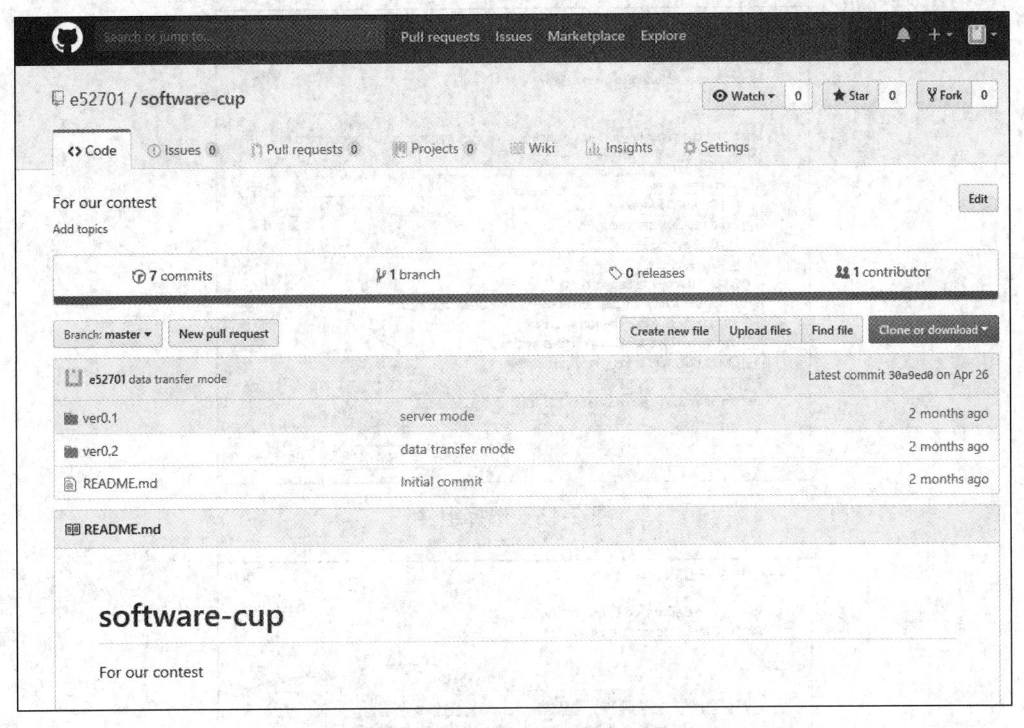

图 2-12　进入创建好的仓库

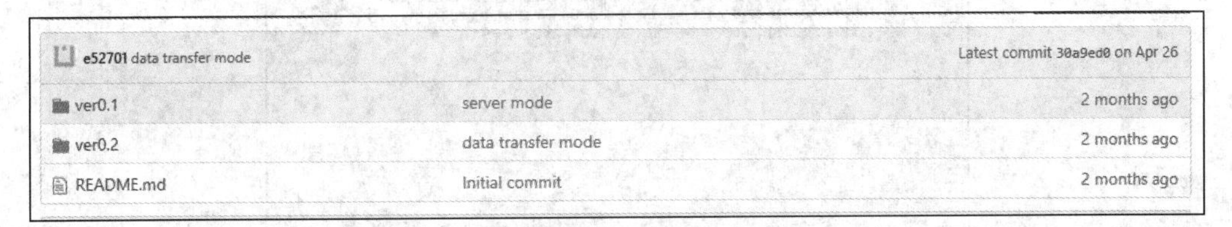

图 2-13　文件列表

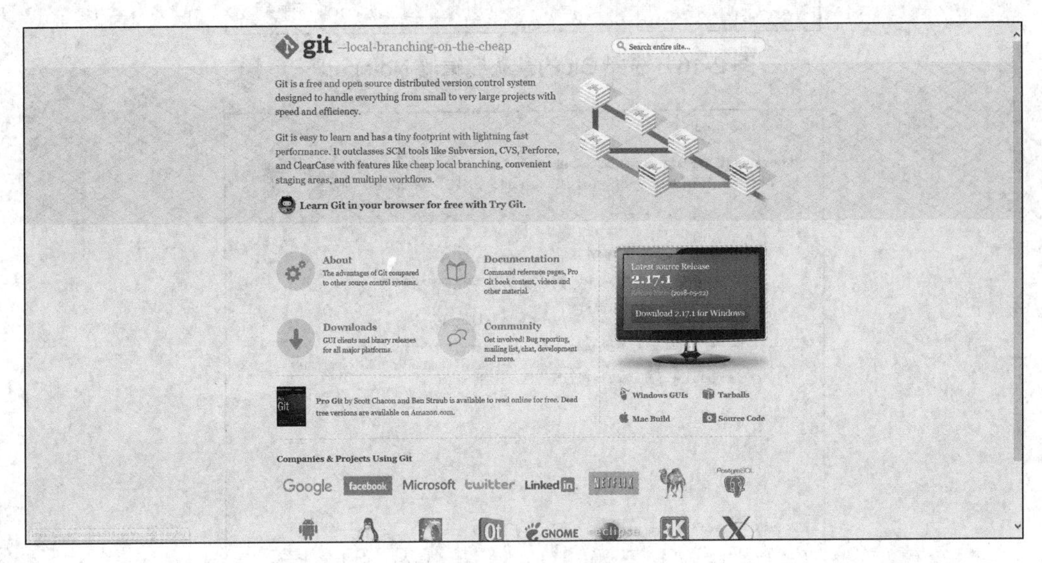

图 2-14　Git 官网

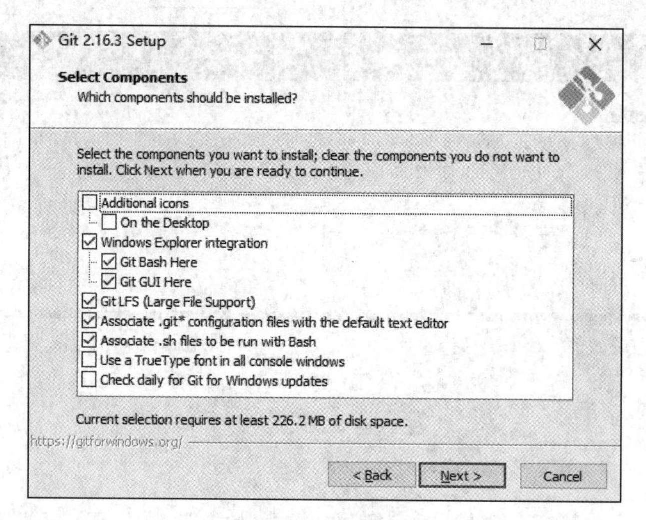

图 2-15　选择组件

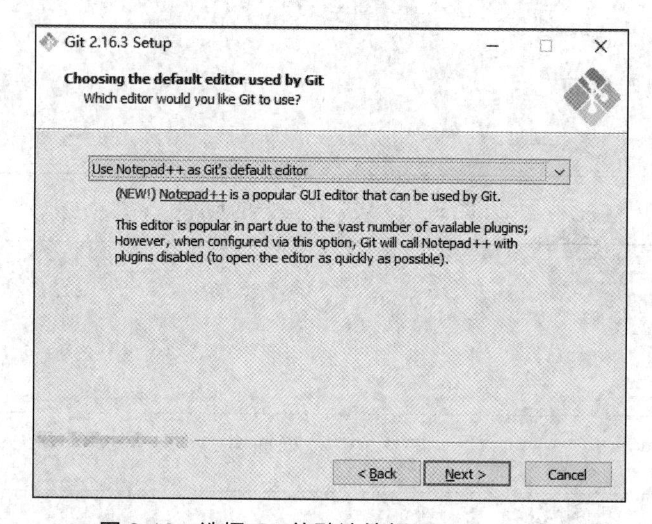

图 2-16　选择 Git 的默认编辑器 Notepad++

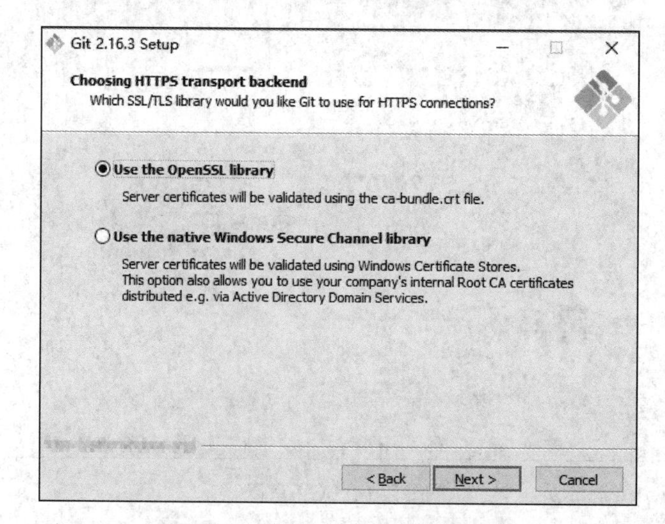

图 2-17　选择 HTTPS 传输后端

（9）除了上述步骤需要注意外，其他的步骤直接单击“Next”按钮即可，最后单击“安装”按钮，等待安装结束。安装好后，在安装目录中，找到“git-bash.exe”并双击运行（见图 2-18 和图 2-19）。

名称	修改日期	类型	大小
bin	2018/3/31 13:20	文件夹	
clone	2018/3/31 13:55	文件夹	
cmd	2018/3/31 13:20	文件夹	
dev	2018/3/31 13:20	文件夹	
etc	2018/3/31 13:20	文件夹	
mingw64	2018/3/31 13:20	文件夹	
myfile	2018/3/31 13:31	文件夹	
tmp	2018/3/31 13:20	文件夹	
usr	2018/3/31 13:20	文件夹	
git-bash.exe	2018/3/23 16:45	应用程序	145 KB
git-cmd.exe	2018/3/23 16:45	应用程序	144 KB
LICENSE.txt	2018/3/19 10:17	文本文档	19 KB
ReleaseNotes.html	2018/3/23 16:56	HTML 文档	125 KB
unins000.dat	2018/3/31 13:20	媒体文件(.dat)	885 KB
unins000.exe	2018/3/31 13:18	应用程序	1,260 KB
unins000.msg	2018/3/31 13:20	Outlook 项目	23 KB

图 2-18　安装目录

图 2-19　运行 git-bash.exe

（10）接下来需要获取 SSH 密钥（见图 2-20），管理代码必需的认证。密钥存放的位置为“/home/test/.ssh/id_rsa.pub”。输入以下代码。

```
ssh-keygen -t rsa -C "your_email@youremail.com"
```

引号内改成自己注册 GitHub 账户时绑定的邮箱。

```
test@ubuntu:~$ ssh-keygen -t rsa -C '
Generating public/private rsa key pair.
Enter file in which to save the key (/home/test/.ssh/id_rsa):
Created directory '/home/test/.ssh'.
Enter passphrase (empty for no passphrase):
Enter same passphrase again:
Your identification has been saved in /home/test/.ssh/id_rsa.
Your public key has been saved in /home/test/.ssh/id_rsa.pub.
The key fingerprint is:
96:67:cf:30:03:
The key's randomart image is:
+--[ RSA 2048]----+
|        o=Oo oo.|
|       ...B..+ . |
|        o. oo E  |
|         o..     |
|        S *      |
|       . o *     |
|           o     |
|                 |
|                 |
+-----------------+
test@ubuntu:~$
```

图 2-20　获取密钥

（11）成功获取密钥之后，到安装过程中提示的存放位置处找到密钥文件（见图 2-21）。回到 GitHub 页面，单击页面右上角蓝色软盘图标，在弹出的下拉列表框中找到“Settings”选项并单击进入（见图 2-22）。

```
test@ubuntu:~$ ls /home/test/.ssh/
id_rsa  id_rsa.pub
test@ubuntu:~$
```

图 2-21　成功获取密钥

（12）进入设置页面后，在左侧的“Personal settings”下拉列表框中找到“SSH and GPG keys”选项并单击（见图 2-23），进入 SSH and GPG keys 的设置页面。

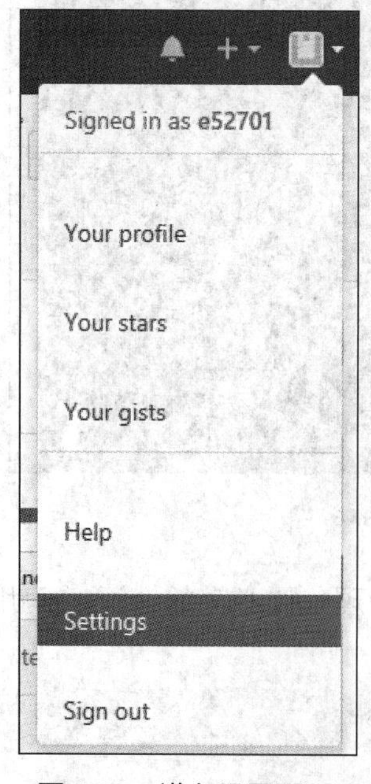

图 2-22　进入设置页面

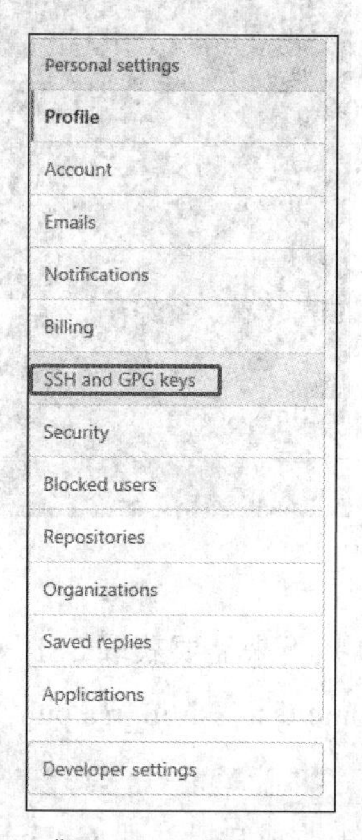

图 2-23　“SSH and GPG keys”选项

（13）进入 SSH and GPG keys 设置页面，单击 Personal settings 栏右侧顶部的“New SSH key”选项进入创建页面（见图 2-24）。图中 Title 文本框的内容是 SSH 密钥的名称，Key 文本框内需要填入的是之前生成的密钥文件中的密钥，把密钥文件里的内容复制到 Key 文本框内，单击“Add SSH key”按钮完成创建。

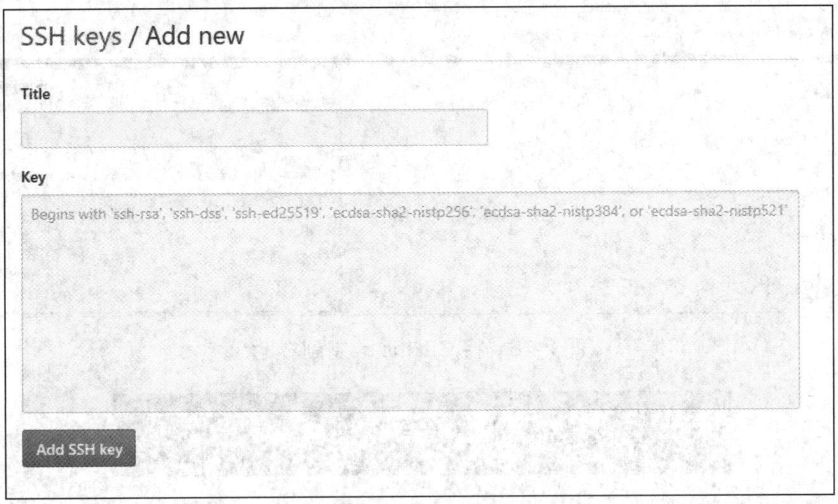

SSH keys / Add new

Title

Key

Begins with 'ssh-rsa', 'ssh-dss', 'ssh-ed25519', 'ecdsa-sha2-nistp256', 'ecdsa-sha2-nistp384', or 'ecdsa-sha2-nistp521'

Add SSH key

图 2-24　新建一个 SSH 的密钥

（14）回到 git-bash 窗口，输入“ssh -T git@github.com”（见图 2-25），如果出现了图中的提示则代表绑定成功。接下来需要做一些简单的设置，如下所示。

```
SSH config --global user.name "your name"
SSH config --global user.email "your email@yourmail.com"
```

上述命令中，名字尽量与 GitHub 账户的用户名一致，邮箱一定是注册 GitHub 账户时用的邮箱。

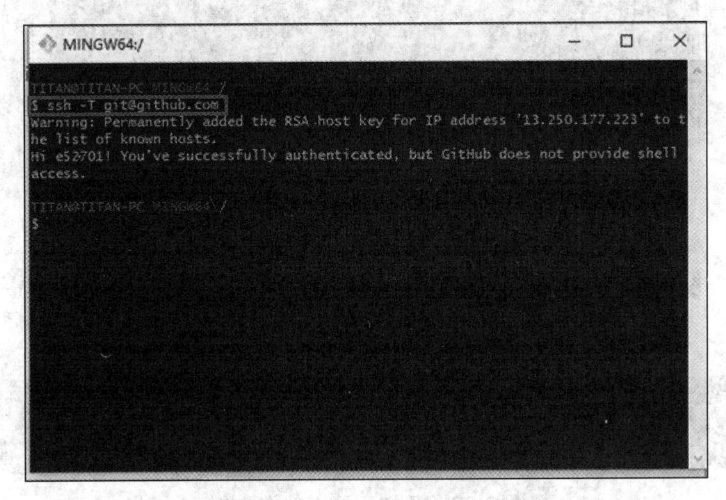

图 2-25　输入“ssh -Tgit@github.com”

（15）完成上述设置后，回到 GitHub 仓库主页面，在文件列表上方右侧，图中标记方框处（见图 2-26），找到“Clone or download”按钮，单击后弹出下拉列表框，再单击链接处右侧的按钮，复制链接，回到 git-bash 窗口，输入“git clone”命令（见图 2-27），将仓库复制到本地。

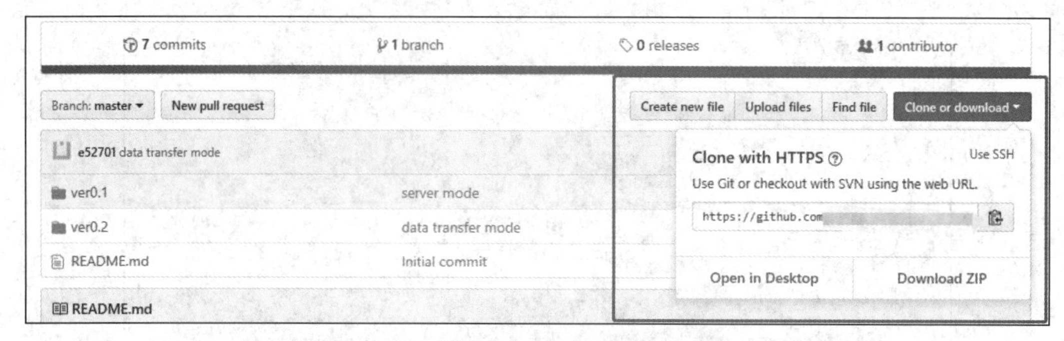

图 2-26　将 GitHub 复制到本地

图 2-27　输入“git clone”命令

（16）复制成功后，输入“ls”可以查看当前目录下的文件信息（见图 2-28）。用“git add”命令添加需要上传的文件（见图 2-29），添加之后用“git push origin master”命令将添加的文件上传到 GitHub（见图 2-30）。

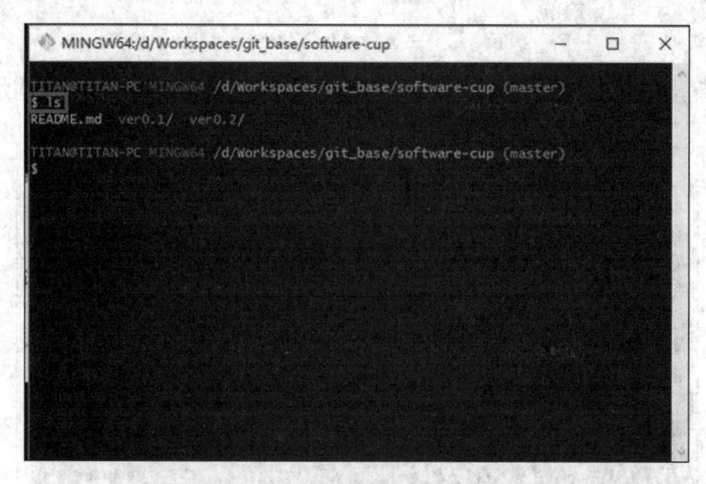

图 2-28　查看当前目录下的文件信息

```
TITAN@TITAN-PC MINGW64 /d/Workspaces/git_base/software-cup (master)
$ git add test.txt
```

图 2-29　添加需要上传的文件

```
TITAN@TITAN-PC MINGW64 /d/Workspaces/git_base/software-cup (master)
$ git push origin master
```

图 2-30　将添加的文件上传到 GitHub

2.6 思考与练习

1. (　　) 与 SaaS 不同，这种云计算模式把开发环境或者运行平台也作为一种服务提供给用户。

A. 软件即服务　B. 基于平台服务　C. 基于 Web 服务　D. 基于管理服务

2. Amazon 公司通过 (　　) 云计算，可以让客户通过 Web Service 方式租用计算机来运行自己的应用程序。

A. S3　B. HDFS　C. EC2　D. GFS

3. IaaS 是 (　　) 的简称。

A. 软件即服务　B. 平台即服务
C. 基础设施即服务　D. 硬件即服务

4. AWS 提供的云计算服务类型是 (　　)

A. IaaS　B. PaaS
C. SaaS　D. 以上三个选项都是

5. SaaS 是 (　　) 的简称。

A. 软件即服务　B. 平台即服务
C. 基础设施即服务　D. 硬件即服务

6. 简述云计算三种模式的主要区别。

7. 简述云计算三种模式面向的用户群体。

8. 简述云计算三种模式的代表产品。

9. 谈谈你使用某云计算产品的感受，该产品属于哪一种服务模式？

10. 简述云计算三种模式以外的服务模式。

第3章 云计算的部署

KPBC 公司的一项新研究表明，使用云计算服务的用户数量急剧增加，用户数量的增加成为他们将业务转移到云端的三大关注点之一。云计算服务提供商提供服务，最大限度地发挥资源效能，降低成本，按照需求进行资源分配，逐渐成为企业部署服务的选择。

本章要点：

1. 了解云计算的部署方式；
2. 了解各类云计算部署方式的联系和区别。

3.1 云计算的部署方式

云计算的部署即部署数以万计的计算机，并通过计算机网络对外提供云计算服务，云端使用的计算资源可以随时随地进行扩展和压缩，使所有的计算机硬件资源都能充分发挥各自的效能，最大限度地减少硬件资源的使用，降低成本。对于云端数据，云计算通过计算机集群来进行存储和处理，利用数据处理中心管理由大量计算机组成的集群，按照用户的需求进行计算资源分配，实现和超级计算机一样的访问速度和处理效果，同时又大大降低了硬件成本。

云计算有 4 种部署方式（见图 3-1），包括公有云、社区云、私有云和混合云，每一种都具备独特的功能，满足用户不同的需求。

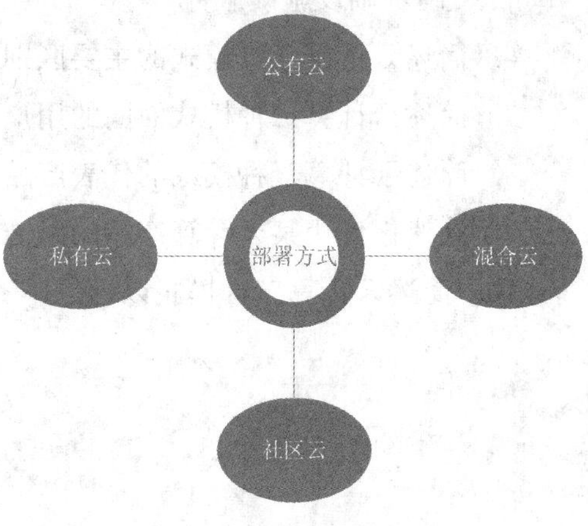

图 3-1　云计算部署方式

3.1.1 公有云

公有云，也称外部云（见图 3-2），描述了云计算的传统主流含义，通常指云计算服务提供商为公众提供的能够使用的云计算平台。公有云建立在一个或多个数据中心上，并由云计算服务提供商操作和管理。公有云的服务通过公共的基础设施提供给多个用户。公有云的核心属性是共享资源服务，理论上任何人都可以通过授权接入该平台。

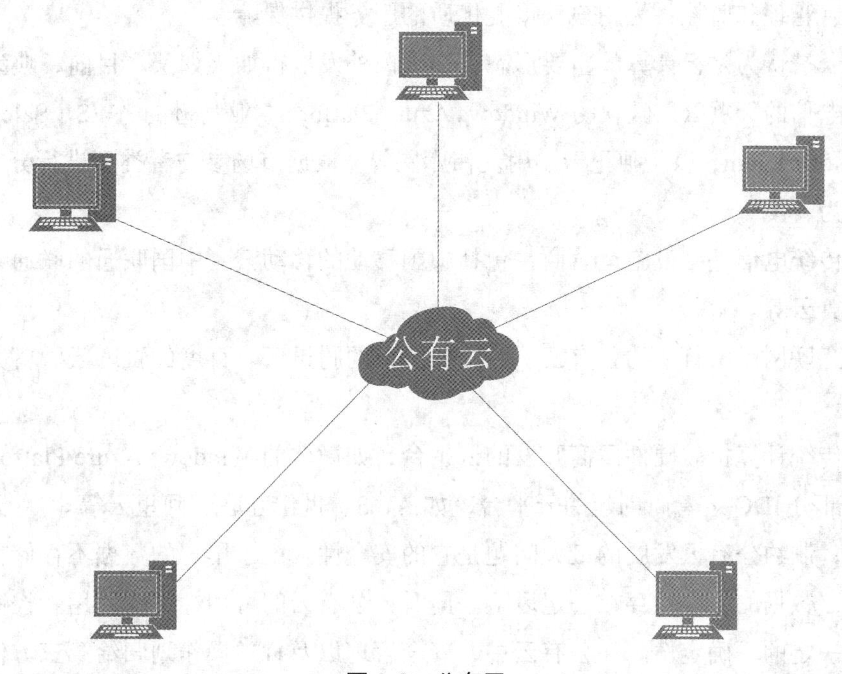

图 3-2　公有云

在公有云部署方式下，应用程序、资源、存储和其他服务都由云计算服务提供商提供给用户，这些服务大部分都是免费的，也有部分按需、按使用量来付费，公有云只能使用互联网来访问和使用，云计算服务提供商通过自己的基础设施直接向外部用户提供服务，外部用户通过互联网访问服务，并不拥有云计算资源。

公有云部署方式通常可以提供可扩展的云计算服务以及进行高效设置，可以充分发挥云计算服务的规模经济效益。公有云能够以低廉的价格，提供有吸引力的服务给最终用户，创造较高的业务价值。公有云作为一个支撑平台，还能够整合上游的服务（如增值业务和广告）、服务提供者和下游用户，打造一套价值链和生态系统。

公有云的最大优点是，由外部或者第三方提供商采用细粒度、自服务的方式在互联网上通过网络应用程序或者 Web 服务动态提供资源。这些外部或者第三方提供商基于细粒度和效用计算方式分享资源和费用，其所使用的程序、服务及相关数据都存放在公有云的提供者处，自己无须做相应的投资和建设。

公有云的计算模型分为 3 个部分。

（1）公有云接入：个人或企业可以通过互联网来获取云计算服务，公有云中的“服务接入点”负责对接入的个人或企业进行认证，判断权限和服务条件等，通过“审查”的个人或企业，就可以接入公有云平台并获取相应的服务。

（2）公有云平台：负责组织协调计算资源，并根据用户的需要提供各种计算服务。

（3）公有云管理：对“公有云接入”“公有云平台”进行管理监控，面向的是端到端的配置、管理和监控，为用户获得更优质的服务提供保障。

公有云被认为是云计算的主要形态，在国内外发展得如火如荼。目前，典型的公有云有中国电信的天翼云、微软的 Windows Azure Platform、亚马逊的 AWS、Salesforce 公司的 Salesforce.com，以及阿里云、用友伟库网等。根据市场参与者类型进行分类，公有云可以分为 4 类。

（1）传统电信基础设施运营商，包括中国移动的移动云、中国联通的联通云和中国电信的天翼云等。

（2）互联网巨头打造的公有云平台，如腾讯的腾讯云、百度的百度云、盛大集团的盛大云等。

（3）传统计算机软硬件厂商开发的云平台，如微软的 Windows Azure Platform 等。

（4）部分 IDC 运营商创建的云平台，如 AWS、世纪互联、阿里云等。

目前，制约公有云发展的最大问题是它的安全性。由于用户的数据不存储在自己的数据中心，数据的安全性存在一定风险。同时，公有云的可用性不受使用者控制，这方面也存在一定的不确定性。在公有云中，安全管理以及日常操作划归给第三方供应商，由第三方供应商负责公有云计算服务产品。因此，相对于私有云而言，公有云计算服务产品的用户对云计算的物理安全以及逻辑安全层面的掌控及监管程度较低。

3.1.2 社区云

社区云是指在一定的地域范围内（见图 3-3），由云计算服务提供商统一提供计算资源、网络资源、软件和服务能力所形成的云计算部署方式。社区云基于社区内的网络互连优势和技术易于整合等特点，通过对区域内各种计算能力进行服务模式的整合统一，结合社区内的用户需求共性，实现面向区域用户需求的云计算服务模式。

社区云建立在一个特定小组里的多个目标相似的成员之间，他们共享一套基础设施，所产生的成本由社区云成员共同承担，能节约一定的成本。社区云的成员都可以登入云中获取信息和使用应用程序。

社区云具有以下特点。

（1）区域性和行业性。

（2）有限的特色应用。

（3）资源的高效共享。

（4）社区内成员的高度参与性。

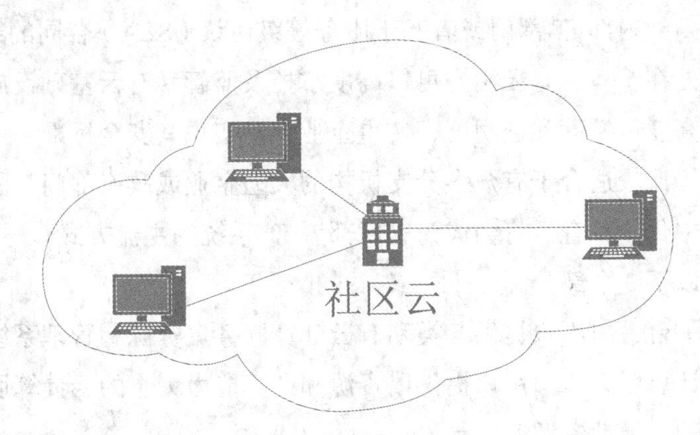

图 3-3 社区云

深圳大学城云计算公共服务平台是我国第一个依照社区云方式建立的云计算服务平台，已于 2011 年 9 月投入运行，服务对象为大学城园区内的各高校、研究单位、服务机构等单位，以及教师、学生、各单位职工等。该平台第一期提供了 2 大类 10 种云计算服务，包括云主机、云存储、云数据库 3 种面向科研需求的 IaaS 服务以及自助建站、视频点播、视频会议等 7 种具有鲜明大学城特色的 SaaS 服务。

3.1.3 私有云

私有云也称内部云（见图 3-4），是建立在私有网络上的云计算产品。私有云是为用户单独使用而构建的，因而可以提供对数据、安全性和服务质量的最有效控制。私有云的用户拥有基础设施，并可以控制在此基础设施上部署应用程序的方式；可以将它们部署在企业数据中心的防火墙内，也可以将它们部署在一个安全的主机托管场所。

一般来说，私有云是企业自己使用的云，它所有的服务不供别人使用，而只供自己的内部人员或分支机构使用，它的核心属性是专有资源。与私有云相关的网络、计算以及存储等基础设施都是用户独有的，并不与其他的用户共享。

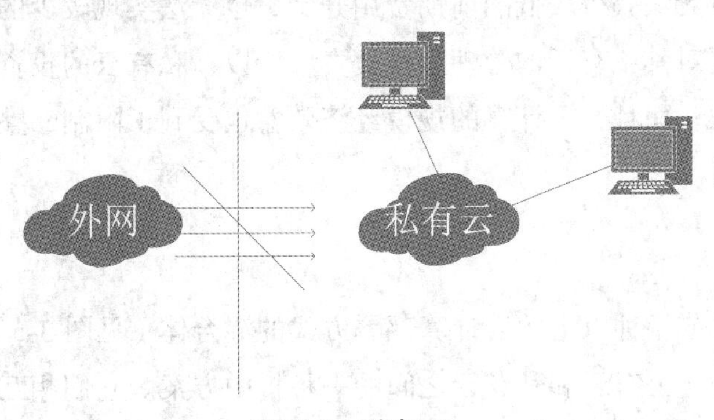

图 3-4 私有云

在私有云部署方式下，用户的数据安全性、系统可用性都可由自己控制，安全管理以及日常操作划归到内部 IT 部门或者基于服务等级协议（SLA）合同的第三方。这种直接管理模式的好处在于，私有云用户可以高度掌控及监管私有云基础设施的物理安全和逻辑安全。这种高度可控性和透明度，使得企业容易实现其安全标准、策略以及合规要求。私有云的部署比较适合于有众多分支机构的大型企业或政府部门。随着这些大型企业数据中心的集中化，私有云将会成为它们部署 IT 系统的主流方式。

私有云分为以下 3 个部分。

（1）私有云平台：向用户提供各类私有云计算服务、资源和管理系统。

（2）私有云计算服务：向用户提供以资源和计算能力为主的云计算服务，包括硬件虚拟化、集中管理、弹性资源调度等。

（3）私有云管理：负责私有云计算各种服务的运营，并对各类资源进行集中管理。

与公有云相比，私有云的优势在于以下几点。

（1）数据安全。虽然每个公有云的提供商都对外宣称，其服务在各方面都是非常安全的，特别是在对数据的管理方面。但是对企业而言，特别是大型企业，和业务有关的数据是企业的生命线，不能受到任何形式的威胁，所以大型企业一般不会将与企业敏感数据相关的应用放到公有云上运行。而私有云在这方面非常有优势，因为它一般都构筑在防火墙后，所以成为大型企业的首选。

（2）服务质量 SLA 更稳定。因为私有云一般构筑在防火墙之后，而不是在某一个遥远的数据中心，所以当公司员工访问那些基于私有云的应用时，相对于公有云，其 SLA 一般会更稳定，不会受到网络不稳定的影响。

（3）充分利用现有硬件资源和软件资源。相对于公有云，私有云可以根据企业用户现有的硬件资源和软件资源定制更加高效的云计算平台。例如，公有云对某些编程语言并不十分支持，而私有云则可以为这些编程语言提供专门的编程开发平台。

但是，相对于公有云，私有云的缺点在于：企业必须购买、建造以及管理自己的云计算环境，这样就无法获得较低的前期费用开销，也无法实现较少的维护管理等；私有云的企业用户需要对其私有云的管理全权负责，所以，私有云的投资较大，尤其是一次性的建设投资较大；而且，云计算的规模经济效益也受到了限制，整个基础设施的利用率要远低于公有云。

3.1.4 混合云

混合云是两种或两种以上的云计算部署方式的混合体（见图 3-5），如公有云和私有云的混合，它是介于公有云和私有云之间的一种折中方案。它们相互独立，但在云的内部又相互结合，可以发挥出所混合的多种云计算部署方式的各自优势。一般来说，混合云由内部及外部供应商共同构建。使用混合云部署方式，用户在公有云上运行非核心应用程序，而在私有云上支持其核心程序以及内部敏感数据。

图 3-5　混合云

企业是混合云的主要用户，这是因为企业用户愿意将数据存放在私有云中，但是同时又希望可以获得公有云的计算资源。在这种情况下混合云被越来越多的企业采用，混合云将公有云和私有云进行混合和匹配，以获得更好的效果，这种个性化的解决方案，达到了既省钱又安全的目的。

混合云通过整合云计算的部署方式，逐步改进提供的服务，逐渐突破障碍，云计算的能力也在逐渐增强。混合云的主要优势在于以下几点。

（1）更完美。私有云的安全性比公有云高，而公有云的计算资源又是私有云无法企及的。在这种矛盾的关系下，混合云完美地解决了这个问题，它既可以利用私有云的安全性，将内部重要数据保存在本地数据中心，同时也可以使用公有云的计算资源，更高效快捷地完成工作。相对于私有云或公有云，混合云更完美。

（2）可扩展。混合云突破了私有云的硬件限制，利用公有云的可扩展性，可以随时获取更强的计算能力。企业通过把非机密功能移动到公有云区域，可以降低内部私有云的运行压力并减少对其的需求。

（3）更节省。混合云可以有效地降低成本。它既可以使用公有云又可以使用私有云，企业可以将应用程序和数据放在更适合的平台上，获得更好的利益组合。

3.2　部署方式的联系和区别

公有云、社区云、私有云、混合云各占据一定的云计算市场，各有优势和劣势，可归结出以下几点结论。

（1）私有云安全性好。数据安全对企业来说至关重要，公有云平台存在一定的安全隐患，私有云平台更适合关键性业务。企业用户，尤其是大型企业用户会更多地倾向于选择私有云平台，对中小企业来说，传统 IT 服务足以满足现有需求，并且随着技术的进步，传统 IT 服务与云计算服务的成本差距会越来越小，因此其更倾向于选择公有云平台。

（2）公有云更符合云计算规模经济效益。云计算的最大优势就是其规模经济效益，大多数企业在选择云计算方案时更多地考虑成本因素。并且，随着技术的进步，公有云的安全问题会逐渐被解决，服务提供商与企业之间会逐渐建立信任关系。

（3）社区云能降低企业的运营和开发成本。社区云建立在一个特定小组里的多个目标相似的成员之间，他们共享一套基础设施，所产生的成本由社区云成员共同承担，能节约一定的成本。

（4）混合云集成公有云、私有云双重优势。混合云既可以尽可能地发挥云计算系统的规模经济效益，同时又可以保证数据安全性。那些不是很敏感的非关键业务可以由混合云中的公有模块实现，而对那些安全性要求较高的应用则可以迁移到私有模块实现。混合云可以引入更多如身份认证、数据隔离、加密等的安全技术来保证数据的安全，同时保留云计算系统的规模经济效益。

（5）公有云、私有云、社区云、混合云共同发展，相互补充。公有云、私有云、社区云、混合云 4 种云计算部署方式并不会出现谁取代谁、谁压倒谁的情况，不同企业的不同需求需要不同的解决方案。公有云、私有云、社区云、混合云可能会长期共存，优势互补，共同服务于企业用户。

3.3 实战项目：部署 CloudSim 云计算平台

项目目标：部署 CloudSim 云计算平台。

实战步骤如下。

（1）部署 CloudSim 环境，应先下载 JDK，下载完成后运行软件，安装 JDK（见图 3-6），对图中的引导对话框无须进行其他操作，单击“下一步”按钮即可。图 3-7 中标记的方框处是软件安装在本地的路径，配置环境变量需要用到该路径。JDK 安装会附带着 JRE 的安装（见图 3-8），安装目录与 JDK 的安装目录相同即可。

（2）JDK 和 JRE 安装好后，配置环境变量。在桌面“我的电脑”（或“计算机”）图标处右键单击，在弹出的快捷菜单中选择“属性”选项，在弹出的对话框中选择高级系统设置（见图 3-9），单击图中标记方框处的“环境变量”按钮。

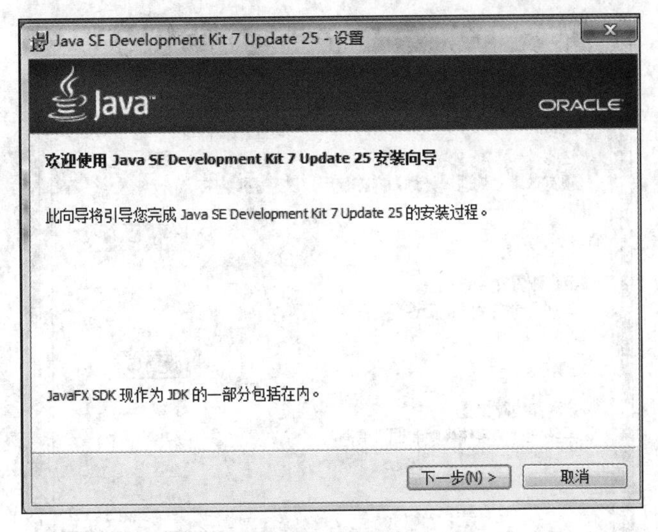

图 3-6　安装 JDK

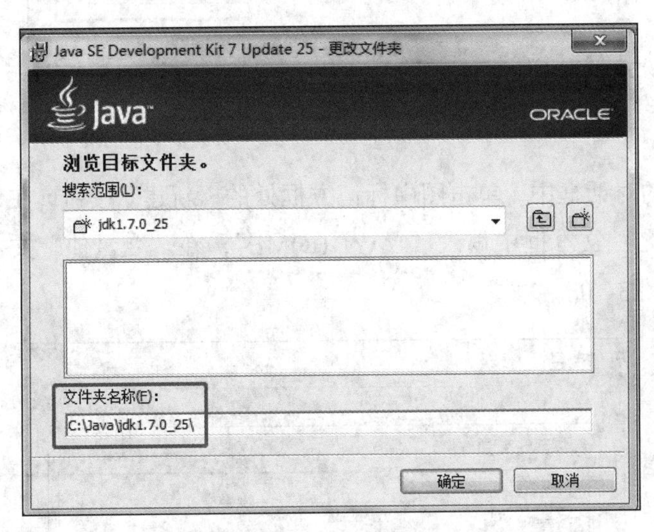

图 3-7　保存的路径

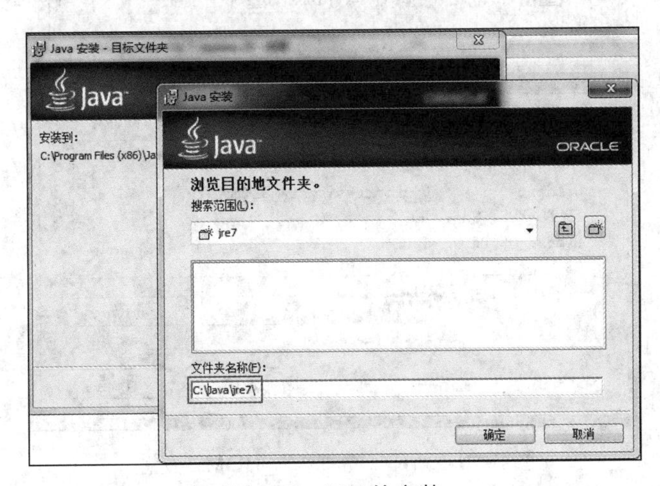

图 3-8　JRE 的安装

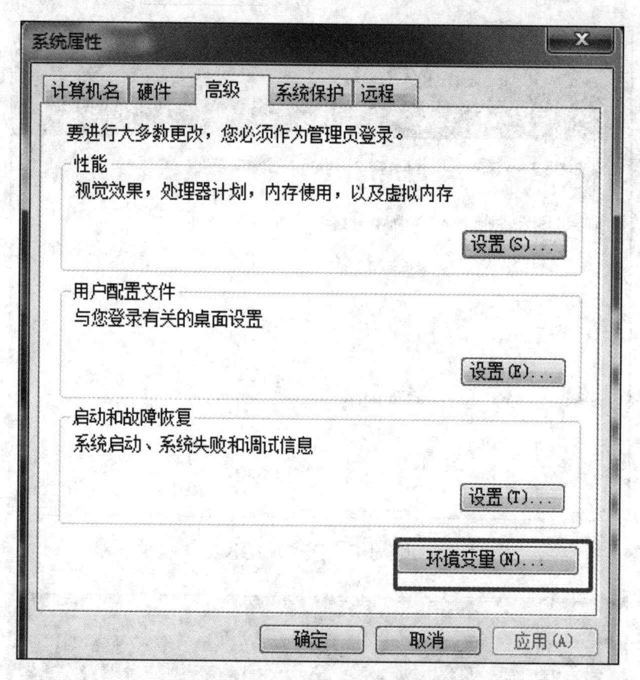

图 3-9　配置环境变量

（3）在弹出的对话框中，单击图中标记方框处的“新建”按钮，在“新建系统变量”对话框的“变量名”文本框中填入“JAVA_HOME”，在“变量值”文本框中填入 JDK 的安装路径（见图 3-10）。

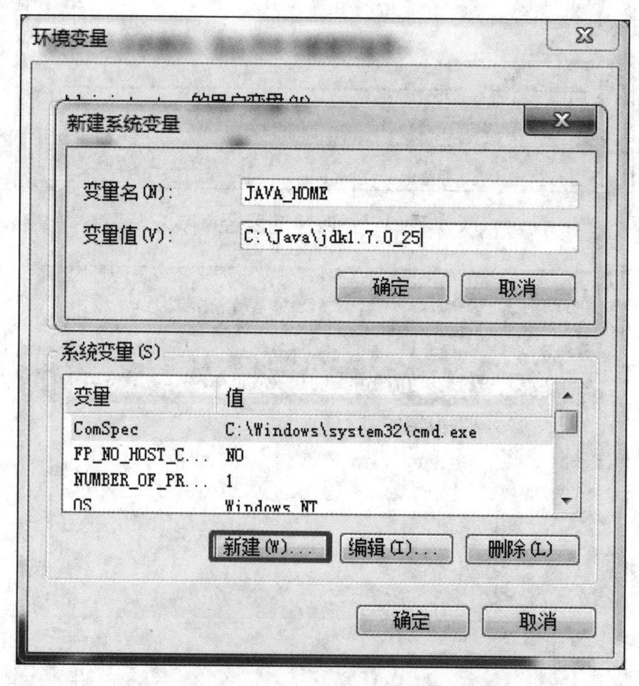

图 3-10　新建一个 JAVA_HOME 变量

（4）再次单击“新建”按钮，在“新建系统变量”对话框的“变量名”文本框中，填入“CLASSPATH”，在“变量值”文本框中填入“.;%JAVA_HOME%\lib;%JAVA_ HOME%\lib\tools.jar”（见图 3-11）。注意，在填入变量值时，最开始的“.”“;”不可忽略。

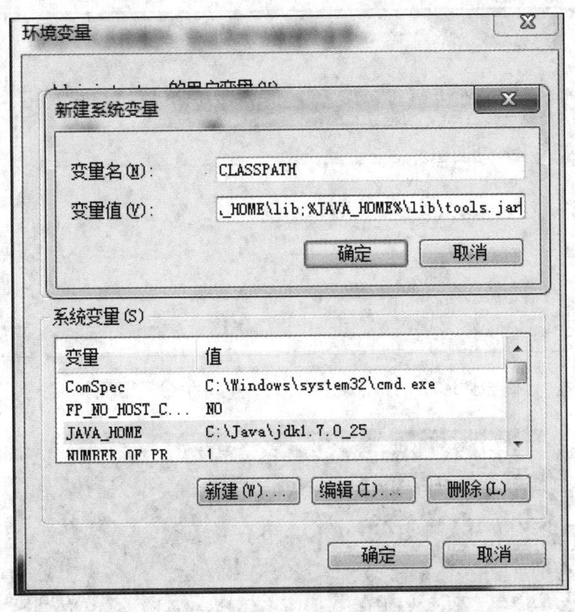

图 3-11 创建一个 CLASSPATH 变量

（5）完成创建后，在“环境变量”对话框底部的“系统变量”处，找到图中标记方框处的 Path 变量（见图 3-12），单击“编辑”按钮，在“变量值”一栏的末尾加上“;%JAVA_HOME%\bin;%JAVA_HOME%\JRE\bin”。

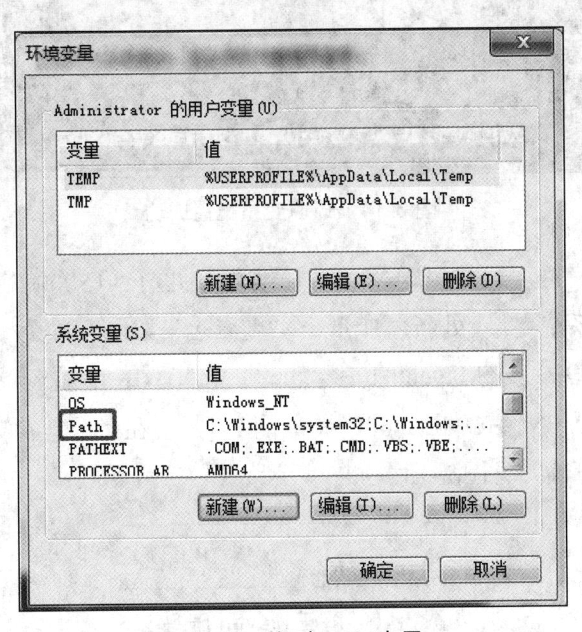

图 3-12 找到 Path 变量

最后确认，在“运行”对话框中输入“cmd”进入命令行窗口（见图 3-13）。在弹出的窗口中，输入“java -version”，如果出现图中的提示（见图 3-14），则环境变量配置成功。

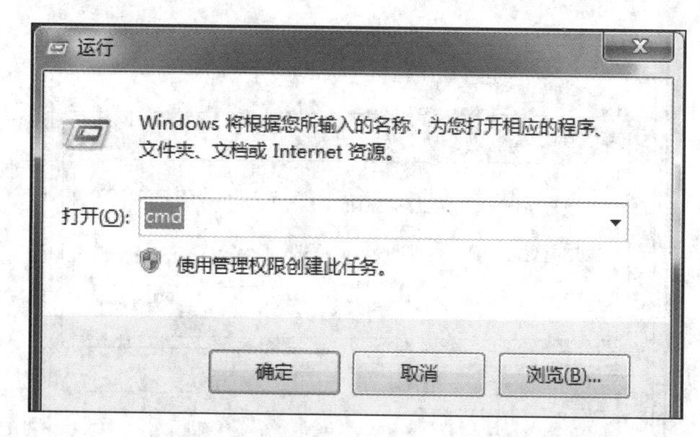

图 3-13　输入“cmd”进入命令行窗口

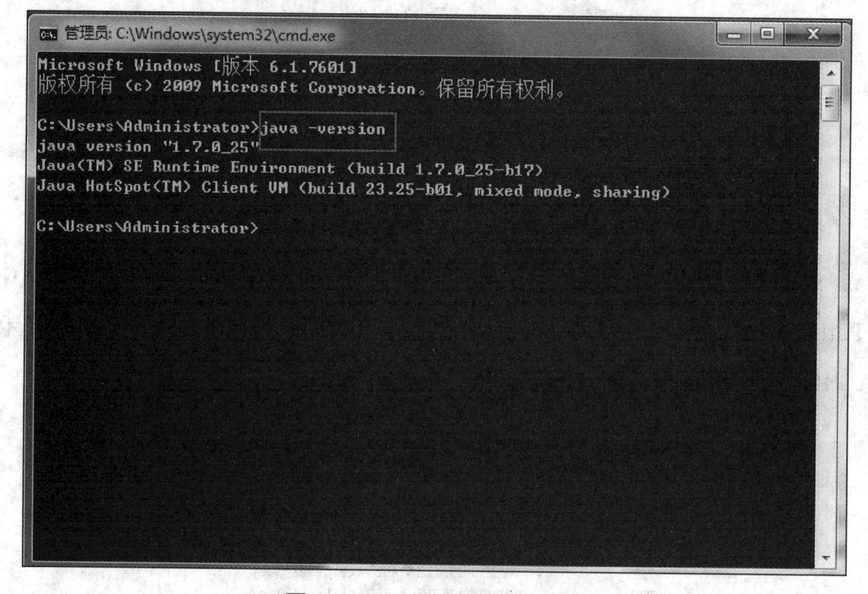

图 3-14　环境变量配置成功

（6）在 Maven 官网下载并解压 Maven 压缩包（见图 3-15），解压完成后，在“环境变量”对话框中的“系统变量”处新建变量，在“变量名”文本框中填入“MAVEN_HOME”，在“变量值”文本框中填入 Maven 的安装目录（见图 3-16），找到 Path 变量并在变量值的末尾加上“;%MAVEN_ HOME%\bin;”（见图 3-17）。在命令行窗口中输入“mvn -v”，查看路径配置是否正确（见图 3-18）。

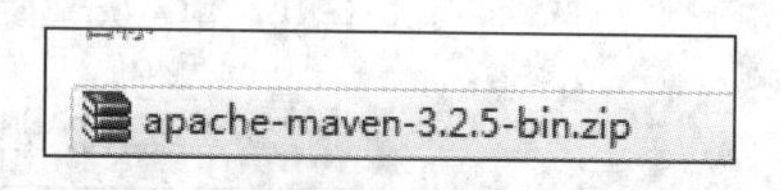

图 3-15　解压 Maven 压缩包

编辑系统变量

变量名(N): MAVEN_HOME

变量值(V): C:\apache-maven-3.2.5

确定 取消

图 3-16 新建变量 MAVEN_HOME

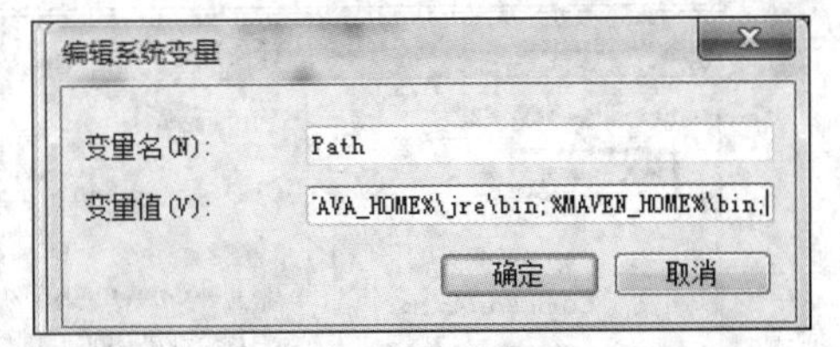

图 3-17 在 Path 变量值末尾添加路径

```
C:\Users\Administrator>mvn -v
Apache Maven 3.2.5 (12a6b3acb947671f09b81f49094c53f426d8cea1; 2014-12-15T01:29:2
3+08:00)
Maven home: C:\apache-maven-3.2.5\bin\..
Java version: 1.7.0_25, vendor: Oracle Corporation
Java home: C:\Java\jdk1.7.0_25\jre
Default locale: zh_CN, platform encoding: GBK
OS name: "windows 7", version: "6.1", arch: "x86", family: "windows"
C:\Users\Administrator>
```

图 3-18 查看路径配置是否正确

（7）在 Eclipse 官方网站下载并安装 Eclipse，进入安装目录，运行 Eclipse.exe 文件即可进入 Eclipse 软件界面。对 Eclipse 环境进行配置，单击图中标记方框处的“Preferences”选项（见图 3-19），进入“Preferences”窗口后在左侧找到“General”选项并单击(见图 3-20)，在子选项中找到“Workspace”选项并在右侧的“Text file encoding”处选择“Other”单选按钮，把编码格式调成“UTF-8”；单击“General”→“Editors”→“Text Editors”→“Spelling”选项，即图中标记方框处（见图 3-21），选择“Encoding”内的“Other”单选按钮，也把编码格式调成“UTF-8”；最后单击“Maven”→“Installations”选项，即图中标记方框处（见图 3-22），单击“Add”按钮。

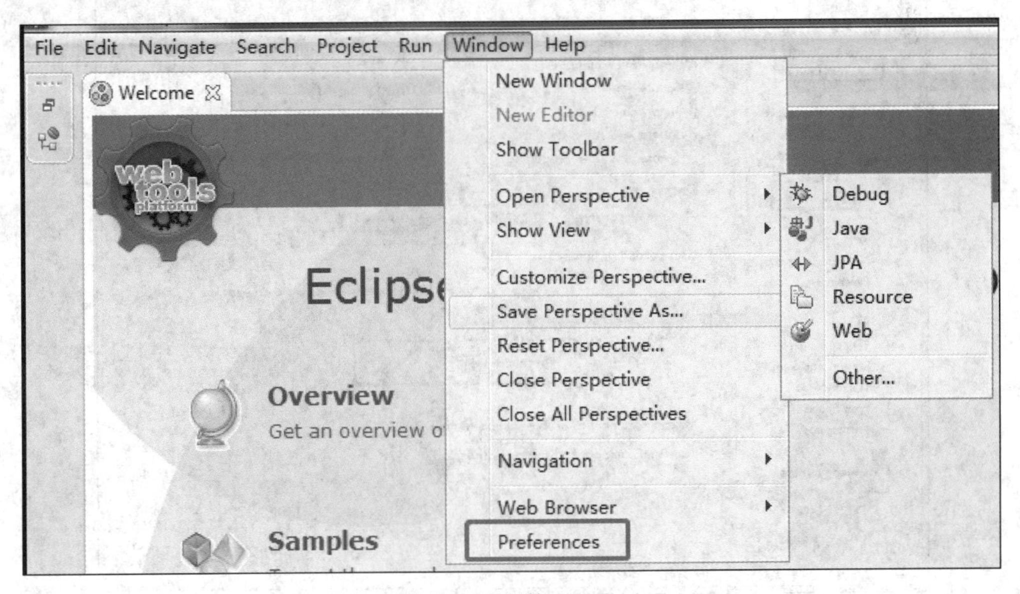

图 3-19 安装 Eclipse

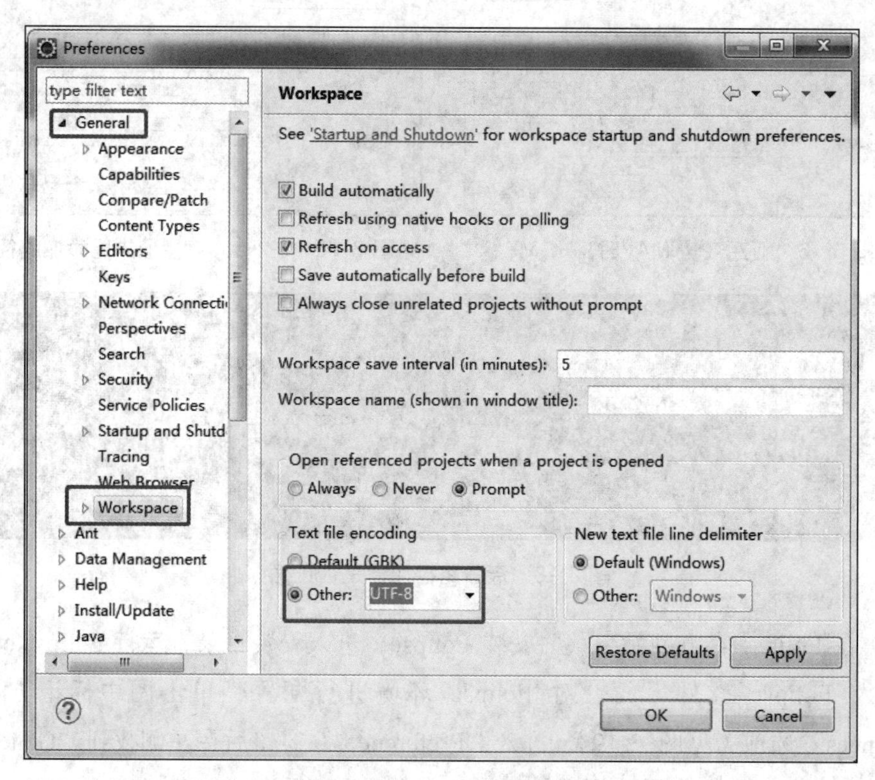

图 3-20　对 Eclipse 环境进行配置

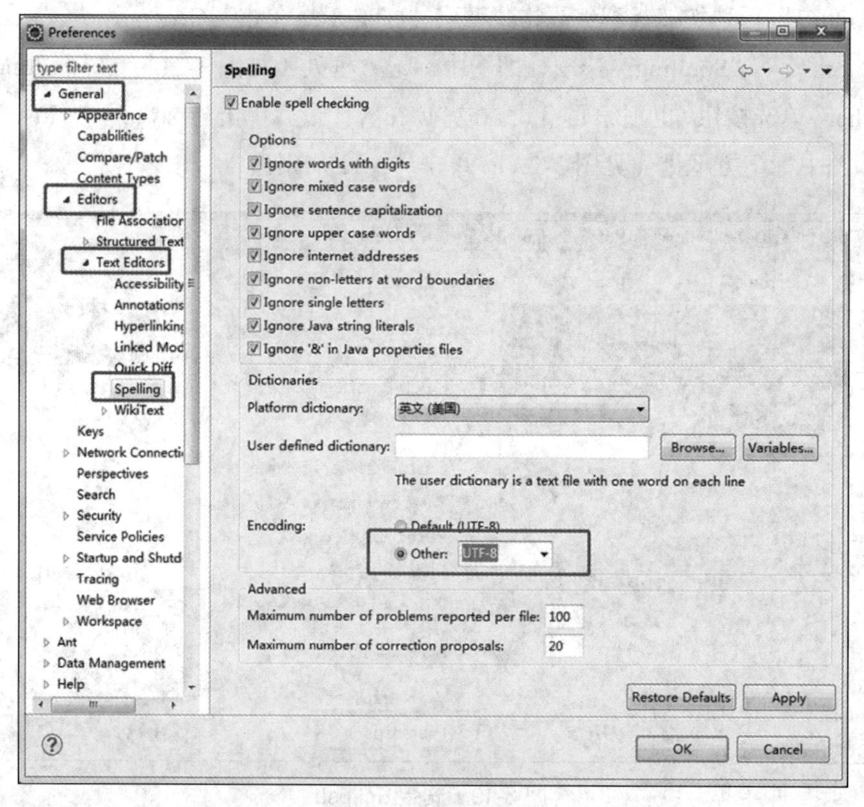

图 3-21　配置编码

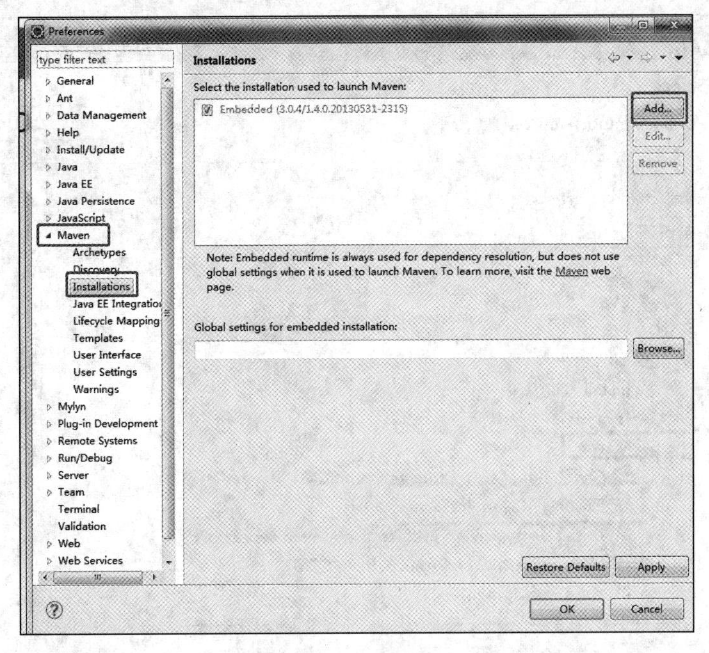

图 3-22 配置 Maven

（8）在 CloudSim 官网下载压缩包（见图 3-23），将 CloudSim 的压缩包复制和解压到 Eclipse 的工作目录中，Eclipse 的工作目录是安装软件时用户定义的路径。在主界面的“File”下拉列表中单击“Import”选项进行导入，即图中标记方框处（见图 3-24）。在弹出的窗口中找到“Maven”并选择图中标记方框中的文件（见图 3-25），然后单击“Finish”按钮完成导入。

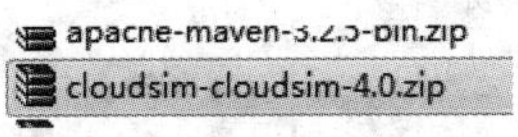

apache-maven-3.2.5-bin.zip
cloudsim-cloudsim-4.0.zip

图 3-23 将 CloudSim 的压缩包复制和解压到 Eclipse 的工作目录中

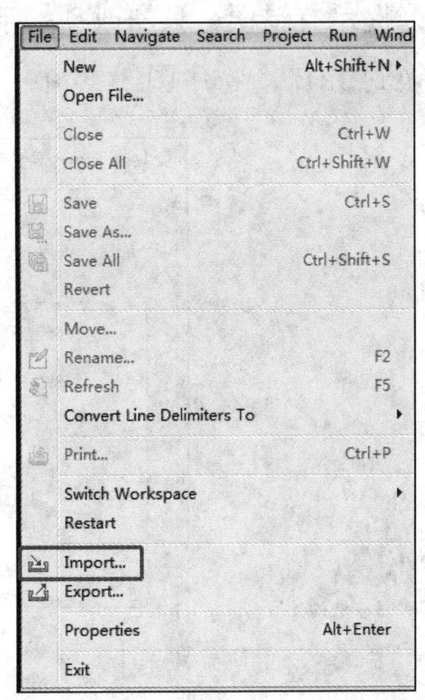

图 3-24 单击“Import”选项

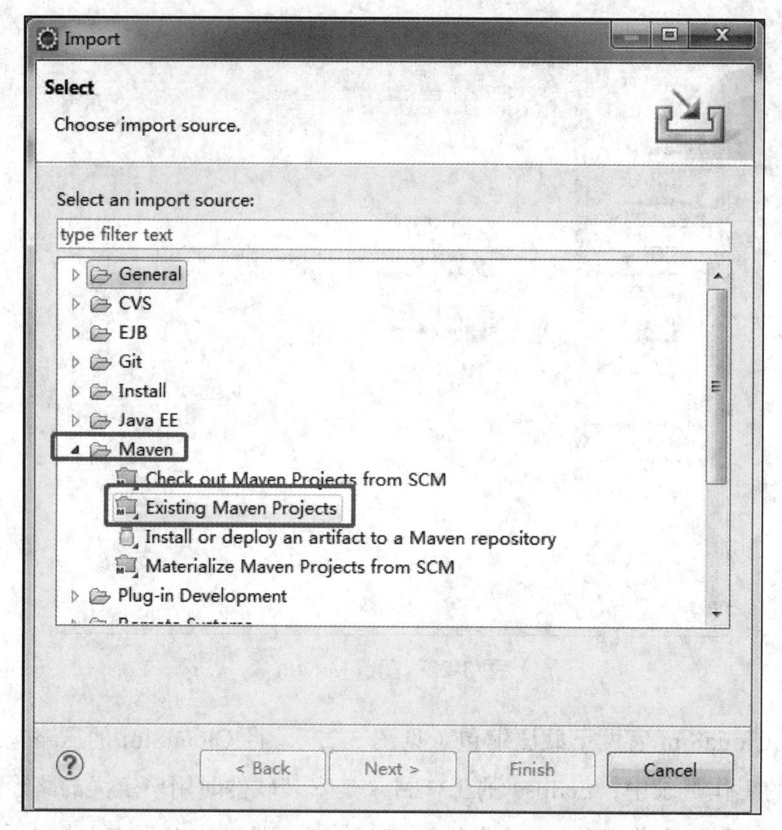

图 3-25　选择“Existing Maven Projects”文件

（9）导入项目文件后，找到解压好的 CloudSim 文件夹（见图 3-26）。导入之后会有红色的×提示有错误，只需改动一下配置即可（见图 3-27 和图 3-28），即原本是 JRE4，这里切换到 JRE7。选中图 3-29 中方框处的复选框，并将 level 换成 1.7。

图 3-26　CloudSim 文件夹

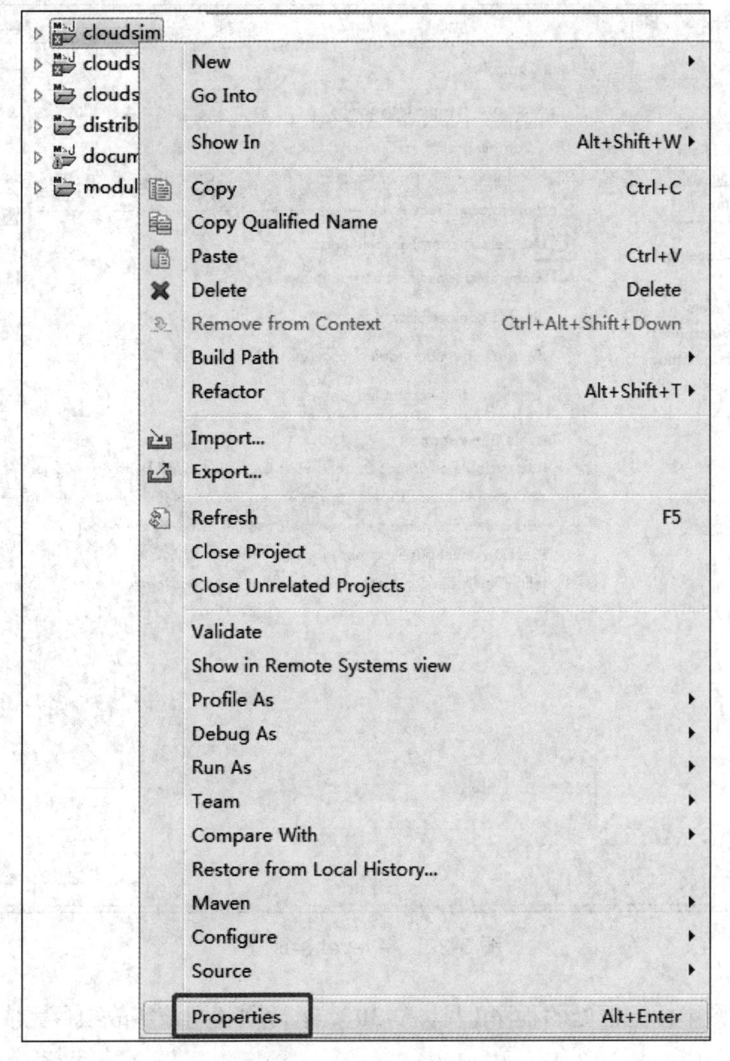

图 3-27　改动配置（1）

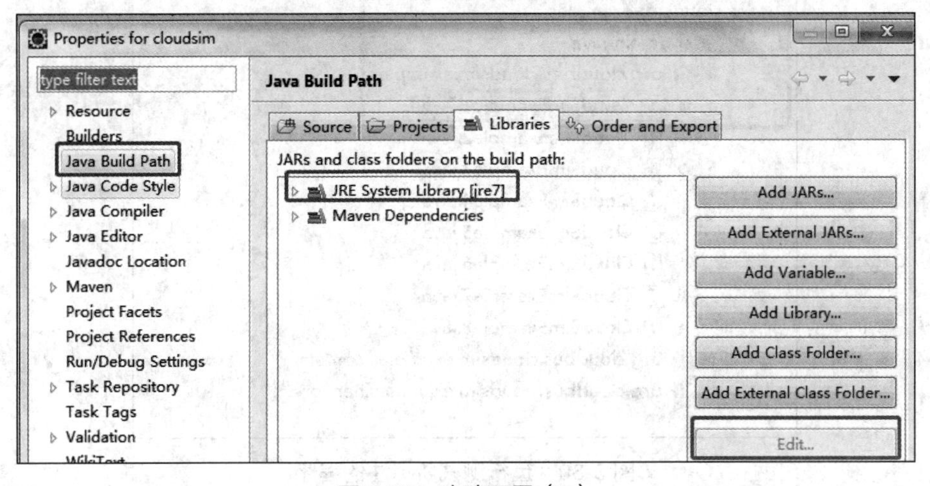

图 3-28　改动配置（2）

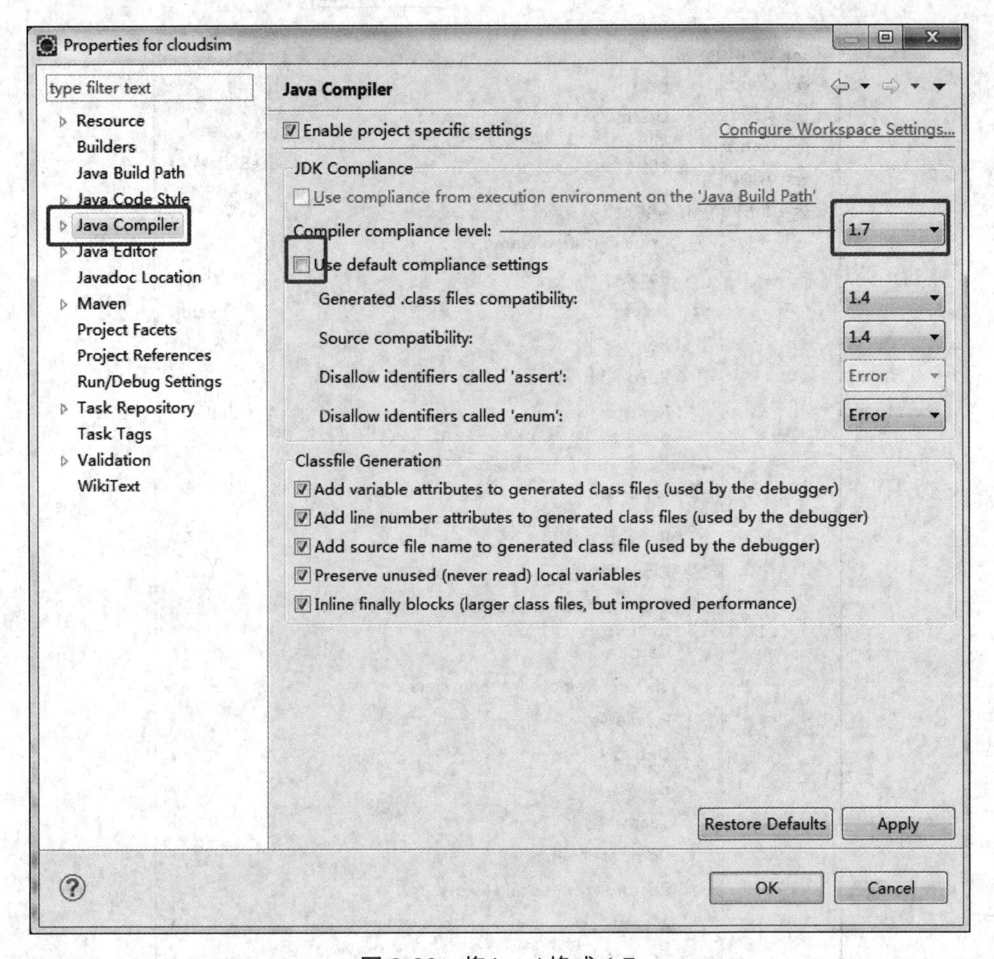

图 3-29　将 level 换成 1.7

运行测试图中标记框处的程序（见图 3-30），运行顺利则该实战项目完成（见图 3-31）。

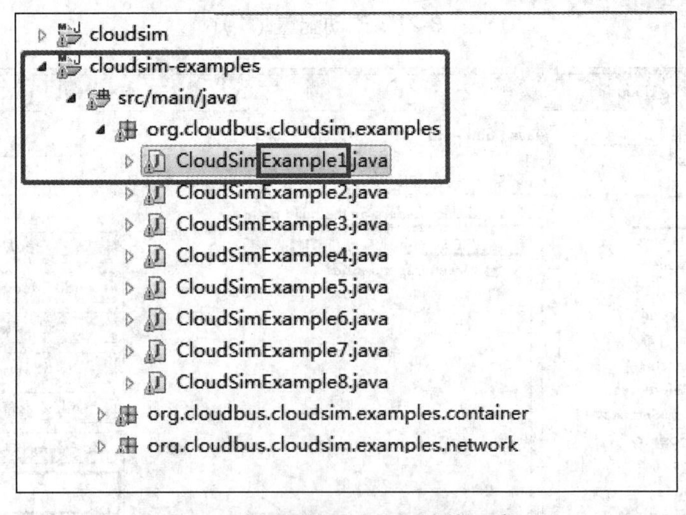

图 3-30　运行测试所标注的程序

```
public class classoudSimExample1{
    /** The cloudlet list. */
    private static List<Cloudlet> cloudletList;
    /** The vmlist. */
    private static List<Vm> vmlist;

    /**
     * Creates main() to run this example.
     *
     * @param args the args
     */
     @SuppressWarnings("unused")
     public static void main(String[] args){
         Log.printLine("Starting classoudSimExample1...");

         try{
             // First step: Initialize the CloudSim package. It should be called
             int num_user = 1;
             Calendar calendar = Calendar.getInstance();// Calendar whose fields
             boolean trace_flag = false;




Simulation completed.
Simulation completed.

========== OUTPUT ==========
Cloudlet ID     STATUS      Data center ID     VM ID     Time     Start Time     Finish Time
    0          SUCCESS           2               0        400        0.1           400.1
```

图 3-31　运行顺利则该实战项目完成

3.4 思考与练习

1. 对于云计算，可以简单地理解为其是由于资源的闲置而产生的。

A. 正确　　B. 错误

2. (　　) 是私有云计算基础架构的基石。

A. 虚拟化　　B. 分布式　　C. 并行　　D. 集中式

3. 不属于云计算缺点的选项是 (　　)。

A. 隐私与安全保障有限　　B. 云计算的功能可能有限

C. 不能提供可靠、安全的数据存储　　D. 可能存在脱机问题

4. (　　) 是公有云计算基础架构的基石。

A. 虚拟化　　B. 分布式　　C. 并行　　D. 集中式

5. 2008 年，(　　) 在中国建立云计算中心。

A. IBM　　B. Google　　C. Amazon　　D. 微软

6. 共同宣布 "OpenStack" 开放源代码计划的公司有 (　　)。

A. Rackspace　B. AMD　C. Intel　D. Dell

7. 简述云计算的主要部署方式。
8. 简述私有云和公有云的区别。
9. 简述混合云的特点。
10. 简述社区云的特点。

第4章 云计算的特点

从第1章云计算的定义可以看出，云计算后端具有非常庞大、可靠的云计算中心。对云计算用户来说，付出少量成本即可获得较高水平的用户体验。功能强大的云计算还有诸多特点，这些特点的存在，使得云计算能使用户以更低廉的成本获得更方便的体验。同时，这些特点也是云计算能够脱颖而出并被大多数业界人士所推崇的重要原因之一。

本章要点：

1. 了解云计算的本质；
2. 了解云计算的特点。

4.1 云计算的本质

2006年，全球产生了161EB的数据，印成书所需的纸张连接起来的长度是地球到太阳距离的10倍。2007年，全球产生了280EB数据，全世界平均每人45GB，而我国5000年历史的文字记载量只有5EB。大数据指无法在一定时间范围内用常规软件工具进行捕捉、管理和处理的数据集合，是需要新处理模式才能具有更强决策力、洞察发现力和流程优化能力的海量、高增长率和多样化的信息资产。

传统计算机的计算方法没有足够的能力计算海量数据，云计算作为计算机科学范畴内的一种概念应运而生。云计算自诞生以来，经历了一个飞速发展的过程。在百度网中搜索关键词“数据库”“Linux”“计算机网络”“虚拟现实”，分别返回10 000万、4 480万、6 690万、3 000万条搜索结果。搜索关键词“云计算”，返回3 760万条搜索结果。可以看到的是，云计算虽然是一门新技术，但它在网络上的搜索热度已经比肩一些传统的计算机学科和技术。

云计算的最终目标是将计算、服务和应用作为一种公共资源提供给公众，使人们能够像使用水、电、煤气和电话那样便捷地使用计算机资源。与传统的计算模式相比，云计算主要具有这些特点：超大规模、具有高可靠性和容灾能力、性价比高、按需服务按量计费、资源利用率高、资源虚拟化和透明化、具有高可伸缩性和高扩展性、支持异构基础资源。

4.2 云计算的特点介绍

4.2.1 超大规模

云计算服务通常由运行在多个数据中心的集群系统提供，每个数据中心的节点数量可以达到上万台。这样，云计算能够为各种不同的应用提供海量的计算和存储资源。例如，Google 的云计算中心已经拥有 100 多万台服务器，Amazon、IBM、微软等公司的云计算中心均拥有几十万台服务器，一般中小型企业的私有云拥有数百至上千台服务器。云计算超大规模的特性赋予用户前所未有的计算能力，用户可以通过自己的计算机或者移动终端等设备接入网络，在任意时间和任意地点访问自己存储在云端的数据。

4.2.2 高可靠性和容灾能力

云计算使用了数据多副本容错、计算节点同构可互换等措施来保障服务的高可靠性。在某种程度上，使用云计算比使用本地计算机更加可靠，这是因为一旦本地计算机损坏，在没有备份的情况下，损失的数据较难恢复。云计算的分布式数据中心可将云端的用户信息备份到地理上相互隔离的数据库主机中，云计算的存储服务保证用户的数据在存储时有多个备份，甚至用户自己也无法判断信息的确切备份地点，任意一台物理计算机的损坏都不会造成用户数据的丢失。多数据中心的设计不仅提供了数据恢复的依据，也使得网络病毒和网络黑客的攻击失去目的性而变得徒劳，大大提高了系统的安全性。在容灾方面，云计算也保证了地震、海啸、火灾等灾难不会对用户的数据存储和访问产生影响。在存储和计算能力上，云计算技术比传统的计算机技术具有更高的服务质量，同时在节点检测上也能做到智能检测，在排除问题的同时不会对系统带来任何不良影响。

4.2.3 性价比高

由廉价甚至过时的计算机组成“云计算机”，并提供高性能的可靠服务，这是云计算的核心理念。云计算平台不需要都由高性能服务器组成，云计算的特殊容错措施使其可以采用极其廉价的节点来构成云。在达到同样性能的前提下，组建一个超级计算机所消耗的资金很多，而云计算采用大量商业机组成集群，所需要的费用与之相比要少很多。同时，云计算的自动化集中式管理使用户无须负担日益上涨的数据中心管理成本。云计算设施可以建在电力资源丰富的地区，从而大幅降低能源成本。在使用同样的硬件资源的条件下，云计算能够为更多的用户服务，减少了硬件、机房和电力的资金投入，降低了运营成本。云计算对客户端要求低，可以使用户轻松地共享不同设备之间的数据和应用，使用起来很方便。

4.2.4 按需服务按量计费

云计算是一个庞大的资源池，按需服务按量计费是云计算的重要特点，是一种即付即用的服务模式。云计算可以针对用户不同的服务要求，通过计量的方法来自动控制和优化资源配置，所以云计算的资源使用可被监测和控制。按需服务是云计算平台支持资源动态流转的外部特征表现。云计算平台通过虚拟分拆技术来实现计算资源的同构化和可度量化，可以提供少到一台计算机、多到千台计算机的计算能力。

按量计费源于效用计算，在云计算平台实现按需服务后，按量计费也成为云计算平台向外提供服务时的有效收费方式。云计算按用户的需求提供服务，用户使用云计算可以像使用自来水、电和煤气那样做到按实际使用的数量付费，大大减少了用户在硬件上的投入。例如，用户可以充分享受云计算的低成本优势，花费几百元和一天时间就能完成以前需要数万元、数月时间才能完成的数据处理任务。用户在服务选择上也具有更大的空间，通过缴纳不同的费用来获取不同层次的服务。

4.2.5 资源利用率高

云计算把大量计算资源集中到一个公共资源池中，通过资源虚拟化的方式为用户提供可伸缩的资源。云计算支持各种不同类型的应用同时在系统中运行，并利用各种应用对资源的需求可能随时间而变化的特点，对不同应用使用“削峰填谷”的方式，提高整体的资源利用率，从而对外提供低成本的云计算服务。云计算根据每个租户的需要在一个超大的资源池中动态分配和释放资源，不需要为每个租户预留峰值资源。由于云计算平台规模大、租户众多、支撑的应用类型多样，比较容易做到平稳的整体负载，因此，云计算资源利用率可以达到 80%左右。

如果使用传统的方法托管服务器，互联网数据中心一般采用服务器和虚拟主机等方式对网站提供服务，每个网站可租用的网络带宽、处理能力和存储空间都是固定的。为了保证服务质量，网站一般会按照峰值要求来配置服务器和网络资源，造成服务器的利用率通常仅为 10%～15%，磁盘系统的利用率也仅在 40%左右，许多物理服务器的购买实际上并不必要。因此，云计算资源利用率是传统计算模式的 5～7 倍。

4.2.6 资源虚拟化和透明化

云计算支持用户在任意位置使用各种终端获取服务，所请求的资源来自云计算平台，而不是固定的有形实体。应用在云平台上某处运行，但实际上用户无须了解应用运行的具体位置，只需要一台计算机或一部手机，就可以通过网络服务来获取各种能力超强的服务，甚至包括超级计算这样的服务。

对云计算服务提供商而言，各种底层资源，如计算、存储、网络、资源逻辑等资源的异构性被屏蔽，边界被打破，所有的资源可以被统一管理和调度，构成云计算资源池，从而为用户提供按需服务；对用户而言，云计算的虚拟化技术将云平台上方的应用软件和下方的基础设备隔离开来，用户只能看到虚拟化层中的各类虚拟设备，基础设备层是透明且无限大的，用户无须了解内部结构，只关心自己的需求是否得到满足即可。这种架构降低了设备依赖性，也为动态的资源配置提供可能。

4.2.7 高可伸缩性和高扩展性

云计算将传统的计算、网络和存储资源通过虚拟化、容错和并行处理技术，转化成可以弹性伸缩、可扩展的服务，从而满足应用和用户规模扩大的需要。

云计算支持资源动态伸缩，实现基础资源的网络冗余，这意味着添加、删除、修改云计算环境的任一资源节点，或任一资源节点异常宕机，都不会导致云平台中各类业务的中断，也不会导致用户数据的丢失。这里的资源节点可以是计算节点、存储节点或网络节点。而资源动态流转，则意味着在云计算平台上实行资源调度机制，资源可以流转到需要的地方。如在系统业务整体提升的情况下，可以启用闲置资源，纳入系统中，从而提高整个云平台的负载能力。而在整个系统业务负载低的情况下，则可以将业务集中起来，而将其他闲置的资源转入节能模式，从而在提高部分资源利用率的情况下，达到其他资源绿色、低碳的使用效果。

云计算的虚拟资源池为用户提供弹性服务，根据用户的需求动态划分或释放不同的物理和虚拟资源，当用户增加一个需求时，可通过增加可用的资源进行匹配，实现资源的快速弹性提供，如果用户不再使用这部分资源，可释放这些资源。因此，云计算对非恒定需求的应用，如需求波动很大、阶段性需求等，具有非常好的使用效果。云计算的虚拟资源池既可以对规律性需求通过预测事先分配，也可根据事先设定的规则进行实时动态调整。弹性的云计算服务可帮助用户在任意时间得到满足需求的计算资源，云计算为用户提供的这种能力是无限的，实现了 IT 资源利用的高扩展性。

4.2.8 支持异构基础资源

云计算可以构建在不同的基础平台之上，即可以有效兼容各种不同种类的硬件和软件基础资源，包括计算、存储、网络等设备和操作系统、中间件、数据库等。云计算不针对特定的应用，在云计算平台的强大支撑下可以构造出千变万化的应用，同一个云计算平台可以同时支撑不同的应用运行。云计算为用户提供良好的编程模型，用户可以根据自己的需要进行程序编号，这样便为用户提供了巨大的便利性，同时也节约了相应的开发资源。云计算为用户提供自助化的资源服务，用户无须同提供商交互就可自动得到自助的计算资源能力。同时，云计算系统还为用户提供一定的应用服务目录，用户可采用自助方式选择满足自身需求的服务项目和内容。

4.3 实战项目：安装虚拟机软件

项目目标：安装虚拟机软件 VMware，了解虚拟化特点。

实战步骤如下。

（1）在搜索引擎的搜索栏中输入“vmware 下载”，单击图中标记方框处（见图 4-1），进入 VMware 的下载页面。在页面底部找到“VMware Workstation Pro”（见图 4-2）并单击右侧的“下载产品”按钮，进入之后，找到对应系统的软件下载。本实战项目是在 Windows 系统中进行的，单击图中标记方框处（见图 4-3）并在新页面的底部找到图中下载链接（见图 4-4），单击，开始下载软件。

图 4-1　找到下载地址

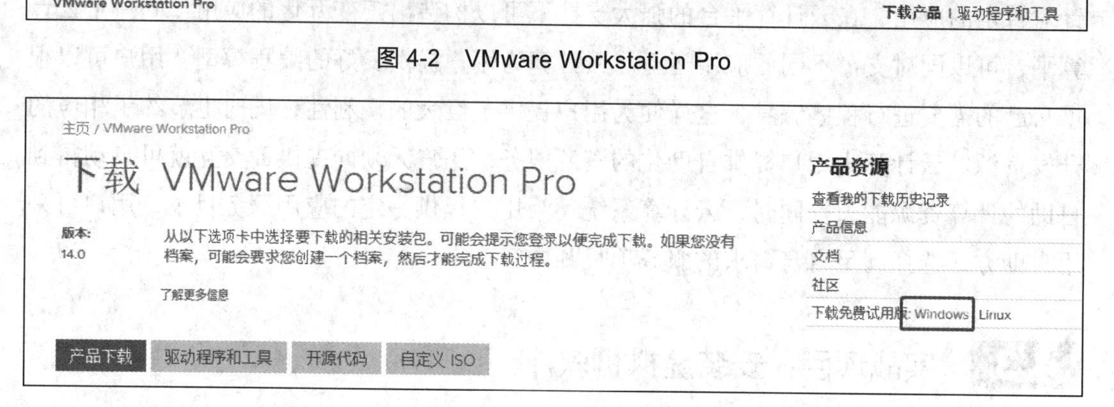

图 4-2　VMware Workstation Pro

图 4-3　下载页面

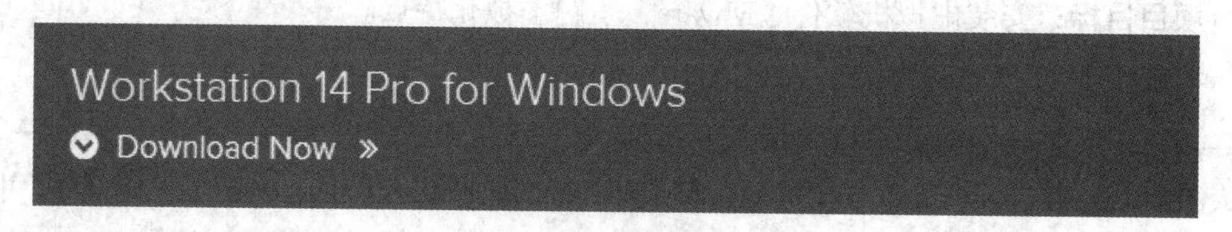

图 4-4　下载链接

（2）下载完成后，找到安装目录，运行安装程序进行安装（见图 4-5），在向导窗口直接单击“下一步”按钮。在选择安装位置的时候（见图 4-6），根据需要选择存储路径，之后的步骤保持默认选项，直接单击“下一步”按钮，直至完成安装。

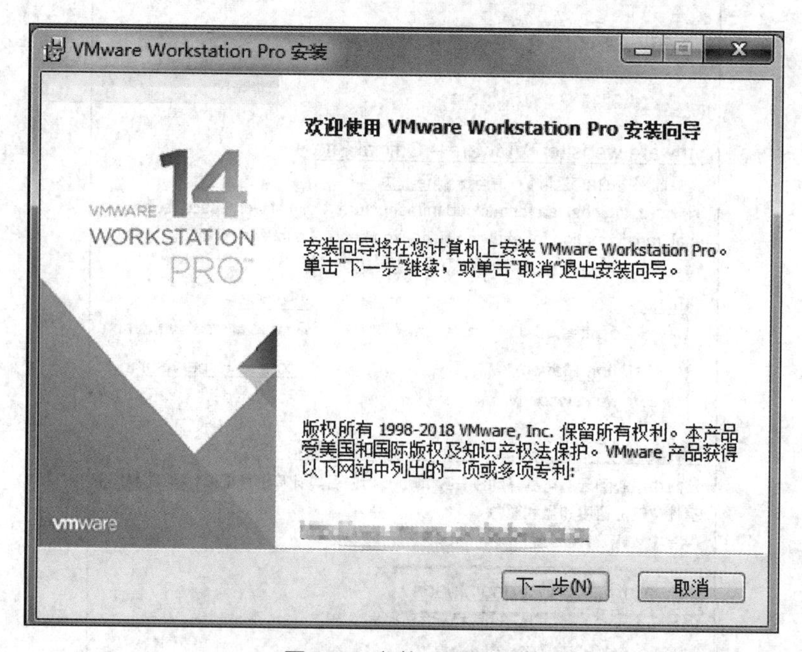

图 4-5　安装 VMware

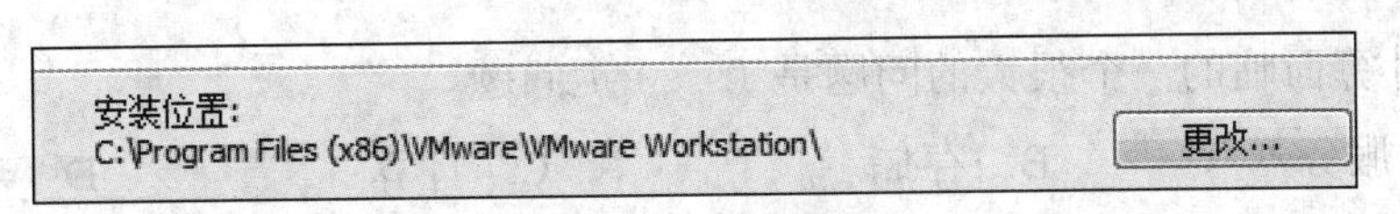

图 4-6 选择安装位置

（3）安装完成后，运行软件进入软件主界面（见图 4-7）。只要物理机有一定条件的硬件配置，就能够在 VMware 里安装更多的虚拟机，VMware 里可以安装 Linux、Windows 等系统，用户可根据需要和本机硬件资源条件进行选择安装。

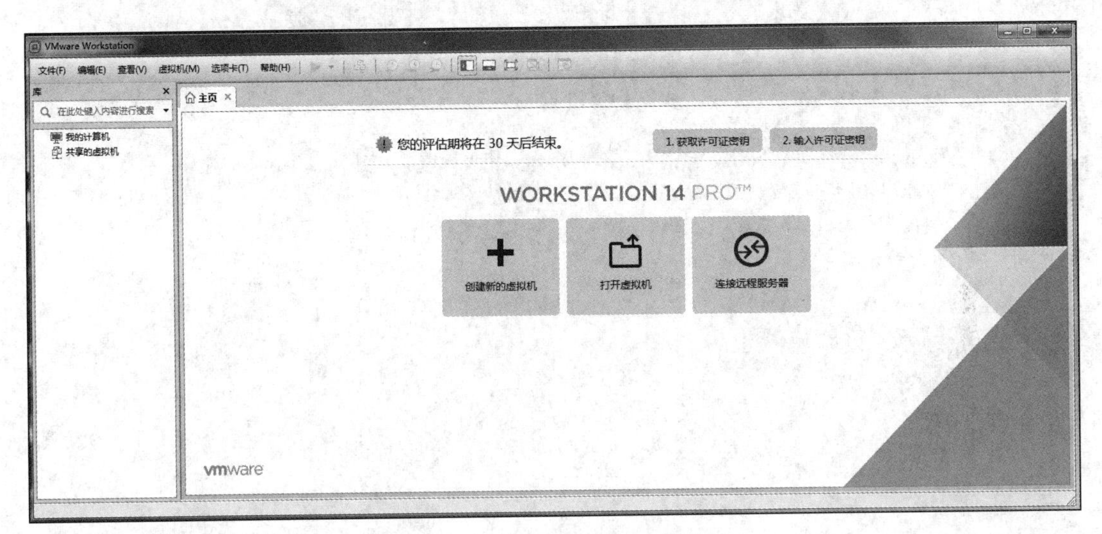

图 4-7 安装完成后即可开始使用

4.4 思考与练习

1. 互联网就是一个超大云。

A. 正确　　B. 错误

2. 云计算模式中用户不需要了解服务器在哪里，不用关心内部如何运作，通过高速互联网就可以透明地使用各种资源。

A. 正确　　B. 错误

3. 与网络计算相比，不属于云计算特征的是（　　）。

A. 资源高度共享　　B. 适合紧耦合科学计算

C. 支持虚拟机　　D. 适用于商业领域

4. 从研究现状上看，下面不属于云计算特点的是（　　）。

A. 超大规模　　B. 虚拟化　　C. 私有化　　D. 高可靠性

5. 不是云计算特征的是（　　）。

A. 虚拟化　　B. 动态可扩展　　C. 管理多设备　　D. 个体自治

6. 云计算面临的一个很大的问题是（　　）问题。

A. 服务器　　B. 存储　　C. 计算　　D. 节能

7. 结合现有的云计算产品，谈谈你对云计算特点的理解。

8. 云计算的资源利用率高体现在哪里？

9. 云计算的高可伸缩性是怎么实现的？

10. 云计算的计费模式主要有哪几种？

第5章 云计算安全

一直以来信息安全都是一个不变的话题。每当一个信息安全问题得到解决，就有其他的信息安全问题凸显出来，在云计算的开放网络中更是如此。

本章要点：

1. 了解云计算和信息安全；
2. 了解密码技术和密码学；
3. 了解对称密码和公钥密码；
4. 了解密码算法；
5. 了解公钥基础设施和身份与访问管理；
6. 了解哈希算法。

5.1 云计算和信息安全

云计算的业务共享场景复杂多变，相对于传统领域，其在安全性方面的挑战更加严峻，一些新型的安全问题变得比较突出，如多个虚拟机租户间并行业务的安全运行，公有云中海量数据的安全存储等。云计算的安全问题涉及广泛，主要包括以下几个方面。

（1）用户身份安全问题。云计算通过网络提供弹性可变的 IT 服务，用户需要登录到云端来获取应用与服务，系统需要确保使用者身份的合法性，才能为其提供服务。如果非法使用者取得了用户身份，则会危及合法用户的数据和业务。

（2）共享业务安全问题。云计算的底层架构（IaaS 和 PaaS 层）通过虚拟化技术实现资源共享调用，其优点是资源利用率高，但是共享会引入新的安全问题。一方面，需要保证用户资源间的隔离，另一方面，需要有面向虚拟机、虚拟交换机、虚拟存储等虚拟对象的安全保护策略，这与传统硬件上的安全策略完全不同。

（3）用户数据安全问题。数据的安全性是用户最为关注的问题，广义的数据不仅包括用户的业务数据，还包括用户的应用程序和用户的整个业务系统。数据安全问题包括数据丢失、泄露、窜改等。传统的 IT 架构中，数据是离用户很“近”的，数据离用户越

“近”则越安全。而云计算架构下数据常常存储在离用户很“远”的数据中心，需要对数据采用有效的保护措施，如多份复制、数据存储加密等，以确保数据的安全。

信息安全是指信息系统（包括硬件、软件、数据、人、物理环境及其基础设施）受到保护，不受偶然的或者恶意的因素影响而被破坏、更改或导致信息泄露等，连续可靠地正常运行，信息服务不中断，最终实现业务连续性。

信息安全可分为狭义信息安全与广义信息安全，狭义的信息安全建立在以密码论为基础的计算机安全领域，早期信息安全专业通常以此为基准，辅以计算机技术、通信网络技术与编程等方面的内容；广义的信息安全是一门综合性学科，从传统的计算机安全到信息安全，不仅是名称的变更，也是对安全发展的延伸，信息安全不再是单纯的技术问题，而是将管理、技术、法律等问题相结合的产物。

云计算需要信息安全。信息安全主要包括信息的保密性、真实性、完整性、未授权复制和所寄生系统的安全性 5 个方面。信息安全本身包括的范围很大，包括防范商业企业机密泄露、防范青少年对不良信息的浏览、防范个人信息的泄露等。网络环境下的信息安全体系是保证信息安全的关键，包括计算机安全操作系统、各种安全协议、安全机制（数字签名、消息认证、数据加密等），直至安全系统，如 UniNAC、DLP 等，只要存在安全漏洞便可能威胁全局安全。

5.2 密码技术和密码学

密码是一种用来混淆的技术，它希望将可识别的信息转变为无法识别的信息。当然，对一小部分人来说，这种无法识别的信息是可以被再加工并恢复的。登录网站、电子邮箱和在银行取款时输入的“密码”其实严格来讲应该仅被称作“口令”，因为它不是原本意义上的“加密代码”，但是也可以被称为“秘密的号码”。密码是按特定法则编成，对通信双方的信息进行明密变换的符号。换言之，密码是隐藏了真实内容的符号序列。使用密码是把用公开的、标准的信息编码表示的信息通过一种变换手段，变为除通信双方以外其他人所不能读懂的信息编码。

密码是通信双方按约定的法则进行信息特殊变换的一种重要保密手段。密码的相关知识组成一门深奥的学科，被称为密码学。密码学是研究如何隐秘地传递信息的学科，在现代特别指针对信息以及其传输的数学性的研究，常被认为是数学和计算机科学的分支，和信息论也密切相关。

密码学是在编码与破译的斗争实践中逐步发展起来的，并随着先进科学技术的应用，已成为一门综合性的尖端技术科学。它与语言学、数学、电子学、声学、信息论、计算机科学等有着广泛而密切的联系，它的现实研究成果，特别是各国政府现用的密码编制及破译手段都具有高度的机密性。

密码学有着悠久的历史，密码在古代就被用于通信传输过程中的保密和信息存储中的保密。在近代和现代战争中，传递情报和指挥战争均离不开密码学，外交中也离不开密码学。著名的密码学者罗纳德·李维斯特（Ron Rivest）解释道："密码学是关于如何在敌人存在的环境中通信。"，密码学的首要目的是隐藏信息的含义，并不是隐藏信息的存在。

随着计算机和信息技术的发展，密码技术的发展也变得更迅速，应用领域不断扩展。密码除了用于信息加密，也用于数据信息签名和安全认证。这样，密码的应用场景也不再只局限于军事、外交，它也广泛应用在社会和经济活动中。例如，可以将密码技术用在电子商务中，对网上交易双方的身份和商业信用进行识别，防范电子商务中的"黑客"和欺诈行为；它应用于增值税发票中，可以防伪、防篡改；它应用于个人移动通信中，可以大大增强信息通信的保密性等。密码学也促进了计算机科学的发展，特别是针对计算机与网络安全使用的技术，如访问控制与信息的机密性处理。

现代密码学所涉及的学科包括信息论、概率论、数论、计算复杂性理论、近世代数、离散数学、代数几何学和数字逻辑等。

依照密码学中的定义，密钥是参与加密、解密变换的参数，分为加密密钥和解密密钥；明文是没有进行加密，能够直接代表原文含义的信息；密文是经过加密处理之后，隐藏原文含义的信息；加密是将明文转换成密文的实施过程；解密是将密文转换成明文的实施过程。密码算法是密码系统采用的加密方法和解密方法，随着基于数学密码技术的发展，加密方法一般称为加密算法，解密方法一般称为解密算法。随着通信技术的发展，对语音、图像、数据等都可实施加、解密变换。

密码算法的基本类型包括以下 4 种。

（1）错乱：按照规定的图形和线路，改变明文字母或数码等的位置形成密文。

（2）代替：用一个或多个代替表将明文字母或数码等代替为密文。

（3）密本：用预先编定的字母或数字密码组，代替一定的词组单词等，变明文为密文。

（4）加乱：用有限元素组成的一串序列作为乱数，按规定的算法，同明文序列相结合变成密文。

以上 4 种密码算法，既可单独使用，也可混合使用，以编制出各种复杂度很高的实用密码算法。使用密码算法进行密码运算的系统叫作密码系统。

一个密码系统包括以下功能：对于给定的明文和密钥，加密变换将明文变为密文，在接收端，利用解密密钥完成解密操作，将密文恢复成原来的明文。在密码系统中，除合法用户外，还有非法的截收者，他们试图通过各种办法窃取机密或篡改消息，利用文字和密码的规律，在一定条件下，采取各种技术手段，通过对截取密文的分析求得明文，还原密码编制，即破译密码。破译不同强度的密码，对条件的要求也不相同，甚至很不相同。所以，一个安全的密码系统应该满足：

（1）非法截收者很难从密文中推断出明文；

（2）加密算法和解密算法应该相当简便，而且适用于所有密钥空间；

（3）密码的保密强度只依赖于密钥；

（4）合法接收者能够检验和证实消息的完整性和真实性；

（5）消息的发送者无法否认其所发出的消息，同时也不能伪造别人的合法消息；

（6）必要时可由仲裁机构进行仲裁。

5.3 对称密码和公钥密码

区别于古典密码学，通常认为现代密码学包括对称密码学（又被称作单钥密码学）和非对称密码学（又被称作公钥密码学）。由于信息技术和电子工业的发展，现有密码算法的安全性存在极大的挑战，不断有旧的密码算法被攻破，新的密码算法被推出。现代密码学正因为密码算法的推陈出新而不断发展。同时，根据密码算法设计的密码软硬件的应用范围也极为广泛，这也推动了密码学的发展。

在公钥密码出现之前，密码学主要以对称密码为主，它的加密和解密密钥是相同的，所以人们把它称为对称密码。在对称密码算法中，通常把没有加密的消息称为明文，把所有可能的明文的有限集合称为明文空间；把加密后的消息称为密文，把所有可能的密文的有限集合称为密文空间；把将明文变换成密文的过程称为加密，将密文恢复成明文的过程称为解密。加密和解密这一对逆变换是在同一组密钥（即对称密钥）的控制下进行的，人们把所有可能的密钥的有限集合称为密钥空间。

对称密码的加密方式一般有两种：第一种是流密码算法，即按明文的字符顺序逐位地进行加密；第二种是分组密码算法，即将明文进行分组，然后逐组地进行加密。

常用的对称密码算法有数据加密标准（Data Encryption Standard，DES）密码算法和高级加密标准（Advanced Encryption Standard，AES）密码算法。

对称密码在一定程度上解决了保密通信的问题，但随着密码学的发展，它可应用的范围的局限性就显现出来了。公钥密码的概念是由美国密码学家 Whitfield Diffie 和 Martin Hellman 在 1976 年首次共同提出的。公钥密码运用单向函数的数学原理，以实现加、解密密钥的分离。加密密钥是公开的，解密密钥是保密的。这种新的密码体制引起了密码学界的广泛关注和探讨。

公钥密码的出现改变了密码学的面貌，是密码学发展的一个重要里程碑。在公钥密码学中，密钥是公开密钥和私有密钥组成的密钥对，简称公钥和私钥。签名者用私钥对消息进行加密，接收者用公钥进行解密，还原消息。由于从公钥不能推算出私钥，所以公钥不会损害私钥持有者的信息安全。公钥无须保密，可以公开传播，而私钥必须由持有者本人保密。因此若持有者用其私钥加密消息，并且能够用其公钥正确解密，就可以肯定该消息是其签的字，这就是数字签名的基本原理。

公钥密码为密码学的发展提供了新的理论和技术基础，首先它突破了密码算法只使用单个密钥的局限，其次它的设计基于数学问题，取代了简单的代替和换位方法。公钥密码还能够解决对称密码不能解决的问题,即通信的双方在公共信道上约定共享的密钥。在现实的通信网络中，如果使用对称密码，约定用于共享的密钥会存在极大的安全问题，而公钥密码则解决了这一难题。

公钥密码一般都是基于计算复杂度上的困难问题而设计的密码，如大整数因子分解问题和离散对数问题。这些困难问题目前不存在实际的攻克方法，如果这些困难问题没有被攻克，则基于这些问题的公钥密码是安全的。其中，在公钥密码中，基于大整数因子分解问题或者离散对数问题的密码主要有 RSA 密码和椭圆曲线密码。

数字签名（又称公钥数字签名、电子签章）是一种类似写在纸上的普通物理签名，使用公钥加密领域的技术实现，用于鉴别数字信息的方法。一套数字签名通常定义两种互补的运算，一种用于签名，另一种用于验证。只有信息的发送者才能产生别人无法伪造的一段数字串,这段数字串同时也是对信息的发送者发送信息真实性的一个有效证明。数字签名的文件的完整性是很容易验证的，而且数字签名具有不可抵赖性。

简单地说，数字签名就是附加在数据单元上的一些数据，或是对数据单元所做的密码变换。这种数据或变换允许数据单元的接收者用其来确认数据单元的来源和数据单元的完整性并保护数据，防止被人伪造。数字签名是对电子形式的消息进行签名的一种方法，一个签名消息能在一个通信网络中传输。

数字签名的过程是将摘要信息用发送者的私钥加密，与原文一起传送给接收者。接收者用发送者的公钥解密被加密的摘要信息，然后用哈希（Hash）函数对收到的原文产生一个摘要信息，与解密的摘要信息对比。如果相同，则说明收到的信息是完整的，在传输过程中没有被修改，否则说明信息被修改过。所以，数字签名具有保证信息传输的完整性、认证发送者的身份、防止交易中的抵赖发生等特点。

公钥数字签名体制包括普通数字签名和特殊数字签名。普通数字签名算法有 RSA、ElGamal、Fiat-Shamir、Guillou- Quisquarter、Schnorr、Ong-Schnorr-Shamir、DES/DSA、椭圆曲线数字签名算法和有限自动机数字签名算法等；特殊数字签名有盲签名、代理签名、群签名、不可否认签名、公平盲签名、门限签名和具有消息恢复功能的签名等，签名算法与具体应用环境密切相关。

5.4 密码算法

5.4.1 DES 密码算法

DES 密码算法，即数据加密标准，是 1972 年美国 IBM 研制的对称密码算法。

在 1976 年，它被美国国家标准局确定为联邦资料的处理标准。DES 密码算法是一种使用密钥加密的块算法，它的明文按 64 位进行分组，参与运算的密钥长度为 56 位（不包括 8 位校验位），分组后的明文组和密钥以按位替代或交换的方法形成密文组。现在 DES 密码算法已经不是一种安全的加密方法，这主要是因为它使用的 56 位密钥过短。对所有密码而言，最基本的攻克方法是暴力破解法，即依次尝试所有可能的密钥。密钥长度决定了可能的密钥数量，因此也决定了这种方法的可行性。不幸的是 DES 密码算法正是因为密钥过短才能被破译。1999 年 1 月，Distributed.net 与电子前哨基金会合作，在 22 小时 15 分钟内公开破解了一个 DES 密钥。为了应对 DES 的安全问题，3DES 密码算法作为 DES 密码算法的替代者出现了。事实上，3DES 密码算法是 DES 的派生算法，也存在理论上的攻克方法，所以实质上它并没有成为真正的替代者，真正取代 DES 密码算法的是 AES 密码算法。

5.4.2 AES 密码算法

AES 密码算法即高级加密标准，又被称作 Rijndael 加密算法，是美国联邦政府采用的一种区块加密算法。

AES 密码算法由两位比利时密码学家 Joan Daemen 和 Vincent Rijmen 设计，两位作者用他们的姓氏进行组合，以 Rijndael 为名将这一算法投稿至美国联邦政府，进入高级加密标准的甄选流程。最终它由美国国家标准与技术研究院于 2001 年 11 月 26 日发布，在 2002 年 5 月 26 日正式成为有效的加密标准，是 DES 密码算法的替代者。AES 密码算法的区块长度固定为 128 位，密钥长度的选择则可以是 128、192 或 256 位。就密钥长度而言，AES 密码算法就比 DES 密码算法的安全等级要高得多。

5.4.3 RSA 密码算法

RSA 密码算法是目前应用与研究得最多的公钥密码算法之一。

在 1977 年，三位美国密码学家 Ron Rivest、Adi Shamir 和 Leonard Adleman 共同提出了以三人姓氏首字母命名的 RSA 密码算法。它的设计基于一个十分简单的数学困难问题，即将两个大素数相乘的运算十分容易，但对它们的乘积进行因式分解的运算却极其困难。因此，可以将两个大素数的乘积公开作为 RSA 密码的加密密钥。这表明，

RSA 密码算法的安全性完全依赖于大整数的因子分解的困难性。随着现代计算机计算能力的不断提升和对大整数的因子分解算法的进一步改进，为了保证 RSA 密码的安全性，密码算法的设计者就必须增加 RSA 的模数长度，目前公认的相对安全的 RSA 模数是 2 048 位。所以，对于计算能力和资源受限的设备，RSA 密码算法并不是一个很好的选择。

5.4.4 椭圆曲线密码算法

椭圆曲线密码算法也是目前最流行的公钥密码算法之一。

在 1985 年，美国密码学家 Neal Koblitz 和 Victor Miller 分别独立提出了椭圆曲线公钥密码。它的设计基于椭圆曲线数学的一个数学问题，即椭圆曲线离散对数问题。它的主要优势是能够在某些情况下使用更小的密钥并且能够保证它的安全性。椭圆曲线密码算法一般使用有限域 GF(p)和有限域 GF(2^n)，其中 p 是素数，所以它容易在通用处理器和硬件上实现，这使得它的应用研究的热度并不亚于 RSA 密码算法。

5.4.5 多变量公钥密码算法

虽然以 RSA 和椭圆曲线密码算法为主的现代密码学在飞速地发展，但是随着计算机科学的不断进步，量子计算机逐渐成为密码学领域潜在的巨大威胁。贝尔实验室的密码学家 Peter Shor 在 1994 年提出了利用量子计算机在多项式时间内解决大整数因子分解和离散对数问题的方法，这对基于这两种困难问题的密码算法是毁灭性的打击。这是因为半导体只能记录 0 与 1，而量子能够同时表示多种状态，它一次的运算可以应对多种不同状况。所以，假设现在有一个 40 量子位的量子计算机，它能够在很短时间内解开一般计算机花上数十年才能解决的问题。

虽然目前量子计算机的研究还不是很成熟，但是在 2011 年 5 月 11 日，加拿大的 D-Wave Systems, Inc.公司发布了全球第一款商用型量子计算机 D-Wave One。两年后的 2013 年 5 月，D-Wave Systems, Inc.公司再次与美国国家航空航天局和 Google 公司共同发布了采用 512 量子位的 D-Wave Two 量子计算机。在国内，量子计算机的研究也如火如荼，2007 年由中国科学技术大学潘建伟院士领衔的量子光学和量子信息团队的陆朝阳、刘乃乐研究小组与英国牛津大学的研究人员合作，在国际上首次利用光量子计算机演示了 Peter Shor 的分解大整数因子的算法。虽然他们实现的仅仅是非常简单的质因子分解，但这表明，一旦第一台实用量子计算机问世，基于大整数因子分解或者基于离散对数问题的公钥密码算法将受到严重的威胁。

尽管目前第一台真正意义上能够破解现代密码体制的量子计算机还没有被研制出来，但是量子计算机带来的潜在威胁给现代密码学提出了一个新的问题，那就是在量子计算机问世以后，人们有哪些密码算法能够抵御量子计算机的攻击。幸运的是，在现有的密码学算法中，尚有几种不能被量子计算机攻克的非对称密码算法，它们是基于散列函数的密码、基于格的密码、基于编码的密码和多变量公钥密码。

多变量公钥密码的研究起源于20世纪80年代，在1988年，日本学者Tsutomu Matsumoto和Hideki Imai共同提出了第一个多变量公钥密码方案，即著名的MI加密算法。1995年，法国学者 Jacques Patarin 用一种线性化方程的攻击方法破解了 Tsutomu Matsumoto 和Hideki Imai共同提出的MI加密算法，证明了它不安全。随后，Jacques Patarin通过改进MI加密算法，提出了HFE密码算法，但事实上它也不安全，倍受攻击。1997年，Jacques Patarin在线性化方程攻击的基础上，提出了油醋签名算法，这是目前多变量油醋家族的起源。

目前，多变量公钥密码算法的研究重点在于通过多种变形方法设计安全性较高的多变量方案。典型的多变量公钥密码的变形方法有加方法、减方法、醋变量方法和内部扰动方法等，其中减方法和醋变量方法主要用于设计多变量数字签名方案，内部扰动方法则是由美国学者Jintai Ding提出的一种系统化的增强多变量公钥密码安全性的方法。变形后的多变量公钥密码算法包括了 SFlash 签名算法（从 MI 减加密算法发展而来）、Rainbow签名算法（从非平衡油醋签名算法发展而来）、PMI加密算法（对MI加密算法进行内部扰动的变体）和PMI+加密算法（通过整合内部扰动和加变形对PMI进行改造而来）。

虽然多变量公钥密码算法的发展还不成熟，但是它抵御潜在量子计算机攻击的能力仍然吸引着大量研究人员进行探索。

5.5 公钥基础设施和身份与访问管理

公钥基础设施（Public Key Infrastructure，PKI）是由公开密钥密码技术、数字证书、证书认证中心（Certification Authority，CA）和关于公开密钥的安全策略等基本成分共同组成，管理密钥和证书的系统或平台。通过采用PKI框架管理密钥和证书可以建立一个安全的网络环境。

1. PKI系统的组成

一个典型、完整、有效的PKI应用系统至少应具有以下5个部分。

（1）CA。CA是PKI的核心，CA负责管理PKI结构下的所有用户（包括各种应用程序）的证书，把用户的公钥和用户的其他信息捆绑在一起，在网上验证用户的身份，还要负责用户证书的黑名单登记和黑名单发布。

（2）目录服务器×.500。目录服务器用于发布用户的证书和黑名单信息，用户可通过标准的轻型目录访问协议（Lightweight Directory Access Protocol，LDAP）查询自己或其他人的证书和下载黑名单信息。

（3）高强度密码算法和安全协议。安全套接层（Secure Sockets Layer，SSL）协议最初由 Netscape 公司开发，现已成为网络用来鉴别网站和网页浏览者身份，以及在浏览器使用者及网页服务器之间进行加密通信的全球化标准。

（4）Web 安全通信平台。包括 Web Client 端和 Web Server 端两部分，分别安装在用户端和服务器端，通过具有高强度密码算法的 SSL 协议保证用户端和服务器端数据的机密性、完整性并进行身份验证。

（5）自开发安全应用系统。自开发安全应用系统是指各行业自开发的各种具体应用系统，如银行、证券的应用系统等。

完整的 PKI 应该还包括认证政策的制定（包括遵循的技术标准、各 CA 之间的上下级或同级关系、安全策略、安全程度、服务对象、管理原则和框架等），认证规则、运作制度的制定，所涉及的各方法律关系内容以及技术的实现等。

2. CA 的功能

作为 PKI 的核心部分，CA 实现了 PKI 中的重要功能。概括地说，CA 的功能有：证书发放、证书更新、证书撤销和证书验证。CA 的核心功能就是发放和管理数字证书，具体描述如下：

（1）接收验证最终用户数字证书的申请；

（2）确定是否接受最终用户数字证书的申请——证书的审批；

（3）向申请者颁发或拒绝颁发数字证书——证书的发放；

（4）接收、处理对最终用户数字证书的更新请求——证书的更新；

（5）接收对最终用户数字证书的查询、撤销；

（6）生成和发布证书废止列表（CRL）；

（7）数字证书归档；

（8）密钥归档；

（9）历史数据归档。

3. CA 的组成与具体实施

为了实现证书功能，其主要由以下 3 部分来提供支持。

（1）注册服务器。通过 Web Server 建立的站点，可为用户提供全天候不间断的服务。用户在网上提出证书申请和填写相应的证书申请表。

（2）证书申请受理和审核机构。负责证书的申请和审核。它的主要功能是接收用户证书申请并进行审核。

（3）认证中心服务器。是数字证书生成、发放的运行实体，同时提供发放证书的管理、证书废止列表的生成和处理等服务。

在具体实施时，CA 必须做到以下几点：

- 验证并标识证书申请者的身份；
- 确保 CA 用于签名证书的非对称密钥的质量；
- 确保整个签证过程的安全性，确保签名私钥的安全性；
- 管理证书资料信息（包括公钥证书序列号、CA 标识等）；
- 确定并检查证书的有效期限；
- 确保证书主体标识的唯一性，防止重名；
- 发布并维护证书废止列表；
- 对整个证书签发过程做日志记录；
- 向申请人发出通知。

4. IAM

身份与访问管理（Identity and Access Management，IAM）具有单点登录、强大的认证管理、基于策略的集中式授权和审计、动态授权等功能。IAM 全面建立和维护数字身份，并提供有效、安全的 IT 资源访问的业务流程和管理手段，从而实现组织信息资产统一的身份认证、授权和身份数据集中管理与审计。IAM 是一套业务处理流程，也是一个用于创建、维护以及使用数字身份的支持基础结构。通俗地讲，IAM 是让合适的自然人在恰当的时间通过统一的方式访问授权的信息资产，并提供集中式的数字身份管理、认证、授权、审计的模式和平台。

身份与访问管理包括以下功能。

（1）单点登录。对跨多种不同 Web 应用程序、门户和安全域的无缝访问允许单点登录，还支持对企业应用程序（如 SAP、Siebel、PeopleSoft 以及 Oracle 应用程序）的无缝访问。

（2）强大的认证管理。提供了统一的认证策略，确保因特网和局域网应用程序中的安全级别都正确。这确保高安全级别的应用程序可受到更强的认证方法保护，而低安全级别的应用程序可以只用较简单的用户名/密码方法保护，为许多认证系统（包括密码、令牌、×.509 证书、智能卡、定制表单和生物识别）及多种认证方法组合提供了访问管理支持。

（3）基于策略的集中式授权和审计。将一个企业 Web 应用程序中的用户、合作伙伴和员工的访问管理都集中起来。因此，不需要冗余的、特定于应用程序的安全逻辑，可以按用户属性、角色、组和动态组对访问权进行限制，并按位置和时间确定访问权。授权可以在文件、页面或对象级别上进行。此外，受控制的“模拟”（在此情形中，诸如用户服务代表的某个授权用户，可以访问其他用户可以访问的资源）也由策略定义。

（4）动态授权。从不同本地或外部源（包括 Web 服务和数据库）实时触发评估数据的安全策略，从而确定进行访问授权或拒绝访问。通过对环境的相关评估，可获得更加细化的授权。例如，限制满足特定条件（最小账户余额）的用户对特定应用程序（特定银行服务）的访问权。授权策略还可以与外部系统（如基于风险的安全系统）结合应用。

（5）企业可管理性。提供了企业级系统管理工具，使安全人员可以更有效地监控、管理和维护多种环境（包括管理开发、测试和生产环境）。

5.6 哈希算法

哈希（Hash）也叫作散列，是把任意长度的输入，通过散列算法变换成固定长度的输出，该输出就是散列值。这种转换是一种压缩映射，也就是说，散列值的空间通常远小于输入的空间，不同的输入可能会散列成相同的输出，但不可能通过散列值来确定唯一的输入值。简单地说，哈希就是一种将任意长度的消息压缩到某一固定长度的消息摘要的函数。

Hash 主要用于信息安全领域中的加密算法，它把一些不同长度的信息转化成杂乱的 128 位编码，叫作 Hash 值。也可以说，Hash 就是找到一种数据内容和数据存放地址之间的映射关系。MD5 和 SHA-1 是目前应用最广泛的 Hash 算法，而它们都是以 MD4 为基础设计的。

MD4 是 Ronald L.Rivest 在 1990 年设计的，MD 是 Message Digest 的缩写。它适用于 32 位字长的处理器，用高速软件实现，是基于 32 位操作数的位操作来实现的。

MD5 是 Rivest 于 1991 年设计的对 MD4 的改进版本。它的输入仍以 512 位分组，其输出是 4 个 32 位字长的级联，与 MD4 相同。MD5 比 MD4 复杂，并且速度要较之慢一点，但更安全，在抗分析和抗差分方面表现更好。由于计算机运算水平的发展，可以通过大型计算机的运算采用暴力破解方式在几秒内破解 MD5。

SHA-1 是由 NIST 和 NSA 设计，同 DSA 一起使用的，它对长度小于 264 位字长的输入产生长度为 160 位的散列值，因此抗穷举性更好。SHA-1 设计时基于和 MD4 相同的原理，并且模仿了该算法。

Hash 算法在信息安全方面的应用主要体现在以下 3 个方面。

（1）文件校验。校验算法主要有奇偶校验和 CRC 校验，这两种校验算法并没有抗数据篡改的能力，它们一定程度上能检测并纠正数据传输中的信道误码，但却不能防止对数据的恶意破坏。MD5 Hash 算法的“数字指纹”特性使它成为目前应用最广泛的一种文件完整性校验和算法，不少 UNIX 系统提供了计算 md5 checksum 的命令。MD5-Hash 文件的数字摘要通过 Hash 函数计算得到，不管文件长度如何，文件的 Hash 函数计算结果都是一个固定长度的数字。与加密算法不同，这个 Hash 算法是一个不可逆的单向函数。采用安全性高的 Hash 算法，如 MD5、SHA-1 时，两个不同的文件几乎不可能得到相同的 Hash 结果。因此，一旦文件被修改，就可检测出来。

（2）数字签名。Hash 算法也是现代密码体系中的一个重要组成部分。由于非对称算法的运算速度较慢，因此在数字签名协议中，单向散列函数扮演了一个重要的角色。对 Hash 值进行数字签名，在统计上可以认为它与对文件本身进行数字签名是等效的。

（3）鉴权协议。鉴权协议又被称作挑战-认证模式，在传输信道可被监听但不可被篡改的情况下，这是一种简单而安全的方法。

5.7 实战项目：文件的 MD5 校验

项目目标：从网站上下载文件和文件的 MD5 码，并在本地生成文件的 MD5 码，将两个 MD5 码进行比较。

实战步骤如下。

（1）文件的 MD5 校验需要用到校验工具，在网上搜索 fHash 或相似的工具并下载。下载完成后，运行校验工具（见图 5-1）。首先创建一个文本文件，用于 MD5 校验测试（见图 5-2）。

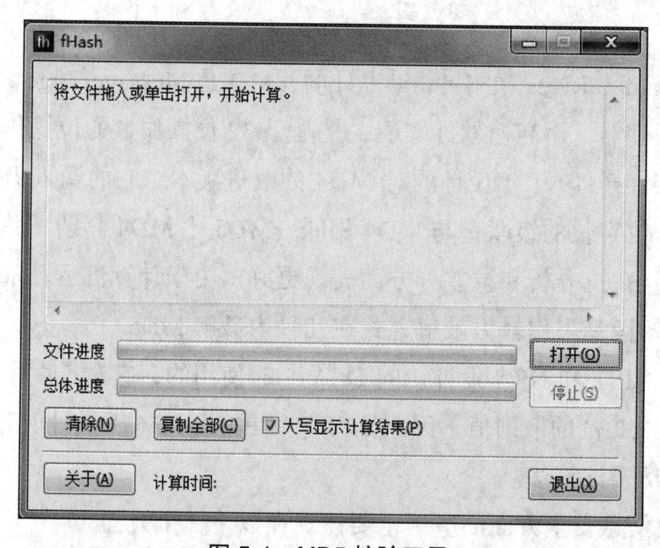

图 5-1　MD5 校验工具

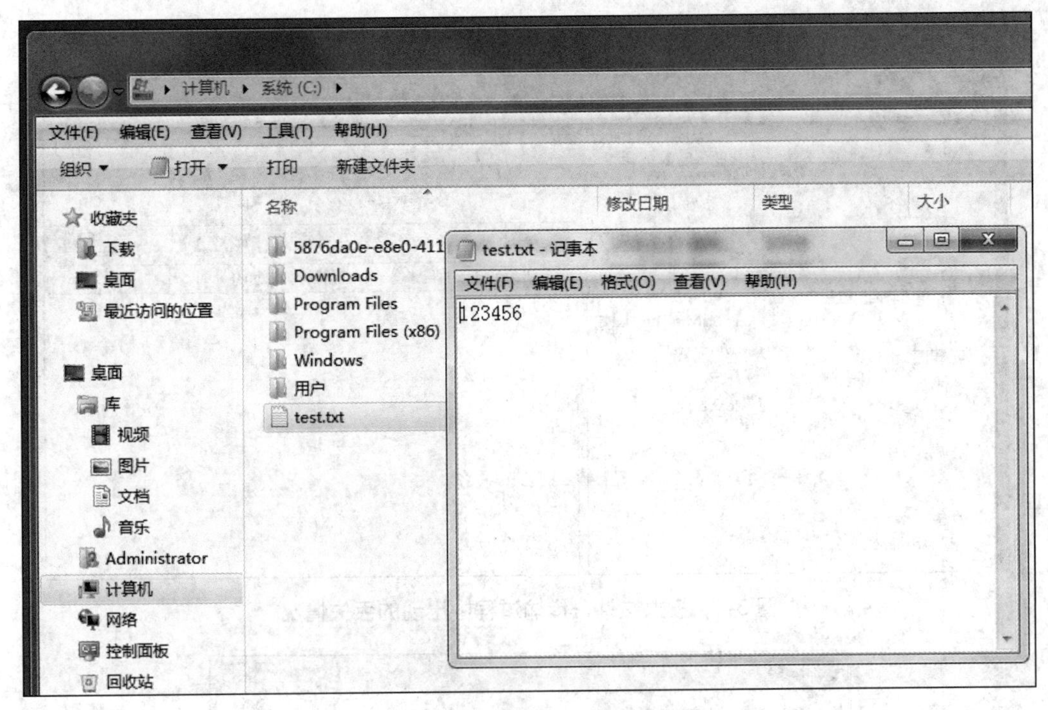

图 5-2 创建一个文本文件

（2）fHash 支持拖动文件，将创建好的文件拖入校验工具顶部的方框中，工具会自动开始计算（见图 5-3）。接下来模拟文件在传输过程中出现的丢失情况，把文件里的内容删减一点（见图 5-4）。将删减过后的文件放入校验工具中，观察文件前后的 MD5 码的变化（见图 5-5）。

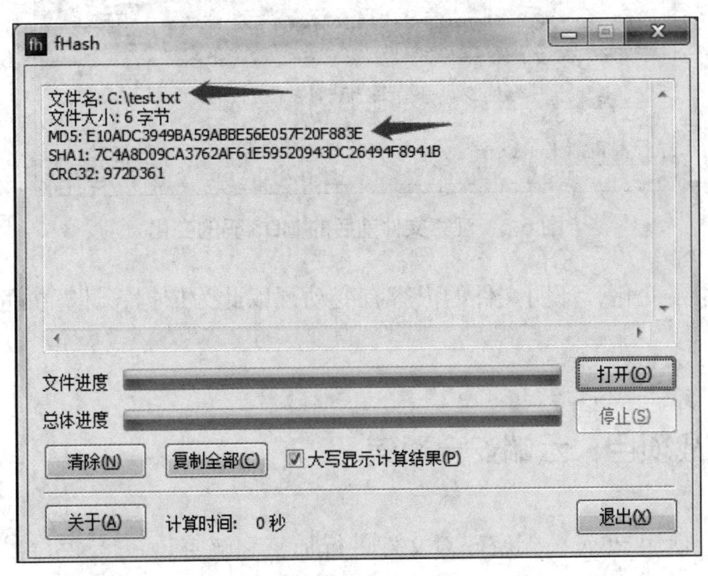

图 5-3 将创建好的文件拖入校验工具顶部方框

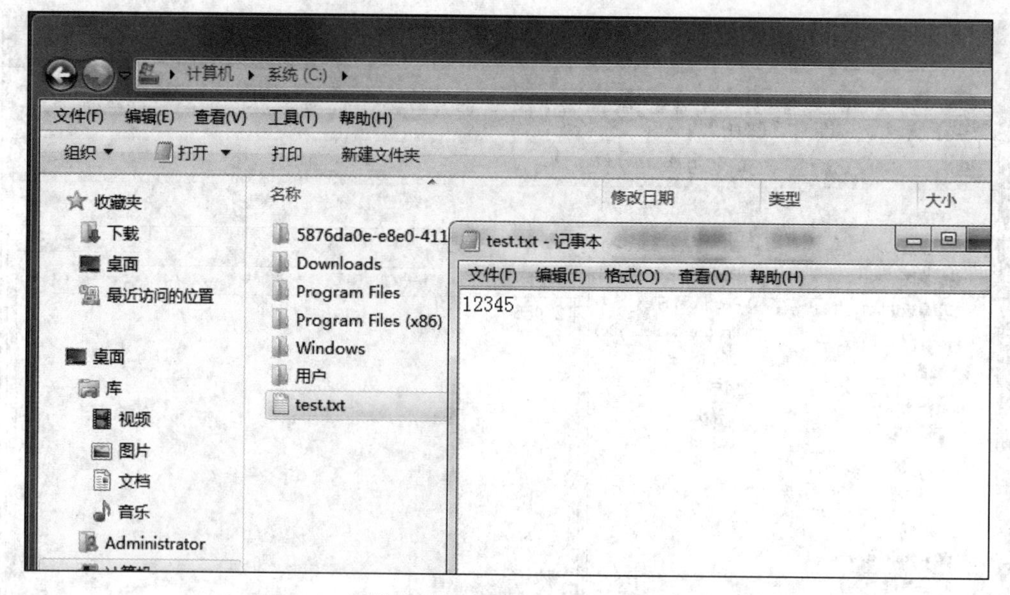

图 5-4　模拟文件在传输过程中出现的丢失情况

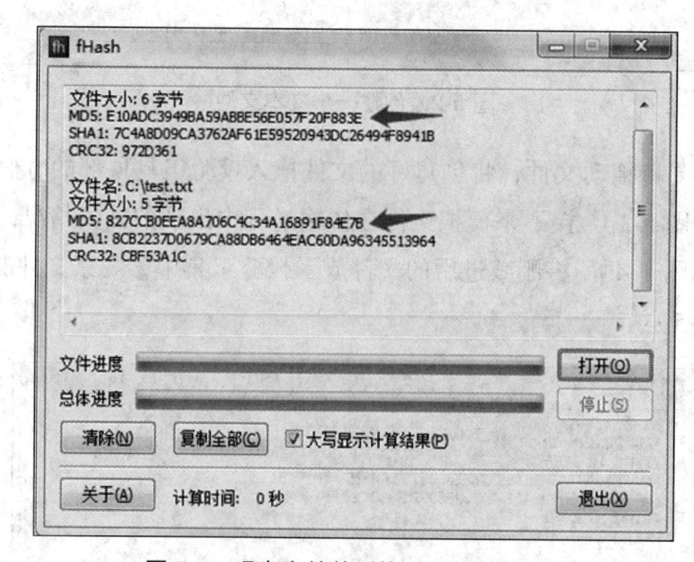

图 5-5　观察文件前后的 MD5 码的变化

校验码发生了变化，证明文件的内容有变动，以此为依据，计算机可以判断出文件是否完整。

5.8　实战项目：云端安全通信

项目目标：使用 RSA 公钥密码对文件进行加密和解密。

实战步骤如下。

（1）本实战项目所用到的工具是网络上的加密解密工具（见图 5-6）。将这个工具运用到网络应用中，进行加密解密的过程模拟，本实战项目选用的是 RSA 非对称加密。首先要生成密钥对（见图 5-7 和图 5-8）。

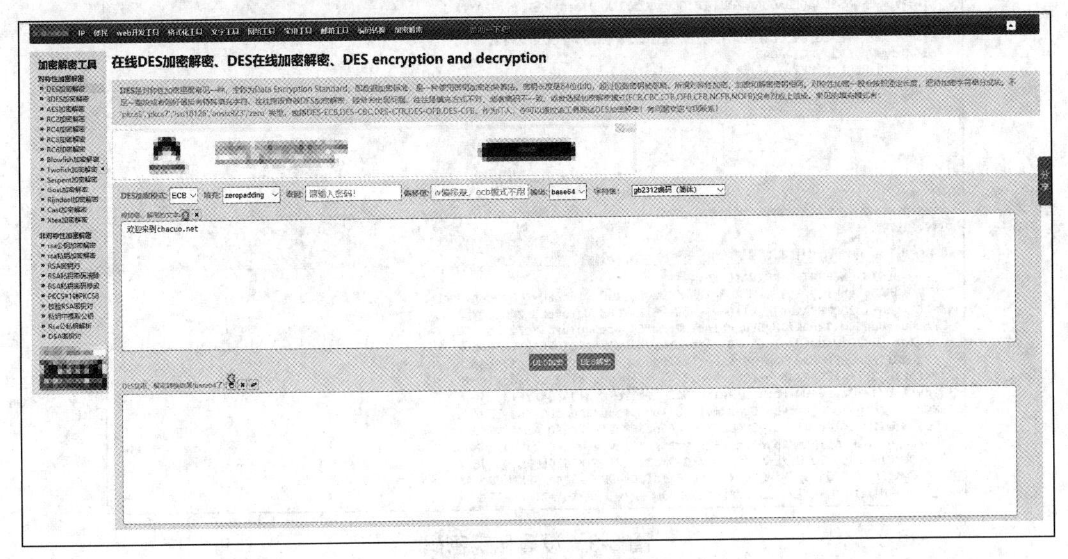

图 5-6 加密解密工具

图 5-7 “RSA 密钥对”选项

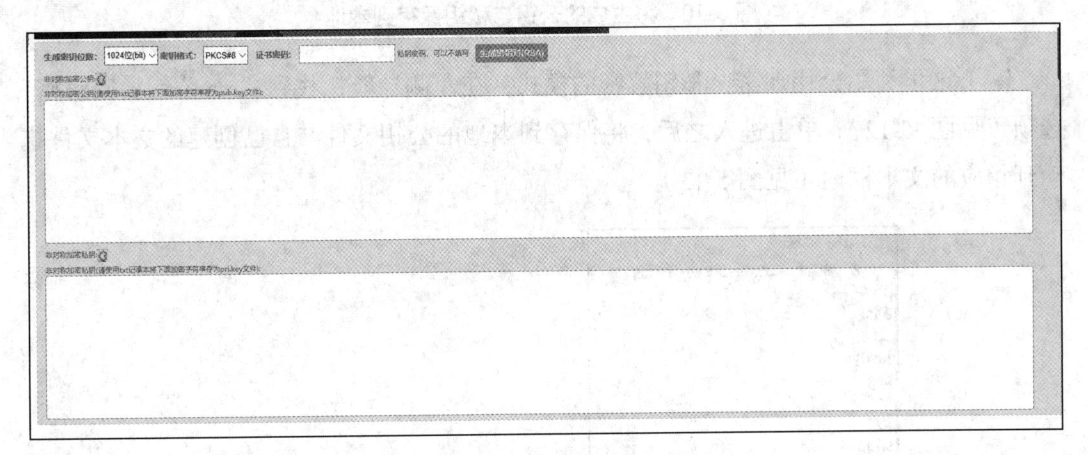

图 5-8 生成密钥对

（2）生成密钥对时，可以选择是否设置私钥密码，若不设置，则直接单击生成密钥对，这里设置了私钥密码，密码是“123”（见图 5-9）。

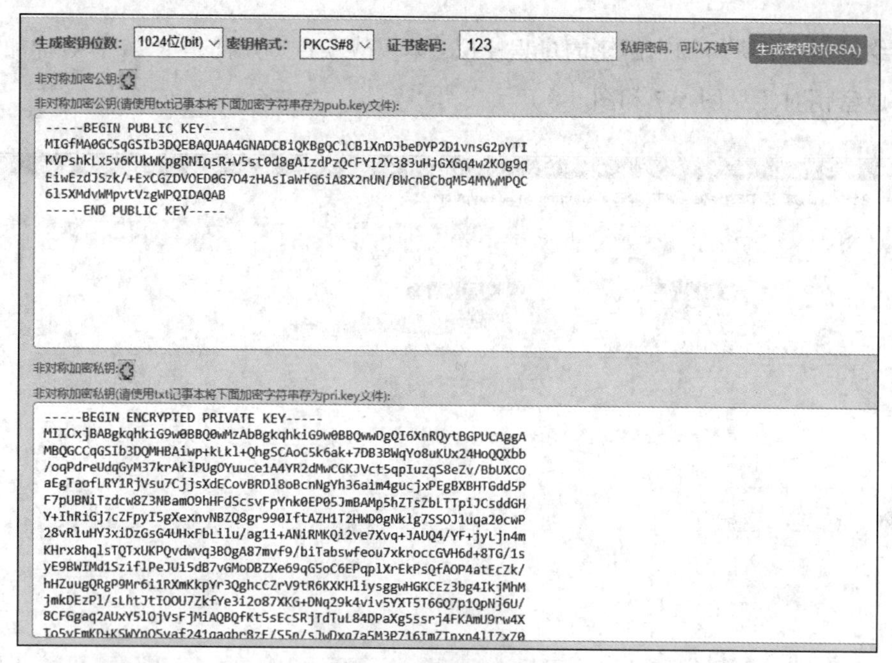

图 5-9　设置私钥密码

（3）将生成的公钥与私钥根据提示保存到本地（见图 5-10）。“pri.key” 文件是私钥文件，“pub.key” 文件是公钥文件。接着创建一个文本文件，在里面随意输入一些内容（见图 5-11）。

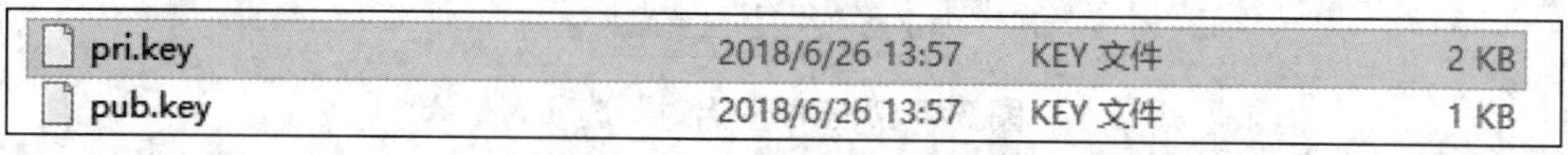

pri.key	2018/6/26 13:57	KEY 文件	2 KB
pub.key	2018/6/26 13:57	KEY 文件	1 KB

图 5-10　将生成的公钥与私钥保存到本地

（4）这里利用公钥加密、私钥解密的模式，在左侧导航栏找到“rsa 公钥加密解密”选项（见图 5-12）。单击进入之后，将保存到本地的公钥文件与自己创建的文本文件拖动到相应的文本框内（见图 5-13）。

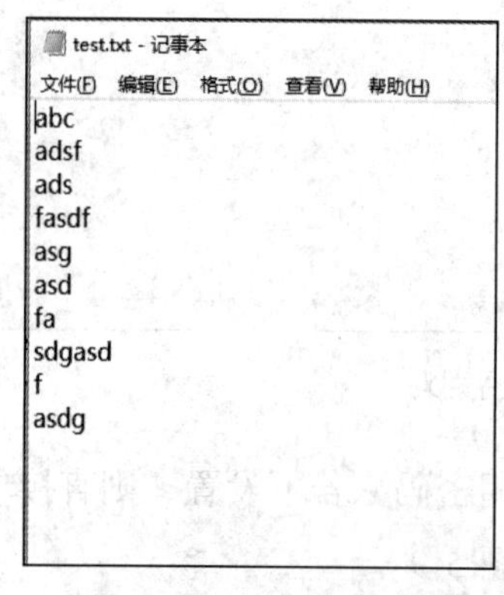

图 5-11　创建一个文本文件

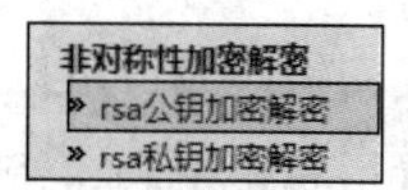

图 5-12　“rsa 公钥加密解密”选项

图 5-13　将保存到本地的公钥文件与自己创建的文本文件拖动到相应的文本框内

（5）单击“RSA 私钥加密”按钮，在底部的文本框内就会生成加密过后的密文内容，将密文内容保存到本地。在左侧导航栏单击对应选项进入 RSA 私钥加密解密窗口（见图 5-14）。因为设置了私钥密码，所以需要在解密的时候先输入私钥密码，然后将文件直接拖动到对应的文本框即可（见图 5-15）。单击“RSA 私钥解密”按钮，可以看到解密后的文件内容就是之前的文本内容（见图 5-16）。这里需要注意，如果没有输入私钥密码就进行解密，则解密会失败。

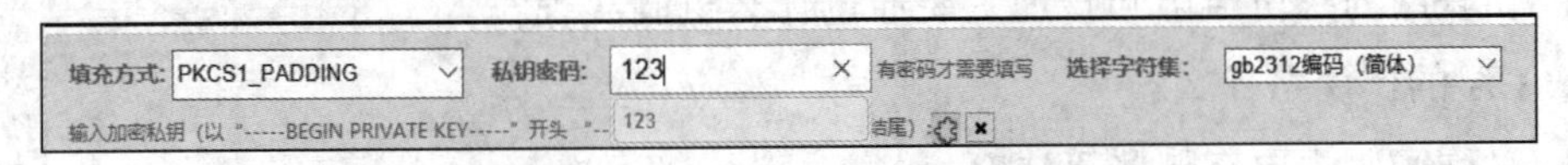

图 5-14　RSA 私钥加密解密窗口

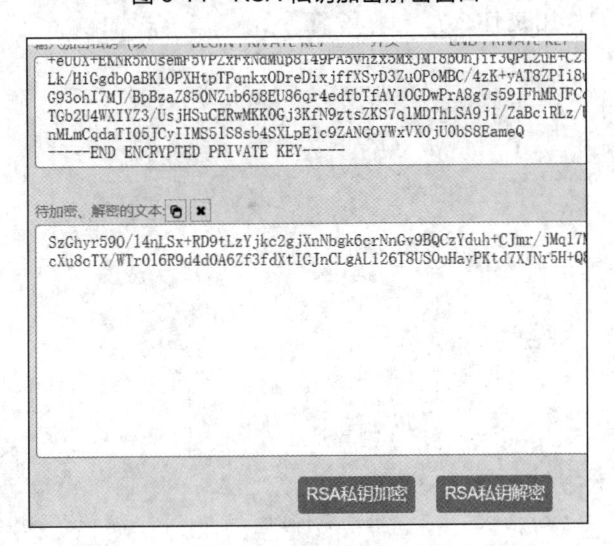

图 5-15　将文件直接拖动到对应的文本框

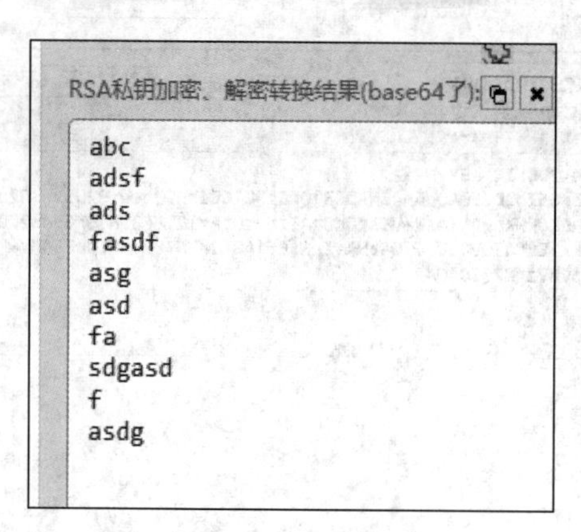

图 5-16　私钥解密

5.9　思考与练习

1. 简述云计算需要考虑的安全问题。
2. 在复杂网络环境下，保护网络安全的主要措施是什么？
3. 信息安全的定义是什么？
4. 对称密码的特点是什么？
5. 公钥密码主要用于解决什么问题？
6. PKI 是由哪些部分组成的？
7. 互联网的身份与访问管理主要通过什么机制实现？
8. CA 的作用是什么？
9. 对称密码主要有哪些算法？
10. 数字签名的作用是什么？

第 6 章 云计算市场

在我国，云计算产业近年来保持了强劲的发展态势，年增速超过 30%，是全球增速最快的产业之一。在国内众多云计算企业中，表现最出色的当属阿里云，紧随其后的是腾讯云和中国电信。

本章要点：

1. 了解云计算市场变革；
2. 了解我国和全球其他国家的云计算；
3. 了解云计算服务提供商；
4. 了解百度云计算服务和产品。

6.1 云计算市场变革

近年来，越来越多的用户通过互联网使用各式各样的应用，如微博、图片共享等社会网络应用，以及定位和导航等生活类应用。类似苹果的应用商店（AppStore）模式使得大量的中小企业和个人开发者加入到各种不同应用的开发中来。云计算为互联网应用提供了方便低廉的存储、计算和网络接入的服务，从而使得这些开发者可以开发出更加丰富的互联网应用。云计算甚至可以让用户体验每秒 10 万亿次的运算能力，拥有这么强大的计算能力可以模拟核爆炸，预测气候变化和市场发展趋势。用户可以通过计算机、手机等工具接入数据中心，按自己的需求进行运算。

在云计算诞生以前，个人用户在进行海量计算时，需要配置具有如下特点的个人计算机。

（1）硬件配置要求高。

（2）需要购买软件许可证。

（3）各类软件安装过程复杂。

（4）更新换代速度快。

在云计算诞生以前，企业用户进行企业业务数据计算时，需要建立一套满足如下要求的 IT 系统。

（1）需要购买硬件等基础设施。

（2）需要购买软件的许可证。

（3）需要专门的人员维护。

（4）需要升级各类软件和硬件设施以便满足企业扩充的需求。

在云计算诞生以后，个人用户和企业用户用低廉的价格以租用的方式即可获得高质量的云计算服务。例如，一家云计算服务提供商打出每月 9.9 元就能租用云计算服务的广告，租用的资源包括 1 核 CPU、1GB 内存、15GB 带宽流量包、40GB 系统盘等。也就是说，用户每月花费一杯奶茶的钱，就可以使用云计算服务。

云计算的广泛应用使企业的战略从购买软硬件产品逐渐转移到购买信息化服务上来，传统产业的壁垒被逐渐打破，技术融合给 IT 企业（如腾讯和百度）和 CT 企业（如中国电信和华为）提供彼此进入对方领域的机会。云计算服务提供商（包括 SaaS 服务提供商、PaaS 服务提供商、IaaS 服务提供商等）成为芯片商、服务器提供商、DC 集成商、虚拟化厂商、软件平台商、网络设备提供商与企业和开发者的桥梁，为他们提供高质量、低价格的云计算服务。

6.2 我国和全球其他国家的云计算

在我国，云计算正在飞速发展。在《国务院关于加快培育和发展战略性新兴产业的决定》中，云计算已经被列入“十二五”发展规划；科技部印发了《中国云科技发展“十二五”专项规划》，将云计算纳入国家战略新兴产业。同时，工信部和国家发改委发布了《关于做好云计算服务创新发展试点示范工作的通知》，将无锡、北京、上海、杭州、深圳等 5 个城市列为首批云计算试点城市。在地方，各级政府也在积极推动云计算产业的发展。

美国有世界上最大的云计算服务企业和市场，云计算服务占全球的 60%，如 Google、Amazon、Rackspace、Salesforce 等企业。美国把促进 IT 技术创新和产业发展制定为基本国策，将云计算技术和产业作为维持国家核心竞争力的重要手段之一。欧洲云计算服务占全球的 24.7%，云计算企业包括 BT 和 Orange 等。欧洲联盟（简称欧盟）于 2013 年 9 月启动充分释放云计算服务潜力的战略计划，欧盟各国主要利用政府采购等介入手段推动云计算的发展。日本云计算服务占全球的 10%，云计算企业包括 NTT 等。2013 年日本为了实现信息和通信技术的复兴，提出了大力借助云计算技术推进产业发展的计划。由于日本在移动通信领域渗透率高，同时固定宽带网络等基础设施条件优越，因此云计算产业有着巨大的增长空间。

6.3 云计算服务提供商

6.3.1 Amazon

Amazon 公司是全球公共云计算领域的头号提供商，已连续三年名列十大云计算服务提供商榜首。

Amazon 是美国最大的一家网络电子商务公司，总部位于美国华盛顿州的西雅图。Amazon 是最早开始在网络上经营电子商务的公司之一，成立于 1995 年。一开始 Amazon 只经营网络书籍销售业务，现在则扩及了范围相当广的其他商品领域，成为全球商品品种最多的网上零售商和全球第二大互联网企业。Amazon 及其他零售商为用户提供数百万种独特的全新、翻新及二手商品，如图书、影视、音乐和游戏、数码下载、电子和计算机、家居园艺用品、玩具、婴幼儿用品、食品、服饰、鞋类和珠宝、健康和个人护理用品、体育及户外用品、汽车及工业产品等。在 Amazon 公司旗下有搜索引擎 Alexa Internet、排序算法服务 A9、Amazon 实验室 Lab126 和互联网电影数据库（Internet Movie Database，IMDb）等子公司。2004 年 8 月 Amazon 全资收购卓越网，使 Amazon 全球领先的网上零售专长与卓越网深厚的中国市场经验相结合，促进中国电子商务的发展。

在 Amazon 的产品和服务中，Amazon 网络服务（Amazon Web Services，AWS）为 Amazon 的开发人员提供基于其自有后端技术平台、通过互联网提供的基础架构服务。利用该技术平台，开发人员可以实现几乎所有类型的开发业务。Amazon 网络服务所提供的服务案例包括 Amazon 弹性计算网云（Amazon EC2）、Amazon 简单储存服务（Amazon S3）、Amazon 简单数据库（Amazon SimpleDB）、Amazon 简单队列服务（Amazon Simple Queue Service）、Amazon 灵活支付服务（Amazon FPS）、Amazon 土耳其机器人（Amazon Mechanical Turk）以及 Amazon 内容发布服务（Amazon CloudFront）等。

6.3.2 Rackspace

Rackspace 公司的云计算中心是全球三大云计算中心之一。Rackspace 于 1998 年成立，是一家全球领先的托管服务器及云计算服务提供商。Rackspace 公司的总部位于美国，在英国、澳大利亚、瑞士、荷兰及我国均设有分部。Rackspace 的托管服务产品包括专用服务器、电子邮件、协作软件 SharePoint、云计算服务器、云存储、云网站等。Rackspace 在服务架构上提供专用托管、公有云、私有云及混合云。这家公司在全球有超过 4 000 名员工，用户数量超过 17 万，拥有 13 个数据中心，在全球占地面积超过 21 646m^2 的数据中心运行着超过 10 万台服务器。

2010 年，Rackspace 与美国国家航空航天局（NASA）合作启动开源云平台 OpenStack 的建设。2012 年，Rackspace 宣布在自己的云平台使用建立于 OpenStack 的技术，并开源自己的云平台软件 Rackspace Cloud。现在，Rackspace 不仅提供传统的管理型托管服务和公共云平台即服务，还提供融合这两项技术的混合云计算服务。这家公司在 2011 年全年获得的总收入将近 13 亿美元，比 2009 年的 6.29 亿美元增加了一倍多，年增长率达到两位数，其中五分之一的收入来自它的云计算服务业务。

6.3.3 Savvis

Savvis 是一家云计算服务公司，为企业应用提供 IT 基础设施服务，是该领域全球领先的公司。Savvis 公司的 IT 服务平台覆盖北美、欧洲和亚洲地区。Savvis 提供安全可靠、规模灵活的托管、网络和应用服务，走在行业的前列。这些服务让用户能够专注于其核心业务，由 Savvis 来保障用户 IT 系统运行的质量。Savvis 通过战略手段将虚拟化技术、全球网络与多个数据中心、自动管理系统和服务开通系统融合在一起。2011 年，Savvis 公司被 CenturyLink 收购。

CenturyLink 作为一家顶尖的电信公司，收购了云计算服务提供商 Savvis 后，涉足云计算行业并成为一家云计算服务提供商。

奎斯特通信公司在 2000 年由美国西部 Baby Bell 公司和宽带公司奎斯特公司（Qwest）合并而成。Qwest 完成合并后，逐渐从最初的光纤网络铺设者转型成全方位电信服务巨头。该公司目前提供的光纤宽频网络已达 127 750 000m，服务范围遍及全球 160 多个城市。2011 年，奎斯特通信公司被 CenturyLink 收购。

凭借 CenturyLink 的托管、网络，Qwest 的通信及其他基础服务架构资产，再加上 Savvis 整套的云产品、并置托管和管理型托管云计算服务，CenturyLink 成为实力强劲的云计算服务提供商。2019 年，CenturyLink 和 Savvis 拥有由 48 个国际数据中心组成的庞大网络，占地面积近 185 806m^2，合并后公司的年收入高达 187 亿美元，收益达到了 81 亿美元。

6.3.4 Salesforce

Salesforce 创建于 1999 年 3 月，是一家用户关系管理软件服务提供商，总部设于美国旧金山，其提供用户关系管理平台服务。Marc Benioff 是 Salesforce 的现任董事会主席兼首席执行官。2004 年 6 月，该公司在纽约证券交易所成功上市，股票代号 CRM，筹资 1.1 亿美元。

Salesforce 的 CRM 服务被分成 5 个大类，包括销售云、服务云、数据云、协作云和用户云，拥有超过 100 000 用户。Salesforce 收购的云应用开发平台 Heroku 以及备受欢迎的 Ruby 平台即服务，帮助 Salesforce 在云计算领域确立了领先地位。收购 Heroku 让

Salesforce 得以享有 Heroku 的所有技术和知识资产，同时还获得了越来越庞大的 Ruby 开发人员队伍，他们已开发出了大约 105 000 款应用程序。Heroku 的平台采用多租户模式，这正是 Salesforce 平台的主要特征。

6.3.5 Terremark

Terremark 公司是美国一家 IT 服务提供商，总部位于美国迈阿密州，拥有 350 多个员工。Terremark 由曼尼·梅迪纳于 1980 年创立，起初该公司只是一家房地产建设公司，而在网络公司暴增的年代，越来越多网络公司入驻房地产产业，Terremark 也慢慢地转型成美国的一家网络接入点（Network Access Point，NAP）服务提供商。作为当时美洲最大的 NAP 服务提供商，Terremark 是唯一一家专门提供拉丁美洲和世界各地连接服务的公司。该公司数据中心遍布美国、欧洲和拉丁美洲，以支持大数据的网络连接和访问。Terremark 公司为用户提供的服务主要包括主机托管、灾难恢复、数据安全、数据存储和云计算服务。Terremark 的企业云基于 VMware，致力于满足虚拟数据中心的要求，以资源块的方式而不是以虚拟机实例的方式来销售。企业云托管版（Enterprise Cloud Managed Edition）致力于为公有云和私有云提供服务便利。

Verizon 是美国三大电信运营商之一，是由美国电信公司 BellAtlantic 和电话公司 GTE 合并而成的公司。公司正式合并后，Verizon 一举成为美国最大的本地电话公司和无线通信公司，全世界最大的印刷黄页和在线黄页信息提供商。Verizon 在全球 45 个国家经营电信及无线业务，公司在纽约证券交易所上市。2011 年 1 月，Verizon 宣布以 14 亿美元的价格收购网络和存储安全供应商 Terremark 公司。Verizon 利用 Terremark 的云计算服务帮助它在云计算服务方面确立更加坚实的地位。2013 年 9 月，Verizon 公司与沃达丰集团签订协议，支付 1300 亿美元收购沃达丰所持有的 Verizon 无线公司的 45%股权。

Terremark 被收购后，它的品牌继续被保留，并用现有管理团队以全资子公司的方式继续运营。Verizon 首席执行官罗威尔·麦克达姆（Lowell McAdam）称，云计算正在继续从根本上改变企业获取、配置和管理信息技术资源的方式，这种结合有助于创造一个通往“一切皆服务”的临界点。

6.3.6 Joyent

Joyent 公司是一家总部位于美国旧金山的云计算服务公司，与业界几家重量级公司结为合作伙伴。Joyent 的业务主要是向第三方公司出租计算机、服务器和数据中心的使用服务，该公司的竞争对手产品包括亚马逊的 AWS、微软的 Azure 服务等。戴尔公司选择了 Joyent 来运行其云环境，Joyent 的公有云计算服务提供商还是几个在线游戏平台以及热门专业社交网络 LinkedIn 背后的云引擎。Joyent 一直在不断强化云计算领域的实力，将精力主要放在数据密集型的高性能应用上，并与几家厂商结为合作伙伴，包括数据层即服务提供商 Cloudant、针对 Node.js 开发工具的 Nodejitsu，以及为新兴公司服务的在线媒体新兴公司 Amplify。

2016 年 6 月，韩国三星电子公司曾收购 Joyent 公司，这表明韩国科技巨头对云计算的兴趣渐浓，希望通过功能强大的远程计算机来支持数据分析，以提升三星设备的计算能力。三星电子在声明中称，公司将把 Joyent 与移动部门进行整合，成立已有 11 年的 Joyent 将继续保留其名称和高管团队，并在新母公司的架构下独立运营。负责此交易的三星电子移动部门前首席技术官 Injong Rhee 表示，之所以收购 Joyent 是因为三星电子的云计算服务用户数量正在不断增长，三星电子公司自己将成为 Joyent 最大的用户。三星电子当前主要依赖于亚马逊和微软的云计算服务，收购 Joyent 能够让其获得额外的处理能力，让三星电子直接进入云计算服务领域。Injong Rhee 说，传统上三星电子一直更专注于硬件，但是未来会更多地专注于软件和服务。Injong Rhee 还表示，通过云计算服务来收集和分析三星设备产生的数据，其结果能够被用于向用户提供个性化的推荐，这也能够让三星电子的设备对潜在的消费者更具吸引力，大数据将成为三星电子的一项大计划，三星电子的设备将变得越来越智能，大数据将是智能和个性化服务的主要组成部分。

6.3.7 Citrix System

思杰系统公司（Citrix System）是全球领先的应用交付基础架构解决方案提供商，其提供的产品方案性能好、安全性高、成本低。全球有超过 215 000 家机构依靠思杰产品向身处任何地点的用户交付任何应用，思杰用户包括全部的全球财富 100 强企业，99%的全球财富 500 强企业，以及成千上万家小企业和众多个人用户。思杰帮助企业利用虚拟化、网络、协作和云技术来充分适应消费化趋势，从根本上转变企业拓展业务的模式。全球 23 万多家企业依赖思杰虚拟化、网络和云计算解决方案交付一亿多个企业虚拟桌面，75%的网民每天在使用思杰产品。思杰在全球 100 多个国家拥有超过 10 000 多家合作伙伴，2011 年思杰的销售收入达 22.1 亿美元。

思杰系统公司已收购了一大批云计算基础架构和服务公司，尤其值得一提的是 Cloud.com。Cloud.com 的 CloudStack 是一种采用开源技术的基础架构即服务平台。Cloud.com 的产品并不是在传统的服务器虚拟化平台上简单地堆砌一个云管理层，而是采用了与虚拟机管理程序无关的一种模式，更适合用来构建更庞大的公有云。CloudStack 在部署和管理开放云计算服务的云计算服务提供商中倍受欢迎。Cloud.com 连同收购的基于云的数据存储服务提供商 ShareFile 壮大了思杰的虚拟化和协作产品阵营，这方面的产品包括基于 Linux 的虚拟化服务器 XenServer、桌面虚拟化解决方案 XenDesktop、云网关 Cloud Gateway 和云会议系统 GoToMeeting 等。

6.3.8 Bluelock

Bluelock 是美国一家云计算服务公司，总部设在美国印第安纳州印第安纳波利斯。Bluelock 主要致力于为中小型公司提供服务，它同时提供云托管服务和管理型 IT 服务，这两种服务备受许多 IT 部门的欢迎。Bluelock 公司提供的解决方案名为 Bluelock 虚拟数据中心（Bluelock Virtual Data Center），建立在 VMware 的 vCloud 基础上，可以用来构建公有云、私有云或混合云，由于与 VMware 的 vCloud 数据中心紧密相关，加上 Bluelock 提供的云计算服务一向以可靠性高享有盛誉，它在美国的知名度较高，在公有云的市场上占据领先的地位。Bluelock 的虚拟数据中心包含许多工具，可以让用户了解基于云的服务需要多少成本、哪些服务给他们带来的成本最高，让他们可以放心地将关键任务型应用程序迁移到云端。

6.3.9 Microsoft

微软公司（Microsoft）是一家总部位于美国的跨国科技公司，也是世界计算机软件开发的先导，由比尔·盖茨与保罗·艾伦于 1975 年创办，公司总部设立在华盛顿州的雷德蒙德。微软以研发、制造、授权和提供广泛的计算机软件服务业务为主。微软最为著名和畅销的产品为 Microsoft Windows 操作系统和 Microsoft Office 系列软件，其目前是全球最大的计算机软件提供商。

Windows Azure 是微软基于云计算开发的操作系统，现更名为 Microsoft Azure。Microsoft Azure 是继 Windows 取代 DOS 之后，微软的又一次重大变革，它借助全世界数以亿计的 Windows 用户桌面和浏览器，通过在互联网架构上打造新云计算平台，让 Windows 实现由 PC 到云领域的转型。Microsoft Azure 的主要目标是为开发者提供一个平台，来帮助开发可运行在云计算服务器、数据中心、Web 和 PC 上的应用程序。云计算的开发者能使用微软全球数据中心的存储、计算能力和网络基础服务。Azure 可以被用来创建云中运行的应用或者通过基于云的特性来加强现有应用，它开放式的架构给开发者提供了 Web 应用、互联网设备的应用、个人计算机、服务器或者提供更优在线复杂解决方案。

Azure 服务平台包括以下主要组件：Microsoft Azure，Microsoft SQL 数据库，Microsoft .Net，用于分享、存储和同步文件的 Live，针对商业的 Microsoft SharePoint 和 Microsoft Dynamics CRM 等。Microsoft Azure 服务平台的组件能被在本地运行的各种系统中的软件调用，其中包括 Windows 系统的软件、移动设备的软件和其他平台的软件。

用户可以在 VS.NET 2008 以上的版本，配合 Cloud Service 和 Azure SDK 实现云计算开发。

6.3.10 VMware

VMware 是美国一家虚拟机软件公司，是全球桌面到数据中心虚拟化解决方案的领导厂商。VMware 公司成立于 1998 年，它的总部设在美国加利福尼亚州的帕洛阿尔托市。2008 年，VMware 年收入达到 19 亿美元，拥有超过 150 000 个用户和接近 22 000 家合作伙伴。VMware 在虚拟化和云计算基础架构领域处于全球领先地位，所提供的经用户验证的解决方案可通过降低复杂性以及更灵活、敏捷的交付服务来提高 IT 效率。VMware 可以让企业采用能够解决其独有业务难题的云计算模式，提供的方案可在保留现有投资并提高安全性和控制力的同时，加快企业向云计算的过渡。VMware 在全球拥有 400 000 多个个人和企业用户以及 55 000 多家合作伙伴。

VMware 公司的产品提供服务器、桌面虚拟化的解决方案。VMware 的虚拟化平台包括以下模块。

（1）播放器：它能使个人用台式计算机运行虚拟计算机。

（2）融合器：它是基于英特尔结构苹果机的桌面虚拟化产品。

（3）ESX 服务器：是能直接在硬件上运行的企业级虚拟平台。

（4）虚拟 SMP ：能让一个虚拟机同时使用 4 个物理处理器。

（5）VMFS：能使多个 ESX 服务器分享块存储器。

（6）VMotion：用户可以使用它移动虚拟计算机。

（7）HA：提供硬件故障自动恢复功能。

（8）转换器：可以将本地和远程物理计算机转换为虚拟计算机。

（9）实验室管理：可以自动化安装、捕捉、存储和共享。

（10）ACE：允许桌面系统管理公司资源，防范不可控台式计算机带来的风险。

VMware 的产品可以使一台计算机上同时运行两个或更多 Windows、DOS、Linux 系统。与“多启动”系统相比，VMware 采用了完全不同的概念。“多启动”系统在一个时刻只能运行一个系统，在系统切换时需要重新启动机器。VMware 可以真正“同时”运行多个操作系统，它们在主系统的平台上就像标准 Windows 应用程序那样切换，而且每个操作系统都可以进行虚拟的分区、配置而不影响真实硬盘的数据，甚至可以通过网卡将几台虚拟机连接为一个局域网。

VMware 的 vCloud Director 1.5 是面向私有云的一种自动化引擎和管理工具，它被不少企业 IT 部门、云计算厂商和服务提供商（包括 Bluelock）广泛使用。VMware 的 Cloud Foundry 是采用开源技术的平台即服务解决方案，旨在帮助用户构建、测试和部署云环境，也已经在云计算市场上占据一定地位。

6.4 百度云计算服务和产品

2012 年 9 月，百度公司面向开发者全面开放包括云存储、大数据智能和云计算在内的核心云能力，为开发者提供更强大的技术运营支持与推广变现保障。2015 年，百度进一步开放其核心基础架构技术，为广大公有云的需求者提供百度云的全系列可靠易用高性能云计算产品。百度云是百度提供的公有云平台，2015 年正式开放运营，是百度十余年来技术沉淀和资源积累的统一输出平台。

2016 年，百度公司正式对外发布了“云计算+大数据+人工智能”三位一体的云计算战略，累计推出了 40 余款高性能云计算产品。其中，“天算”“天像”“天工”三大智能平台分别提供智能大数据、智能多媒体、智能物联网服务，为社会各行业提供安全、高性能、智能的计算和数据处理服务，让智能的云计算成为社会发展的新引擎。

下面以百度云计算为例，介绍云计算 SaaS、PaaS、IaaS 的部分服务和产品，如百度简单消息服务、百度云安全服务、百度关系型数据库服务、百度云计算服务器、百度物理服务器、百度云磁盘服务等。

6.4.1 SaaS：百度简单消息服务

百度简单消息服务（Simple Message Service，SMS）是百度公司提供的 SaaS 云计算服务，构建在稳定可靠的云基础设施之上，提供便捷高效、稳定可靠的短消息下行服务，适用于短信通知、短信验证码等场景，帮助获取用户、构建服务生态闭环，其按月使用总量阶梯计费。

1. 百度简单消息服务的产品功能

（1）灵活下发：提供简单易用的 SDK、API 和管理控制台，用户可以灵活选择下发方式。

（2）内容定制：提供短消息模板定制，支持品牌签名，轻松完成短消息文案。

（3）配额设定：发送和接收配额按需设定，杜绝短消息超发，提升用户体验。

（4）数据统计：提供短消息下发数量、到达率趋势和下行短消息到达时间分布等数据展示。

2. 百度简单消息服务的产品特点

（1）即刻送达：国内运营网络移动、联通、电信全网覆盖，用户精准分发，提供失败重发机制。

（2）稳定可靠：同步支持百度公司自有的业务，全天候实时对服务进行监控，多通道冗余备份。

（3）技术沉淀：采用分布式底层架构，实现服务的高可用、动态扩容。

（4）灵活计费：服务实现即开即用，按量付费。

6.4.2 SaaS：百度云安全服务

百度云安全服务（Baidu Security Service，BSS）是百度公司提供的SaaS云计算服务，为用户提供DDoS防护、云计算服务器防护、Web漏洞检测等全方位的安全防护服务，实时发现用户的资源及业务系统的安全问题，保障用户的业务系统稳定运行。

1. 百度云安全服务的产品功能

（1）DDoS防护：自动清洗攻击流量，抵御SYN Flood、UDP Flood、CC等DDoS攻击，保障云计算服务器和负载均衡实例的可用性。

（2）云计算服务器防护：自动拦截密码暴力破解，实时检测通知异地异常登录，保护用户的云计算服务器不被外部入侵。

（3）Web漏洞检测：智能扫描云计算服务器上网站可能存在的SQL注入、CSRF、XSS等漏洞，早于攻击者发现漏洞并解决，规避潜在风险。

（4）端口安全检测：定期扫描云计算服务器上的开放端口，通告风险端口，降低云计算服务器被入侵的风险。

2. 百度云安全服务的产品特点

（1）免费易用：免费一键开通，无须复杂配置。

（2）全方位防护：云计算服务器、网络、应用多层全方位智能防护，保障业务系统稳定。

（3）专业服务：专业安全团队提供技术支持。

6.4.3 PaaS：百度关系型数据库服务

百度关系型数据库服务（Relational Database Service，RDS）是百度公司提供的数据库服务，属于PaaS云计算服务。关系型数据库服务提供专业的托管式数据库服务、全面的监控、故障修复、数据备份及可视化管理支持。

1. 百度关系型数据库服务的产品功能

（1）主从热备：实现主从物理机隔离保障机制，故障自动秒级切换，为用户的服务提供保障。

（2）可视化管理：数据库在线迁移，访问授权直接编辑，系统监控图实时通知，实现轻松应对数据库管理。

（3）扩展只读实例：可按需扩展最多5个只读实例，有效均摊负载，实现读写分离功能。

（4）自助与定时数据备份：可设定定时备份任务，自动化完成数据备份工作，也可随时手工在线自助备份。

（5）便捷监控与消息通知：提供控制台集成监控系统，实时了解数据库运行状态，定制监控策略和短信报警。

（6）IP白名单功能：支持对数据库设置IP白名单，非白名单来源无法访问数据库，有效阻隔来自恶意用户的非法请求。

（7）双网访问：全面配备双网卡支持，提供公网和私网的独立控制，网络无须切换。

2. 百度关系型数据库服务的产品特点

（1）高可用：提供监控、诊断、故障自修复功能，为用户提供全面的自动化运维保障。

（2）可扩展易付费：支持数据库弹性扩容与按需付费购买形式，降低用户投入的成本。

（3）易使用：提供数据迁移、可视化管理等多款工具，有效降低用户使用服务的门槛。

（4）高规格：提供全SSD磁盘存储，支持最大64GB内存、1TB以上磁盘的数据库实例，轻松应对高并发、大规模数据处理需求。

6.4.4 PaaS：百度云计算服务器

百度云计算服务器（Baidu Cloud Compute，BCC）是百度公司提供的处理能力可弹性伸缩的计算服务，属于PaaS云计算服务。BCC的管理方式比物理服务器更简单高效，可根据用户的业务需要创建、释放任意多台云计算服务器实例，提升运维效率。BCC为用户快速部署应用构建稳定可靠的基础，降低网络规模计算的难度，使用户更专注于核心业务创新。用户无须花费时间和金钱来购买及维护托管虚拟机的硬件，有效降低了IT成本。

BCC 提供多种配置选择，包括 CPU、内存、公网带宽、镜像类型、操作系统、CDS磁盘、临时数据盘和系统盘等，用户可以根据实际需要选择，不同配置项的选择范围如下。

（1）CPU：1核～16核。

（2）内存：1GB～64GB。

（3）公网带宽：1Mbit/s～200Mbit/s。

（4）镜像类型：公共镜像、自定义镜像、服务集成镜像。

（5）操作系统：Windows、Linux等操作系统。

（6）CDS 磁盘：5 GB～5120 GB。

（7）临时数据盘：5 GB～500 GB。

（8）系统盘：Linux 20GB，Windows 40GB。

已创建的百度云计算服务器拥有以下功能。

（1）可以灵活升级 BCC 的配置。

（2）随时启动、停止、修改和批量修改 BCC 服务器。

（3）按需计费的用户可以随时释放 BCC 服务器，按时间计费的用户根据付费时间释放 BCC 服务器。

（4）用户可以通过用户端或虚拟网络控制台（Virtual Network Console，VNC）远程登录 BCC 服务器。

（5）用户可以通过快照备份和恢复在线的数据。

（6）用户可以通过镜像快速创建 BCC 实例或更换 BCC 实例的系统盘。

（7）用户可以通过安全组对一组 BCC 实例约定安全访问的规则。

（8）用户可以通过配置监控报警策略实时监控资源利用率和异常报警。

百度云计算服务器提供两种计费方式。

（1）按时间计费：可选 1～12 个月的包月服务或 1～3 年的包年服务，价格较按需计费更低，采用预付费方式。

（2）按需计费：根据用户的实际使用量，按分钟实时计费并扣费，用户在购买前预先向云账户充值即可。

6.4.5　IaaS：百度物理服务器

百度物理服务器（Baidu Baremetal Compute，BBC）是百度公司提供的 IaaS 云计算服务，是用户可以在云环境中独享的高性能物理裸机。用户拥有对服务器完全的物理设备管理权限，同时可以结合弹性公网（IP/EIP）、负载均衡（BLB）灵活组网，并与百度云计算服务器内网互通，灵活应对用户多种复杂场景的业务需求，轻松构建内网混合云。

基于百度云提供的物理服务器，用户可以在管理控制台便捷地创建和管理云环境中的物理裸机，包括配置物理服务器名称、网络 IP，查看硬件配置、创建时间等。百度物理服务器的详情如下。

（1）CPU：Intel Xeon E5-2620 V3 24 核。

（2）内存：128 GB。

（3）磁盘：480 GB×5 SSD。

（4）网卡：10 000 baseT/Full×2。

6.4.6　IaaS：百度云磁盘服务

百度云磁盘服务（Cloud Disk Service，CDS）是百度公司提供的 IaaS 云计算服务，提供安全可靠、高性能的块存储服务。云磁盘为百度云计算服务器提供高可用和高容量的数据存储服务。用户可以对 CDS 挂载到 BCC 实例的块存储进行格式化、分区以及创建文件系统。云磁盘还提供快照功能，可以降低因业务数据误删或物理服务器故障导致的数据丢失风险。目前云磁盘提供 2 种形态的块存储，即普通型和高性能型。

1. 百度云磁盘服务的产品功能

（1）存储服务：用户可随时创建存储卷，支持多存储卷连接至同一云计算服务器实例，满足用户更高存储需求。

（2）备份服务：支持快照，用户可以按需快速恢复。

（3）独立存储：支持独立存储盘数据，免受云计算服务器实例状态影响，支持任意实例绑定与解绑，解绑后 CDS 可挂载到任意云计算服务器实例。

（4）按需付费：用户无须预付未来所需容量成本或承诺长期使用，只需为目前所需容量和性能付费，并可随业务发展随时快速扩充容量。

2. 百度云磁盘服务的产品特点

（1）高性能：高性能型 CDS 存储节点和云计算服务器的宿主机使用万兆网络和 SSD，不仅满足了高读写吞吐和高 IOPS（每秒进行读写操作的次数），而且保证了读写延迟的稳定性。

（2）稳定可靠：提供分布式多副本冗余存储技术与快照备份功能，保障用户数据的可用性和可靠性。

（3）技术创新：是唯一获得 2014—2015 年度可信云块存储技术创新奖的公有云产品。

（4）产品形态丰富：提供普通型和高性能型百度云磁盘，可以满足用户的多种业务需求。

6.5　实战项目：云计算行业调研报告

项目目标：自行分组，每组人数 5～6 人。小组自行选出组长，策划调研提纲、搜集资料数据、进行云计算行业调研和重点企业调研、汇总形成云计算行业调研报告。

什么是行业报告？行业报告内容是商业信息、竞争情报，具有很强的时效性，一般都是通过国家政府机构及专业市场调研组织的一些最新统计数据及调研数据，根据合作机构专业的研究模型和特定的分析方法，经过行业专业人士的分析和研究，做出的对当前行业、市场的研究分析和预测。

什么是行业？指从事国民经济中同性质的生产或其他经济社会活动的经营单位和个体等构成的组织结构体系，如林业、汽车业、证券业、银行业、房地产业等。

行业调研的任务是什么？是理解行业本身所处的发展阶段及其在国民经济中的地位，分析影响行业发展的各种因素，判断各种因素对行业发展的影响力度，预测行业的未来发展趋势，判断行业投资价值，揭示行业投资风险，为企业、政府部门、投资者和其他机构提供决策依据。

行业调研的方法是什么？行业分析依托大量的数据库资源，以及行业一手市场调研数据和丰富的二手资料，以行业的发展现状和发展趋势为主要研究内容，经过专业的研究分析和论证，形成足以支持中高层管理人员的决策依据。行业分析的方法主要包括历史资料研究法、调查研究法（抽样调查、实地调研、深度访谈）、归纳与演绎法、比较研究法和数理统计法等。

行业报告有何价值？

（1）对于现在在一个行业里经营和管理企业的人，平时工作的忙碌会使其没有时间来对整个行业脉络进行一次系统的梳理，而一份行业报告会使整个市场的脉络更为清晰，从而成为做重大市场决策的有力依据。

（2）对于希望进入一个行业进行投资的人，阅读一份高质量的行业报告是系统了解这个行业最快最好的方法，会使得投资决策更为科学，避免投资失误造成的巨大损失。

行业报告主要内容：标准行业研究报告主要包括 7 个部分，分别是行业简介、行业现状、市场特征、企业特征、发展环境、竞争格局和发展趋势，不同的报告侧重点有所不同，这需要看具体的报告目录。

行业报告适用对象：行业报告广泛适用于政府的产业规划部门、金融保险机构、投资机构、咨询公司、行业协会、公司企业信息中心和战略规划部门以及个人研究者等客户。

行业报告数据来源：一份行业报告一般的数据渠道主要包括国家统计局、国家海关总署、商务部、各行业协会、研究机构以及市场一线。

行业报告的用途：行业分析报告是项目实施主体为了实施某项经济活动委托专业研究机构编写的重要文件，其作用主要体现在以下几个方面。

- 用于向投资主管部门备案、行政审批。我国对不使用政府投资的项目实行核准和备案两种批复方式，其中核准项目向政府部门提交项目申请报告，备案项目一般提交项目可行性研究报告。同时，对某些项目仍旧保留行政审批权，投资主体仍须向审批部门提交项目可行性研究报告。
- 用于向金融机构贷款。我国的商业银行、国家开发银行、进出口银行，以及其他境内外的各类金融机构在接受项目建设贷款时，会对贷款项目进行全面、细致的分析评估，项目投资方需要出具详细的可行性研究报告，银行等金融机构只有在确认项目投资方具有偿还贷款能力、不承担过大风险的情况下，才会同意贷款。

- 用于企业融资、对外招商合作。此类研究报告通常要求市场分析准确、投资方案合理，并提供竞争分析、营销计划、管理方案、技术研发等实际运作方案。
- 用于申请进口设备免税，申请办理中外合资企业、内资企业项目确认书。
- 用于境外投资项目核准。企业在实施“走出去”战略，对国外矿产资源和其他产业进行投资时，需要编写可行性研究报告报给国家发改委或省发改委。申请我国进出口银行境外投资重点项目信贷支持时，也需要可行性研究报告。
- 用于环境评估、审批工业用地。我国当前对项目的节能和环保要求逐渐提高，项目实施需要进行环境评估，项目可行性研究报告可以作为环保部门审查项目对环境影响的依据，同时项目可行性研究报告也作为向项目建设所在地政府和规划部门申请工业用地、施工许可证的依据。

行业报告的编制要点如下。

- 环境分析：行业环境是对企业影响最直接、作用最大的外部环境。
- 结构分析：行业结构分析主要涉及行业的资本结构、市场结构等内容，一般来说，主要是行业进入障碍和行业内竞争程度的分析。
- 市场分析：主要内容涉及行业市场需求的性质、要求及其发展变化，行业的市场容量、分销通路模式、销售方式等。
- 组织分析：主要研究行业对企业生存状况的要求及现实反映，主要内容有企业内的关联性，行业内专业化、一体化程度，规模经济水平，组织变化状况等。
- 成长性分析：主要分析行业所处的成长阶段和发展方向。

当然，这些内容还只是常规分析中的一部分，在这些分析中，还有不少一般内容和特定内容。例如，在行业分析中，一般应动态地进行行业生命周期的分析，尤其是结合行业生命周期的变化来分析公司市场销售趋势与价值的变动。

编写云计算行业调研报告任务：综合上述内容，小组长给组员分配好任务，按照项目目标的要求，完成调研报告任务。

编写云计算行业调研报告的目的：通过云计算行业调查研究分析可以了解行业过去、掌握行业现在、把握行业未来；对行业运行数据进行纵向和横向的定量分析，对相关国家、相关地区、相关产业进行比较研究，进而定性地评估行业现状、预测行业未来发展趋势，提出前瞻性的观点和相关建议，作为企业、金融机构和政府部门进行市场研究、行业分析、战略决策的参考；编写行业分析报告，是实践性、整合性课程的重要内容，是培养实际评估分析问题、解决问题能力的重要环节。

编写云计算行业调研报告的基本要求：编写者要有独立策划、编写行业分析报告的专业能力，写作行业分析报告锻炼编写者的宏观决策能力和行业把握能力；培养研究、分析、解决实际问题的管理实践能力，要求定量分析和定性分析相结合，内容全面、结构严谨、数据详实、判断客观、评估公正，形成完整的行业分析报告，成果具有一定的行业决策参考价值。

6.6 思考与练习

1. （　　）在许多情况下，能够达到99.999%的可用性。

A. 虚拟化　　B. 分布式　　C. 并行计算　　D. 集群

2. 下面选项不属于Amazon提供的云计算服务的是（　　）。

A. 弹性云计算EC2　　B. 简单存储服务S3

C. 简单队列服务SQS　　D. Net服务

3. 基于平台服务这种云计算模式把开发环境或者运行平台也作为一种服务提供给用户。用户可以把自己的应用放在提供者的基础设施中运行，（　　）等公司提供这种形式的服务。

A. Sun　　B. Altera　　C. Xilinx　　D. Salesforce

4. 对比阿里云与Amazon的云计算服务，简述两者的优缺点。

5. 简述微软2008年推出的云计算操作系统与其最近推出的云计算系统的区别。

6. 选择1～2个当前主流的云计算平台，简述这些云平台提供的服务内容。

7. 针对一个云计算的安全隐患，简述消除这个安全隐患的方法。

8. 简述国内外云计算的发展情况。

9. 国内云计算方向的企业提供的服务都有哪些差异？

10. 目前用得比较多的云计算产品有哪些？

第7章 计算机网络

计算机网络是云计算的一个重要组成部分，云计算通过将计算任务分布到大量的分布式计算机上（而非本地计算机或远程服务器中）来完成目标任务。企业数据中心的运行将与互联网更相似，这使得企业能够将资源切换到需要的应用上，根据需求访问计算机和存储系统。

本章要点：

1. 了解云计算和计算机网络；
2. 了解 TCP/IP；
3. 了解 UDP。

7.1 云计算和计算机网络

云计算近年来发展迅速，Google、Amazon、IBM 和 Microsoft 等互联网 IT 巨头纷纷将云计算定位成企业未来的核心战略。众多企业参与或加大对云计算的投入，预示着云计算必然走进人们生活的方方面面。然而，云计算本质上是一种网络计算，云计算的实施离不开计算机网络，计算机网络是云计算的基础。若没有计算机网络，所有的云计算服务将不能使用。同时，云计算还依赖于计算机网络环境，计算机网络的通信情况在很大程度上决定了云计算的服务质量。

7.1.1 计算机网络的发展阶段

计算机网络是指将地理位置不同的具有独立功能的多台计算机及其外部设备，通过通信线路连接起来，在网络操作系统、网络管理软件及网络通信协议的管理和协调下，实现资源共享和信息传递的计算机系统。从逻辑功能上看，计算机网络是以处理信息为基础目的，用通信线路将多个计算机连接起来的计算机系统的集合，一个计算机网络的组成部分包括传输介质和通信设备。从用户角度看，计算机网络是一个能为用户自动进行管理的网络操作系统，由它完成用户所需资源的调用，对用户是透明的。

Internet，中文正式译名为因特网，又称为国际互联网，是最大的计算机网络。它是由那些使用公用语言互相通信的计算机连接而成的全球网络。一旦用户连接到它的任何一个节点上，就意味着用户的计算机已经连入 Internet。Internet 目前的用户已经遍及全球，有数十亿人在使用 Internet，并且它的用户数还在以等比级数增加。Internet 是由许多小的网络互连而成的一个逻辑网，每个子网中连接着若干台计算机。Internet 以相互交流信息资源为目的，基于一些共同的协议，通过许多路由器和公共互联网形成一个信息资源的集合。

Internet 是在美国早期军用计算机网 ARPANET 的基础上经过不断发展变化而形成的，它的发展可分为以下几个主要阶段。

（1）Internet 的雏形阶段。1969 年，美国国防部高级研究计划局（Advance Research Projects Agency，ARPA）开始建立一个名为 ARPANET 的计算机网络，当时建立这个网络是出于军事需要。ARPANET 实现了一个重要功能，即当网络中的某个部分被破坏时，其余部分的网络会很快建立起新的联系，人们普遍认为这就是 Internet 的雏形。

（2）Internet 的发展阶段。1985 年，美国国家科学基金会（National Science Foundation，NSF）开始建立计算机网络 NSFNET。NSFNET 主要用于支持科研和教育，是全美国范围内的计算机网络。NSF 建立了 15 个超级计算机中心及国家教育科研网，并在此基础上实现同其他网络的连接。NSFNET 成为 Internet 上用于科研和教育的主干部分，取代了 ARPANET 的骨干地位。1989 年，MILNET（由 ARPANET 分离出来）实现了和 NSFNET 的连接后，就开始采用 Internet 这个名称。自此，其他部门的计算机网络相继连入 Internet。

（3）Internet 的商业化阶段。20 世纪 90 年代初，商业机构开始进入 Internet，使 Internet 由政府主导过渡到商业化阶段，商业机构成为 Internet 迅速发展的强大推动力。1995 年，NSFNET 停止运作，Internet 已彻底商业化。1995 年 10 月，联合国宽带委员会（United Nations Broadband Commission）通过了一项决议，将 Internet 定义为全球性的信息系统，并对 Internet 的功能进行了诠释。Internet 通过唯一的全球性逻辑地址连接在一起，这个地址建立在网络互连协议（IP）或之后其他协议的基础上。Internet 可以通过传输控制协议/网络互连协议（TCP/IP）、之后的其他协议或与互联网协议兼容的协议来进行通信，可以让公共用户或者私人用户享受高水平的服务，这种服务建立在上述通信及相关的基础设施上。

作为一种商业计算模型，云计算基于计算机网络将计算任务分布在由大量计算机构成的资源池上，使用户能够借助网络按需获取计算力、存储空间和信息服务。各种类型的广域网和局域网组成的计算机网络共同为 3 种类型的云计算服务模式提供基本的运行环境。云计算的最终使用者只要能够连接到网络，就可以使用 PC 终端、手机终端、平板终端等各种终端形式使用云资源；而云计算服务开发者也可以借助网络使用云计算的各类开发资源；云计算服务提供商则通过网络开放云计算资源。同时，云计算环境的安全也十分重要，成熟的计算机网络安全可以为云计算安全提供保障。

7.1.2 服务提供商

因特网服务提供商（Internet Service Provider，ISP）也被称作互联网服务提供商，是向广大用户提供互联网接入、信息服务和增值服务等业务的电信运营商。ISP 能为用户提供拨号上网、网上浏览、下载文件、收发电子邮件等服务，是网络最终用户接入 Internet 的入口和桥梁。它包括 Internet 接入服务和 Internet 内容提供服务。Internet 接入服务通过电话线把用户的计算机或其他终端设备接入 Internet；Internet 内容提供服务向广大用户提供互联网信息业务和增值业务。

接驳国际互联网需要租用国际信道，其成本是一般用户无法承担的。因特网服务提供商作为提供接驳服务的中介，投入大量资金建立中转站，租用国际信道和大量的当地电话线，购置一系列计算机设备，通过集中使用、分散压力的方式，向本地用户提供接驳服务。较大的 ISP 拥有它们自己的高速租用线路，能够为它们的用户提供更好的服务，所以它们很少依赖电信运营商。

1. 国际上主要的 Internet 服务提供商

（1）美国电话电报公司（American Telephone & Telegraph，AT&T）。AT&T 是一家美国电信公司、美国移动运营商，创建于 1877 年，其前身是由电话发明人贝尔创建的美国贝尔电话公司，总部位于美国得克萨斯州达拉斯，曾长期垄断美国长途和本地电话市场。AT&T 的主要业务包括提供国内、国际电话服务，利用海底电缆、海底光缆、通信卫星提供通信服务；提供商业计算机、数据类产品和消费类产品；提供电信网络系统等。其涉足各种服务及租赁业务。

（2）美国威瑞森电信公司（Verizon）。Verizon 提供的业务主要包括电信业务、移动通信、话音业务、数据业务以及黄页等其他多种业务。2006 年 1 月，Verizon 宣布以 76 亿美元收购美国世界通信公司（WorldCom），重组后的 WorldCom 成为 Verizon 的下属事业部门。目前 WorldCom 已更名为 MCI 有限公司，总部位于美国弗吉尼亚州。

（3）美国 Sprint 公司。Sprint 是一家全球性的通信公司和美国无线通信运营商。Sprint 成立于 1938 年，它的前身是 1899 年创办的 Brown 电话公司，其当时是堪萨斯州的一家小型地方电话公司。目前，Sprint 主要提供本地业务和移动通信业务。Sprint 在美国的 18 个州提供本地语音和资料通信服务，并拥有美国规模最大的 100%数字化的全国性个人无线通信网络。Sprint 还提供全面多层次的有线和无线通信服务，带给消费者、商户、政府充分的移动性能服务。2004 年 12 月，Sprint 宣布以 350 亿美元收购美国移动运营商 Nextel，合并后公司更名为 Sprint Nextel。

2. 我国主要的 Internet 服务提供商

（1）中国电信。电信公司是我国国有通信企业，连续多年入选世界 500 强企业，主要经营固定电话、移动通信、卫星通信、互联网接入及应用等综合信息业务。其拥有超过 2 亿户固定电话用户，超过 6000 万户移动电话用户，超过 7 万户宽带用户，公司总资产超过 6 000 亿元，公司员工超过 67 万人。我国三大基础运营商中国电信、中国移动和中国联通重组之后，中国卫通并入中国电信组成新电信。

（2）中国移动。移动公司于 2000 年成立，是一家基于 GSM、TD-SCDMA 和 TD-LTE 制式网络的移动通信运营商及电信公司。移动公司主营拨号上网、GPRS 及 EDGE 无线上网、TD-SCDMA 无线上网以及一部分 FTTx、FDD-LTE 业务。中国三大基础运营商中国电信、中国移动和中国联通重组之后，中国铁通并入中国移动，成为其旗下的全资子公司。

（3）中国联通。联通公司是于 2009 年由原中国网通和原中国联通合并组建而成的电信公司，在国内和境外多个国家和地区设有分支机构，是中国唯一一家在纽约、香港、上海三地同时上市的电信运营企业，连续多年入选世界 500 强企业。中国联通主要经营 GSM、W-CDMA 和 FDD-LTE 制式移动网络业务，固定通信业务，国内、国际通信设施服务业务，卫星国际专线业务，数据通信业务，网络接入业务和各类电信增值业务，与通信信息业务相关的系统集成业务等。中国三大基础运营商中国电信、中国移动和中国联通重组之后，中国网通并入中国联通，组成新联通。

7.2 TCP/IP

传输控制协议/网络互连协议（Transmission Control Protocol/Internet Protocol，TCP/IP）是 Internet 最基本的协议，是国际互联网络 Internet 的基础，主要由网络层的 IP 和传输层的 TCP 组成。TCP/IP 定义了电子设备连入 Internet，以及数据在它们之间传输的标准。TCP/IP 采用了 4 层的层级结构（见图 7-1），每一层都使用它的下一层所提供的协议来满足自己的需求。TCP/IP 按照层次，由上到下，层层包装。发送协议的主机从上自下将数据按照协议封装，而接收数据的主机则按照协议解开得到的数据包，最后拿到需要的数据。

自上而下，TCP/IP 的第 1 层是应用层，这一层有超文本传输协议（Hypertext Transfer Protocol，HTTP）、文件传输协议（File Transfer Protocol，FTP）、简单邮件传输协议（Simple Mail Transfer Protocol，SMTP）、域名系统（Domain Name System，DNS）、简单网络管理协议（Simple Network Management Protocol，SNMP）、网络文件系统（Network File System，NFS）、远程终端（Teletype Network，Telnet）等。HTTP 是一种详细规定了浏

览器和万维网服务器之间互相通信的规则，通过 Internet 传送万维网文档的数据传输协议。FTP 是一种用于在 Internet 上控制文件的双向传输协议，依照 FTP 提供服务、进行文件传输的计算机就是 FTP 服务器，而连接 FTP 服务器、遵循 FTP 与服务器传输文件的计算机就是 FTP 客户端。

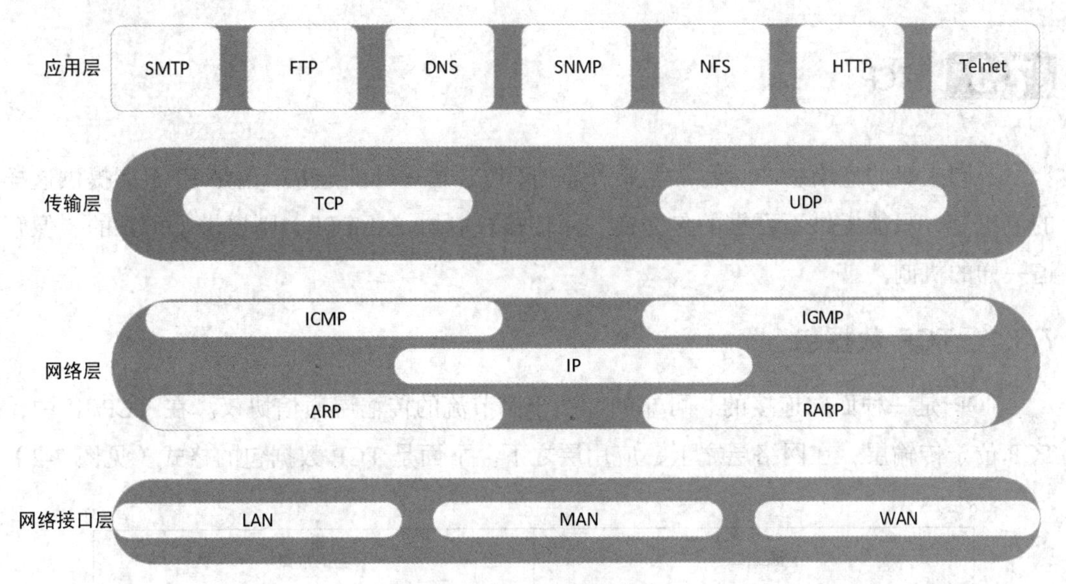

图 7-1 TCP/IP 层级结构

TCP/IP 的第 2 层则是传输层，这一层有传输控制协议（Transmission Control Protocol，TCP）和用户数据包协议（User Datagram Protocol，UDP）等协议。TCP 是一种面向连接的通信协议，通过 3 次握手建立连接，通信完成时要拆除连接。由于 TCP 是面向连接的，所以只能用于端到端的通信。UDP 是一种面向无连接的通信协议，UDP 数据包括目的端口号和源端口号信息，由于通信不需要连接，因此可以实现广播发送。

TCP/IP 的第 3 层是网络层（或网际层），这一层有网络互连协议（Internet Protocol，IP）、Internet 控制报文协议（Internet Control Message Protocol，ICMP）、Internet 组管理协议（Internet Group Management Protocol，IGMP）、地址解析协议（Address Resolution Protocol，ARP）、反向地址转换协议（Reverse Address Resolution Protocol，RARP）等协议。IP 是一种为计算机网络相互连接进行通信而设计的协议。在 Internet 中，IP 规定了计算机在 Internet 上进行通信时应当遵守的规则，它负责对数据加上 IP 地址和其他数据以确定传输的目标。

TCP/IP 的第 4 层是网络接口层（或数据链路层），这一层为待传输的数据加上一个以太网协议头，并进行循环冗余校验（Cyclic Redundancy Check，CRC）编码，为最后的数据传输做准备。CRC 是一种根据网络数据包或文件等数据产生简短固定位数校验码的散列函数，主要用来检测或校验数据传输或保存后可能出现的错误。

TCP/IP 再往下是硬件层次，它负责网络的传输，这个层次的定义包括网线的制式、网卡的定义等。一般来说，并不把这个层次放在 TCP/IP 里，因为它几乎和 TCP/IP 的编写没有任何关系。

TCP/IP 这种结构与栈类似，所以 TCP/IP 也被称为 TCP/IP 协议栈。

7.3 TCP

不同主机的应用层之间经常需要可靠的、像管道一样的连接，但是 IP 不能提供这样的流机制，只能提供不可靠的包交换。而传输控制协议（TCP）则提供了可靠的、像管道一样的机制。

7.3.1 TCP 数据包

TCP 是一种面向连接的、可靠的、基于字节流的传输层通信协议。在 TCP/IP 中，TCP 位于传输层，在网络层之上、应用层之下。下面是 TCP 数据包的格式（见图 7-2）。

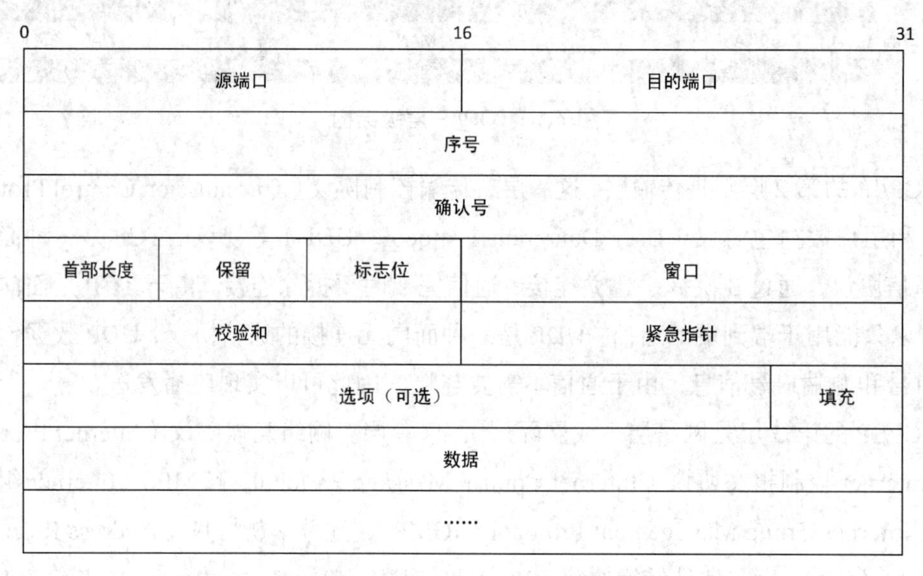

图 7-2　TCP 数据包格式

（1）源端口：占 16 位。网络实现的是不同主机的进程间通信。在一个操作系统中有很多进程，当数据到来时要提交给哪个进程进行处理呢？这就需要用到端口号。在 TCP 报头中，有源端口号和目的端口号。源端口号标识了发送方主机的进程，目的端口号标识了接收方主机的进程。

（2）目的端口：占 16 位。

（3）序号：占 32 位，用来标识从 TCP 源地址向目的地址发送的字节流，是发送数据包中的第 1 个字节的序号，发起方发送数据时对此进行标记。

（4）确认号：占 32 位，只有 ACK 标志位为 1 时，确认号字段才有效。

（5）首部长度：占 4 位，是数据包首部的总长度，通过它可以知道一个 TCP 数据包的用户数据是从哪里开始的。TCP 的首部长度最大是 60 字节。

（6）保留：占 6 位，目前没有使用，它的值都为 0。

（7）标志位：共 6 个，占 6 位，即 URG、ACK、PSH、RST、SYN、FIN。

URG 表示 TCP 数据包的紧急指针域有效，用来保证 TCP 连接不被中断，并且督促中间层设备要尽快处理这些数据。

ACK 表示应答域是否有效，就是说前面所说的 TCP 确认号将会包含在 TCP 数据包中，它有 0 和 1 两个取值。值是 1 的时候表示应答域有效，反之表示无效。

PSH 表示 Push 操作，指在数据包到达接收端以后，立即传送给应用程序，而不是在缓冲区中排队。

RST 表示重置连接，用来复位那些产生错误的连接，也用来拒绝错误和非法的数据包。

SYN 表示同步序号，用来建立连接。SYN 标志位和 ACK 标志位搭配使用，当请求连接的时候，SYN=1，ACK=0；当连接被响应的时候，SYN=1，ACK=1。设置这个标志位的数据包经常被用来进行端口扫描，扫描者发送一个只有 SYN 的数据包，如果对方主机响应并发回一个数据包，就表明这台主机存在这个端口。但是由于这种扫描方式只是进行 TCP 三次握手的第 1 次握手，因此这种扫描的成功表示被扫描的主机不安全，一台安全的主机将会强制要求进行完整的 TCP 三次握手。

FIN 表示发送端已经达到数据末尾，也就是说双方的数据传输完成，没有数据可以传输，TCP 数据包发送 FIN 标志位后，连接将被断开。设置了这个标志位的数据包也经常被用于进行端口扫描。

（8）窗口：占 16 位，窗口的大小表示接收缓冲区的空闲空间，告诉 TCP 连接自己能够接收的最大数据长度，实现滑动窗口，用来进行流量控制。

（9）校验和：占 16 位，校验和覆盖了整个 TCP 报文段，即 TCP 首部和 TCP 数据。这是一个固定的字段，一定是由发送端计算和存储，并由接收端进行验证。

（10）紧急指针：占 16 位，只有 URG 标志位被设置时该字段才有意义，表示紧急数据相对序号的偏移。

（11）选项：可选项，长度可变。

（12）填充：用于填充。

（13）数据：存放用户数据。

应用层首先向传输层发送用于网间传输、用 8 字节表示的数据流，TCP 再把数据流分区成适当长度的报文段，最大报文长度（MSS）通常受该计算机连接网络的数据链路层的最大传输单元（MTU）限制。随后，TCP 把结果包传给网络层，由它来通过网络将包传输给接收端实体的传输层。TCP 为了保证不丢包，就给每个包编一个序号，同时序号也保证了传输到接收端实体的包可以按序接收。最后，接收端实体对已成功收到的包发回一个相应的确认（ACK）。如果发送端实体在合理的往返时延（RTT）内未收到确认，那么对应的数据包就被假设为已丢失并将会被重传。TCP 用一个校验和函数来检验数据是否有错误，并且在发送和接收时都要计算校验和，同时可以使用 MD5 认证对数据进行加密。

7.3.2 三次握手

TCP 是面向连接的，无论哪一方在向另一方发送数据之前，都必须在双方之间建立一条连接。在 TCP/IP 中，TCP 提供可靠的连接服务，连接是通过三次握手进行初始化的（见图 7-3）。三次握手的目的是同步连接双方的序号和确认号，并交换 TCP 窗口的大小信息。

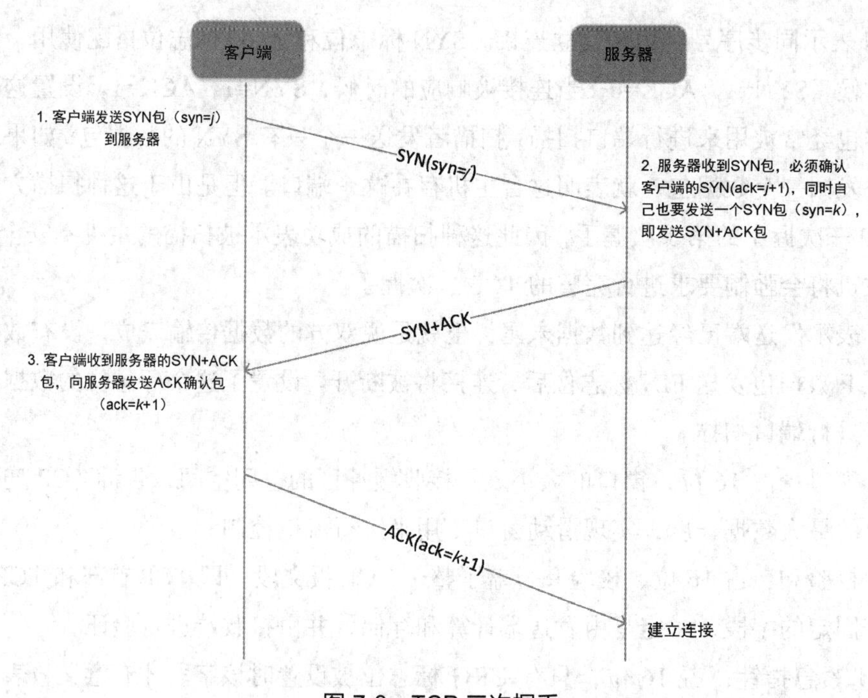

图 7-3 TCP 三次握手

第 1 次握手：建立连接。客户端发送 SYN 包，SYN 位设置为 1，序号为 j；然后，客户端进入 SYN_SEND 状态，等待服务器的确认。

第 2 次握手：服务器收到 SYN 包。服务器收到客户端的 SYN 包，需要对这个 SYN 包进行确认，设置确认号为 j+1；同时，自己也要发送一个 SYN 请求信息，SYN 位置为

1，序号为 k。服务器端将上述所有信息放到一个包（即 SYN+ACK 包）中，一并发送给客户端，此时服务器进入 SYN_RECV 状态。

第 3 次握手：客户端收到服务器的 SYN+ACK 包。之后，其将确认号设置为 $k+1$，向服务器发送 ACK 确认包，这个包发送完毕以后，客户端和服务器端都进入 ESTABLISHED 状态，完成 TCP 三次握手，客户端和服务器端可以开始传输数据。

那么，TCP 为什么需要三次握手呢？这是为了防止已失效的连接请求包突然又传输到了服务器端，从而产生错误。例如，客户端发出的第 1 个连接请求包并没有丢失，而是在某个网络节点长时间地滞留，以致延误到连接释放以后的某个时间才到达服务器端。本来这是一个早已失效的包，但服务器端收到此失效的连接请求包后，就误认为是客户端再次发出了一个新的连接请求，于是就向客户端发出确认包，同意建立连接。假设不采用三次握手，那么只要服务器端发出确认，新的连接就会建立。由于现在客户端并没有发出建立连接的请求，因此不会理睬服务器的确认，也不会向服务器发送数据。但服务器却以为新的传输连接已经建立，并一直等待客户端发来数据，这样，服务器的很多资源就白白浪费了。采用三次握手的办法可以防止上述现象的发生。例如，在刚才那种情况下，因为采用了三次握手，则客户端不会向服务器的确认发出确认，服务器由于收不到确认，就知道客户端并没有请求建立连接。

7.3.3 四次挥手

所谓四次挥手即终止 TCP 连接，就是指断开 1 个 TCP 连接时，需要客户端和服务器端共发送 4 个包以确认连接的断开。由于 TCP 以全双工方式连接，因此，每个方向都必须要单独关闭，即当一方完成数据发送任务后，就发送 1 个 FIN 来终止这一方向的连接。收到 1 个 FIN 只是意味着这一方向上没有数据流动，即不会再收到数据，但在这个 TCP 连接上仍然能够发送数据，直到另一方向也发送 FIN。首先进行关闭的一方将执行主动关闭，而另一方则执行被动关闭（见图 7-4）。

第 1 次挥手：客户端发送一个 FIN，用来关闭客户端到服务器的数据传输，客户端进入 FIN_WAIT_1 状态。

第 2 次挥手：服务器收到 FIN 后，发送一个 ACK 给客户端，确认号为收到序号+1（与 SYN 相同，一个 FIN 占用一个序号），服务器进入 CLOSE_WAIT 状态。

第 3 次挥手：服务器发送一个 FIN，用来关闭服务器到客户端的数据传输，服务器进入 LAST_ACK 状态。

第 4 次挥手：客户端收到 FIN 后进入 TIME_WAIT 状态，接着发送一个 ACK 给服务器，确认号为收到序号+1，服务器进入 CLOSED 状态，完成四次挥手。

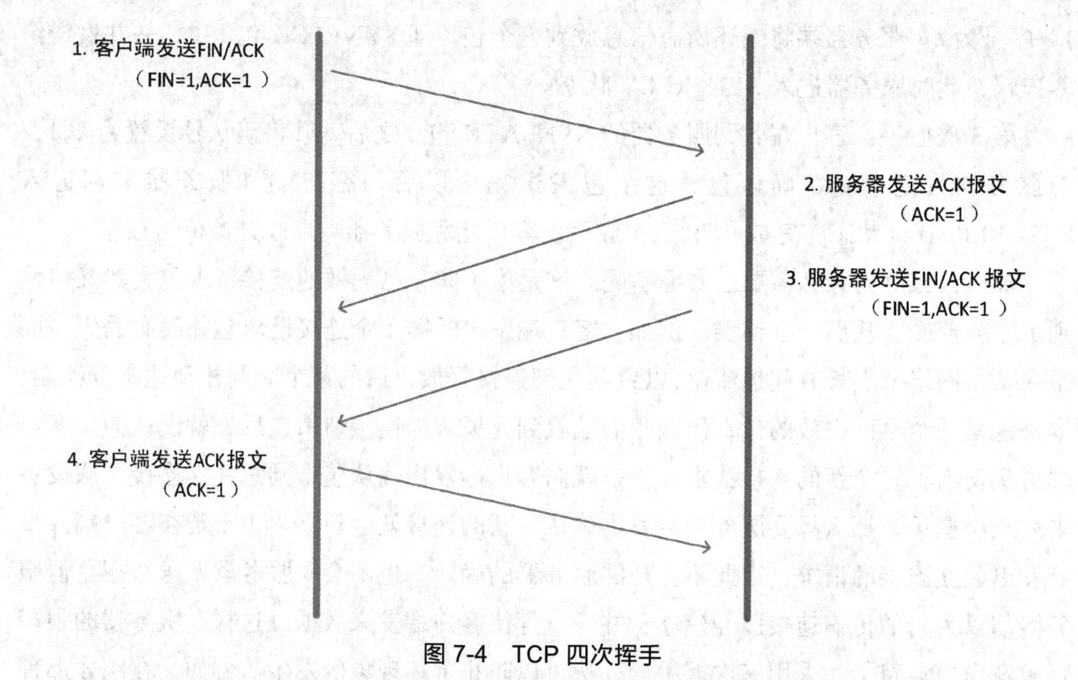

图 7-4　TCP 四次挥手

TCP 采用“带重传功能的肯定确认”技术作为提供可靠数据传输服务的基础。这项技术要求接收方收到数据之后向发送方回送确认信息。发送方对发出的每个分组都保存一份记录，在发送下一个分组之前等待确认信息。发送方还在发出分组的同时启动一个定时器，并在定时器的定时期满而确认信息还没有到达的情况下，重发刚才发出的分组。为了避免由于网络延迟引起迟到的确认和重复的确认，协议规定在确认信息中附带一个分组的序号，使接收方能正确将分组与确认信息关联起来。

TCP 采用了滑动窗口技术，是简单的“带重传功能的肯定确认”机制的一个更复杂的变形，它允许发送方在等待一个确认信息之前发送多个分组。发送方要发送一个分组序列，滑动窗口协议在分组序列中放置一个固定长度的窗口，然后将窗口内的所有分组都发送出去。当发送方收到对窗口内第一个分组的确认信息时，它可以将窗口向后滑动并发送下一个分组；随着确认信息的不断到达，窗口也在不断地向后滑动。

7.4　IP

IP 是为计算机网络相互连接进行通信而设计的协议，是 TCP/IP 族中的核心协议之一。在 Internet 中，它规定了计算机在 Internet 上进行通信时应当遵守的规则。任何厂家生产的计算机系统，只要遵守 IP 就可以与 Internet 互连互通。正是因为有了 IP，Internet 才得以迅速发展，成为世界上最大的开放计算机通信网络。

7.4.1 IPv4

在 TCP/IP 中，IP 所有的 TCP、UDP、ICMP 及 IGMP 数据都以 IP 数据包的格式传输。一个 IP 数据包分为头部和数据两部分。头部包含实现 IP 通信所必需的附加信息，数据是 IP 通信所要传输的信息。下面是 IP 数据包的格式（见图 7-5）。

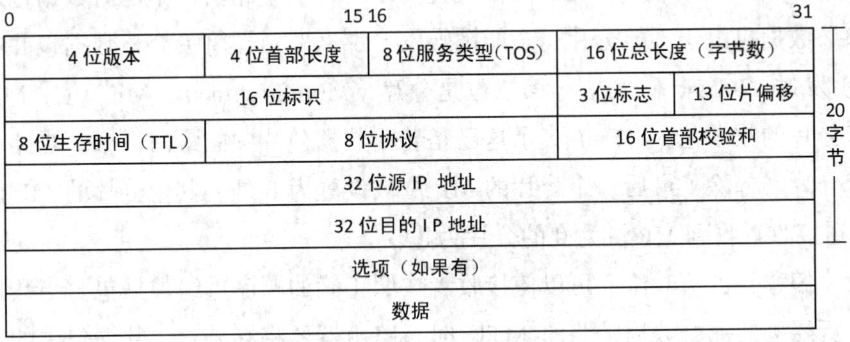

<table>
<tr><td colspan="2">0</td><td colspan="2">15 16</td><td>31</td><td></td></tr>
<tr><td>4 位版本</td><td>4 位首部长度</td><td>8 位服务类型(TOS)</td><td colspan="2">16 位总长度（字节数）</td><td rowspan="5">20字节</td></tr>
<tr><td colspan="3">16 位标识</td><td>3 位标志</td><td>13 位片偏移</td></tr>
<tr><td>8 位生存时间（TTL）</td><td colspan="2">8 位协议</td><td colspan="2">16 位首部校验和</td></tr>
<tr><td colspan="5">32 位源 IP 地址</td></tr>
<tr><td colspan="5">32 位目的 IP 地址</td></tr>
<tr><td colspan="5">选项（如果有）</td><td></td></tr>
<tr><td colspan="5">数据</td><td></td></tr>
</table>

图 7-5 IP 数据包格式

（1）版本：指 IP 的版本，占 4 位。通信双方使用的 IP 版本必须一致。目前广泛使用的 IP 版本号为 4（即 IPv4）以及正在推广使用的 IPv6。

（2）首部长度：指首部的长度，单位为字节，占 4 位，可表示的最大十进制数值为 15（表示 15 个 32 位字长）。因此，当 IP 的首部长度为 1111 时（即十进制的 15），首部长度就达到 60 字节。当 IP 分组的首部长度不是 4 字节的整数倍时，必须利用最后的填充字段加以填充，因此数据部分永远在 4 字节的整数倍处开始，这样在实现 IP 时较为方便。首部长度限制为 60 字节的缺点是可能会不够用，但这样做是希望用户尽量减少开销。最常用的首部长度是 20 字节（即首部长度为 0101），这时不使用任何选项。

（3）服务类型：占 8 位，用来获得更好的服务。这个字段在旧标准中叫作服务类型，但实际上一直没有被使用过。1998 年这个字段被改名为区分服务（Differentiated Services，DS），只有在使用区分服务时，这个字段才起作用。

（4）总长度：指首部和数据之和的长度，单位为字节。总长度字段为 16 位，因此数据包的最大长度是 65 535 字节。在 IP 层下面的每一种数据链路层都有自己的帧格式，其中包括帧格式中的数据字段的最大长度，即最大传送单元（Maximum Transfer Unit，MTU）。当一个数据包封装成链路层的帧时，此数据包的总长度（首部加上数据部分）一定不能超过下面的数据链路层的 MTU 值。

（5）标识：占 16 位，主机发送的每一份数据包都具有唯一的标识。IP 在存储器中维持一个计数器，每产生一个数据包，计数器就加 1，并将此值赋给标识字段，但标识并不是序号，因为 IP 是无连接服务，数据包不存在按序接收的问题。当数据包由于长度超过网络的 MTU 而必须分片时，这个标识字段的值就会被复制到所有数据包的标识字段中。接收方根据分片中的标识字段是否相同来判断这些分片是否是同一个数据包的分片，从而进行分片重组。相同的标识字段使数据包分片后的各数据包片最后能正确地重新组装为原来的数据包。

（6）标志：占 3 位，用于标识数据包是否分片。第 1 位没有使用，第 2 位是不分片（Don’t Fragment，DF）位。当 DF 位被设置为 1 时，表示路由器不能对数据包进行分片处理。如果数据包由于不能分片而未能被转发，那么路由器将丢弃该数据包并向发送者（源地址）发送“ICMP 不可达”。第 3 位是分片（More Fragment，MF）位，MF=1 表示后面还有分片的数据包，MF=0 表示这已是若干数据包片中的最后一个。当路由器对数据包进行分片时，除了最后一个分片的 MF 位被设置为 0 外，其他分片的 MF 位均设置为 1，直到接收者收到 MF 位为 0 的分片为止。

（7）片偏移：占 13 位，可以使接收者按照正确的顺序重组数据包。当数据包的长度超过它所要去的那个数据链路的 MTU 时，路由器要将它分片。数据包中的数据将被分成小片，每一片被封装在独立的数据包中。接收端使用标识符、分片偏移以及标识域的 MF 位来进行重组。片偏移以 8 个字节（64 位）为偏移单位，每个分片的长度一定是 8 字节的整数倍。

（8）生存时间：生存时间（Time To Live，TTL）用来表明数据包在网络中的寿命，防止丢失的数据包无休止地传播。TTL 包含一个 8 位整数，此数由产生数据包的主机设定。最初 TTL 以秒作为单位，数据包每经过一个路由器时，就把 TTL 值减去数据包在该路由器消耗掉的时间。若数据包在路由器消耗的时间小于 1 秒，就把 TTL 值减 1；当 TTL 值为 0 时，就丢弃这个数据包。后来，TTL 的数值被设置为数据包可以经过的最多的路由器数。数据包每经过一个处理它的路由器，TTL 值就减 1。如果一台路由器将 TTL 值减至 0，它将丢弃该数据包并发送一个 ICMP 超时消息给数据包的源地址。

（9）协议：占 8 位，指出此数据包携带的数据使用何种协议，以便使目的主机的 IP 层知道应将数据部分上交给哪个处理过程，例如，对于协议的标识，ICMP 是 1，IGMP 是 2，TCP 是 6，UDP 是 17，通用路由封装（Generic Routing Encapsulation，GRE）协议是 47，封装安全负载（Encapsulating Security Payload，ESP）协议是 50。

（10）首部校验和：占 16 位。这个字段只检验数据包的首部，不包括数据部分。这是因为数据包每经过一个路由器，路由器都要重新计算首部校验和（一些字段，如生存时间、标志、片偏移等都可能发生变化）。不检验数据部分可减少计算的工作量。

（11）源 IP 地址：占 32 位。

（12）目的 IP 地址：占 32 位。

IP 将多个数据包交换的网络连接起来，在源地址和目的地址之间传输数据包，并提供数据包的重新组装功能，以适应不同网络对数据包大小的要求。IP 实现两个基本功能，即寻址和分段。IP 可以根据数据包的包头中包括的目的地址将数据包传输到目的地址，在此过程中 IP 负责选择传输的道路，这种道路的选择称为路由功能。如果有些网络只能传输小数据包，则 IP 可以将数据包重新组装并在报头域内注明。IP 中具有的这些基本功能模块存在于网络中的每台主机和每个网关上，而且这些模块具有路由选择和其他服务功能。

IP 的主要特点是不可靠和无连接。不可靠是指它不保证 IP 数据包能成功地到达目的地址。当发生某种错误时，如某个路由器暂时用完了缓冲区，IP 的处理方法是丢弃该数据包，然后发送 ICMP 消息报给源地址。任何请求的可靠性都必须由上层来提供，如 TCP。无连接是指 IP 并不维护任何关于数据包的后续状态信息，每个数据包的处理是相互独立的，这也说明，IP 数据包可以不按发送顺序接收。如果一信源向相同的信宿发送两个连续的数据包（先是 A，然后是 B），由于每个数据包都独立地进行路由选择，可能选择不同的路线，因此 B 可能在 A 之前到达。

IP 使用 4 个关键技术提供服务，即服务类型、生存时间、选项和报头校验码。服务类型指希望得到的服务质量，它是一个参数集，其中的参数是 Internet 能够提供服务的代表。这种服务类型由网关使用，用于特定的网络，或是用于下一个要经过的网络，或是下一个要对这个数据包进行路由选择的实际传送参数。生存时间是数据包可以生存的时间上限，它由发送者设置，由数据包所经过的路由器处理，防止丢失的数据包无休止地传播。如果未到达时生存时间为零，则丢弃此数据包。选项包括时间戳、安全和特殊路由。报头校验码保证了数据的正确传输。如果校验出错，则丢弃整个数据包。IP 不提供可靠的传输服务，不提供端到端的或（路由）节点到（路由）节点的确认，对数据没有差错控制，它只使用报头的校验码，不提供重发和流量控制服务。

如果目的主机与源主机直接相连（点对点）或都在一个共享网络上（以太网），那么 IP 数据包就直接送达目的主机。否则，主机会把数据包发到网关（路由器），由路由器来转发该数据包。IP 可以从 TCP、UDP、ICMP、IGMP 接收数据包并进行发送，或者从一个接口接收数据包并进行发送。IP 在内存中维护着一个路由表，当收到一份数据包并进行发送时，要对该表进行搜索。数据包来自某个接口时，IP 首先检查目的 IP 地址是否为本机的 IP 地址或广播地址。如果是，数据包就被送到由 IP 首部协议字段所指定的协议模块进行处理；如果不是，那么数据包将被转发（拥有路由功能的节点）或丢弃（没有路由功能的节点）。

IP 维护的路由表包括目的 IP 地址、下一跳地址和标志。目的 IP 地址可以是一个完整的主机地址，也可以是一个网络地址；下一跳地址是一个直接连接网络上的路由器地址，下一跳地址不一定是最终目的地址，但它可以把传送给它的数据包转发到目的地址；标志指明目的 IP 地址是网络地址还是主机地址，并指明下一跳地址是否为真正的路由器或是一个直连接口。IP 的路由选择是以逐跳的方式进行的，IP 并不知道到达任何目的地址的完整路径，所以路由选择只为数据包传输提供下一跳路由器的 IP 地址，它假定下一跳路由器比发送数据包的主机更接近目的地址，并且下一跳路由器与该主机是直接相连的。

IP 的路由选择主要完成以下功能。

（1）搜索路由表，寻找与目的 IP 地址完全匹配的条目。

（2）如果（1）失败，则寻找与目的网络号匹配的条目。

（3）如果（1）和（2）都失败，则寻找默认路由。如果找到，则把报文发送给该条目指定的下一站路由器；如果未找到，则丢弃数据包并向源地址发送 ICMP 不可达数据报。

7.4.2　IP 地址分类

IP 地址是指互联网协议地址，是 IP 提供的一种统一的地址格式。网络是基于 TCP/IP 进行通信和连接的，每一台主机都有一个唯一的、标识固定的 IP 地址，以区别在网络上的成千上万个用户和计算机。IP 地址为互联网上的每一个网络和每一台主机分配一个逻辑地址，以此来屏蔽物理地址的差异。

为了保证网络上每台计算机 IP 地址的唯一性，用户必须向特定机构申请注册，以分配 IP 地址。互联网名称与数字地址分配机构（the Internet Corporation for Assigned Names and Numbers，ICANN）分配，其下有负责北美地区的 InterNIC 机构、负责欧洲地区的 RIPENIC 机构和负责亚太地区的 APNIC 机构。主机地址由各个网络的系统管理员分配，因此，网络地址的唯一性与网络内主机地址的唯一性确保了 IP 地址的全球唯一性。

根据用途和安全性级别的不同，IP 地址可以大致分为两类，即公用地址和私有地址。公用地址在 Internet 中使用，可以在 Internet 中随意访问。私有地址只能在内部网络中使用，只有通过代理服务器才能与 Internet 通信。在 Windows 操作系统下单击“开始”菜单中的“运行”选项，输入“cmd”，在弹出的窗口中输入“ipconfig/all”，然后按 Enter 键，出现的列表中有一项“ip address”就是 IP 地址。在 Linux 操作系统下运行 Terminal，在弹出的窗口中输入“ifconfig”，其中以太网下的 inet 地址即为 IP 地址。

IP 地址格式是“IP 地址=网络地址+主机地址”或“IP 地址=网络地址+子网地址+主机地址”。目前常用的 IPv4 使用 32 位地址，通常被分割为 4 个 8 位二进制数（也就是 4 个字节）。IP 地址通常用点分十进制表示成（a,b,c,d）的形式，其中，a、b、c、d 都是 0～255 的十进制整数。例如，点分十进制 IP 地址 100.4.5.6，实际上是 32 位二进制数 01100100.00000100.00000101.00000110。IP 地址编址方案将 IP 地址空间划分为 A、B、C、D、E，共 5 类，其中 A、B、C 是基本类，D、E 类作为多播和保留使用。

A 类地址的表示范围是 0.0.0.0～126.255.255.255，默认网络屏蔽地址是 255.0.0.0。A 类地址分配给规模特别大的网络使用，尤其是具有大量主机而局域网个数较少的大型网络。A类网络用第1组数字表示网络本身的地址，后面3组数字作为连接于网络上的主机地址。A类地址的第1位固定为0。A类地址中的10. ×.×.×是私有地址（在互联网上不使用而被用在局域网中的地址），它的范围是10.0.0.0～10.255.255.255。

B类地址的表示范围是128.0.0.0～191.255.255.255，默认网络屏蔽地址是255.255.0.0。B类地址分配给一般的中型网络。B类网络用第1、第2组数字表示网络的地址，后面两组数字代表网络上的主机地址。B类地址第1个字节的前两位固定为10。B类地址的169.254. ×. ×是保留地址，如果用户的IP地址是自动获取的IP地址，而在网络上又没有找到可用的DHCP服务器，就会得到保留地址中的一个IP。B类地址的191.255.255.255是广播地址，不能分配。

C类地址的表示范围是192.0.0.0～223.255.255.255，默认网络屏蔽地址是255.255.255.0。C类地址分配给小型网络，如一般的局域网和校园网，它可连接的主机数量是最少的，把所属的用户分为若干网段进行管理。C类地址用前3组数字表示网络的地址，最后1组数字作为网络上的主机地址，C类地址的第1个字节的前3位固定为110。C类地址的192.168. ×. ×是私有地址，它的范围是192.168.0.0～192.168.255.255。

D类地址的表示范围是240.0.0.0～255.255.255.254，保留待用。E类地址不分网络地址和主机地址，它的第1个字节的前5位固定为11110。

7.4.3 IPv6

随着互联网的蓬勃发展，IP地址的需求量越来越大，这使得IP地址的发放日趋严格，各项资料显示全球的IPv4地址在2011年2月3日已分配完毕，地址空间的不足必将妨碍互联网的进一步发展。Internet通过IPv6重新定义地址空间以将其扩大，IPv6（Internet Protocol Version 6）采用128位地址长度。IPv6是互联网工程任务组（The Internet Engineering Task Force，IETF）设计的用于替代现行版本IPv4的下一代IP，其号称可以为全世界的每一粒沙子编上一个网址。IPv4最大的问题在于网络地址资源有限，严重制约了互联网的应用和发展。IPv6的使用不仅解决了网络地址资源数量的问题，而且也突破了多种接入设备连入互联网的障碍。

IETF在Internet服务标准RFC 1884（Request for Comments Document，RFC）中建议将IPv6地址的128位（16个字节）写成8个16位的无符号整数，每个整数用4个十六进制数表示，这些数之间用冒号分开，例如，3ffe:3201:1401:1280:c8ff:fe4d:db39:1984。IPv6的数据包格式如图7-6所示，包括版本号、流量等级、流标签、载荷长度、下一报头、跳数限制、源地址和目的地址。

（1）版本号：表示协议版本，数值是6。

（2）流量等级：主要用于QoS。

（3）流标签：用来标识同一个流里面的报文。

（4）载荷长度：表明该 IPv6 数据包头部后包含的字节数，包含扩展头部。

（5）下一报头：该字段用来指明报头后接的报文头部的类型，若存在扩展头，表示第一个扩展头的类型，否则表示其上层协议的类型，它是 IPv6 各种功能的核心实现方法。

（6）跳数限制：该字段类似于 IPv4 中的 TTL，每次转发跳数减 1，该字段达到 0 时数据包将会被丢弃。

（7）源地址：标识该报文的来源地址。

（8）目的地址：标识该报文的目的地址。

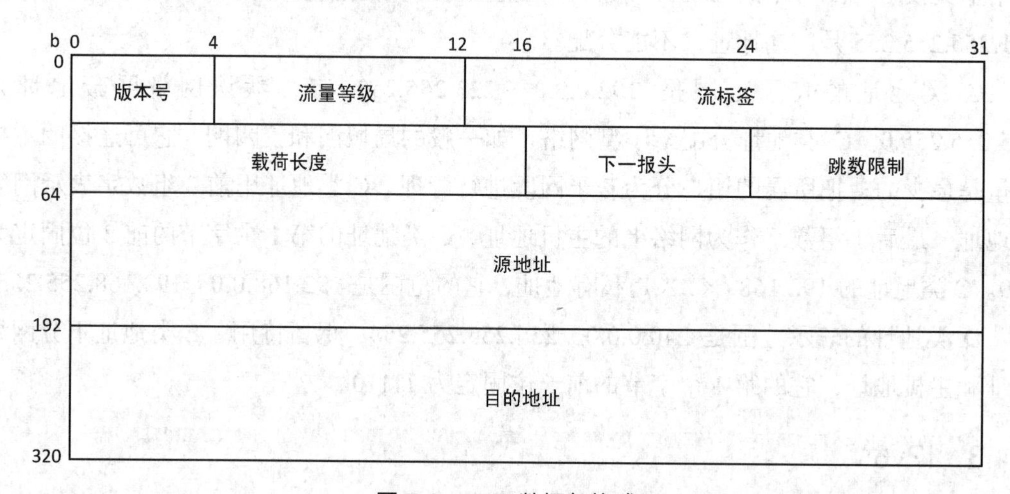

图 7-6　IPv6 数据包格式

相对于 IPv4，IPv6 有以下几个特点。

（1）扩展的寻址能力。IPv6 将 IP 地址长度从 32 位扩展到 128 位，支持更多级别的地址层次、更多的可寻址节点数以及更简单的地址自动配置。IPv4 中规定 IP 地址长度为 32 位，最多地址个数为 2^{32}；而 IPv6 中 IP 地址的长度为 128 位，最多地址个数为 2^{128}。

（2）更小的路由表。IPv6 的地址分配一开始就遵循聚类的原则，这使得路由器能在路由表中用一条记录表示一片子网，大大缩短了路由器中路由表的长度，提高了路由器转发数据包的速度。

（3）增强的组播。IPv6 通过在组播地址中增加一个“范围”域，增强了多点传送路由的可扩展性。IPv6 还定义了一种新的地址类型，称为“任意播地址”，用于发送包给一组节点中的任意一个。以上这些使得网络上的多媒体应用有了长远发展的机会，为服务质量控制提供了良好的网络平台。

（4）支持自动配置。IPv6 对 DHCP 进行改进和扩展，使得网络（尤其是局域网）的管理更加方便和快捷。

（5）简化的报头格式。IPv6 使用新的头部格式，其选项与基本头部分开，如果需要，可将选项插入基本头部与上层数据之间。一些 IPv4 报头字段被删除或变为了可选项，以减少包例行处理中的消耗并限制 IPv6 报头带宽的消耗。这也简化和加速了路由选择过程，因为大多数的选项不需要由路由选择。

（6）对扩展报头和选项支持的改进。IP 报头选项编码方式的改进可以提高转发效率，放宽了选项长度的限制，且增强了将来引入新的选项的灵活性。

（7）标识流的能力。增加了一种新的能力，使得标识发送方要求特别处理的特定通信“流”的包成为可能。

（8）认证和加密能力。IPv6 中指定了支持认证、数据完整性和数据机密性的扩展功能。在使用 IPv6 网络时，用户可以对网络层的数据进行加密并对 IP 报文进行校验，在 IPv6 的加密与鉴别选项中提供了分组的保密性与完整性，极大地增强了网络的安全性。

7.5 UDP

用户数据包协议（User Datagram Protocol，UDP）在网络中与 TCP 一样用于处理数据包，是一种无连接的传输层协议，提供面向事务的简单不可靠信息传输服务。

UDP 的主要作用是将网络数据流量压缩成数据包的形式。一个典型的数据包就是一个二进制数据的传输单位。每一个数据包的前 8 个字节用来包含报头信息，剩余字节则用来包含具体的传输数据。UDP 报头由 4 个域组成，其中每个域各占用 2 个字节，包括源端口号、目的端口号、UDP 长度和 UDP 校验和（见图 7-7）。但 UDP 不提供数据包分组、组装且不能对数据包进行排序，也就是说，当报文发送之后，无法得知其是否安全完整到达。

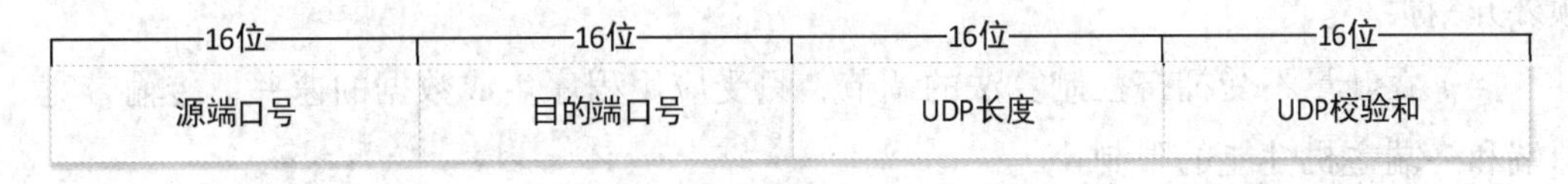

图 7-7　UDP 数据包报头格式

UDP 使用端口号为不同的应用保留其各自的数据传输通道。UDP 和 TCP 正是采用这一机制实现对同一时刻内多项应用同时发送和接收数据的支持。数据发送方（可以是客户端或服务器端）将 UDP 数据包通过源端口发送出去，而数据接收方则通过目的端口接收数据。有的网络应用只能使用预先为其保留或注册的静态端口号，而另外一些网络应用则可以使用未被注册的动态端口号。因为 UDP 报头使用两个字节存放端口号，所以端口号的有效范围是 0～65 535。一般来说，端口号大于 49 151 的端口都代表动态端口。

UDP 长度是指包括报头和数据部分在内的总字节数。因为报头的长度是固定的，所以该域主要被用来计算可变长度的数据部分（又称为数据负载）。数据包的最大长度根据操作环境的不同而存在差异，含报头在内的数据包的最大长度为 65 535 字节。不过，一些实际应用往往会限制数据包的大小，有时会缩短到 8 192 字节。

UDP 使用报头中的校验和来保证数据的安全。校验和首先在数据发送方通过特殊的算法计算得出，在传递到接收方之后，还需要重新计算。如果某个数据包在传输过程中被第三方篡改或者由于线路噪声等原因损坏，发送和接收方的校验和将不相符，由此 UDP 可以检测数据传输是否出错。虽然 UDP 提供错误检测，但在检测到错误时，UDP 不做错误校正，只会简单地把损坏的消息段丢弃，或者给应用程序提供警告信息。

在选择协议的时候，选择 UDP 必须谨慎。在网络质量令人十分不满意的环境下，UDP 数据包丢失的现象会比较严重。但是由于 UDP 的特性，即它不属于连接型协议，因而具有资源消耗小、处理速度快的优点。所以通常音频、视频和普通数据在传输时使用 UDP 较多，因为它们即使偶尔丢失一两个数据包，也不会对接收结果产生太大影响，如聊天用的 QQ 软件就使用 UDP。

UDP 从问世至今已经被使用了很多年，虽然其存在一些缺点，但是即使是在今天，UDP 仍然不失为一项非常实用和可行的网络传输层协议。总体来讲，UDP 具有以下特点。

（1）UDP 是一个非连接的协议，传输数据之前源端和终端不建立连接，当源端想传输时就简单地去抓取来自应用程序的数据，并尽可能快地把它扔到网络上。在发送端，UDP 传输数据的速度仅受应用程序生成数据的速度、计算机的能力和传输带宽的限制；在接收端，UDP 把每个消息段放在队列中，应用程序每次从队列中读一个消息段。

（2）由于 UDP 传输数据不建立连接，也就不需要维护连接状态，包括收发状态等，因此一台服务机可同时向多台客户机传输相同的消息。

（3）UDP 数据包的标题很短，只有 8 个字节，相对于 TCP 的 20 个字节数据包，其额外开销很小。

（4）吞吐量不受拥挤控制算法的调节，只受应用程序生成数据的速率、传输带宽、源端和终端主机性能的限制。

（5）UDP 实现尽最大努力交付，即不保证可靠交付，因此主机不需要维持复杂的链接状态表。

（6）UDP 是面向报文的。发送方的 UDP 对应用程序交下来的报文，在添加首部后就向下交付给 IP 层，既不拆分，也不合并，而是保留这些报文的边界，因此，应用程序需要选择合适的报文大小。

人们经常使用 ping 命令来测试两台主机之间的 TCP/IP 通信是否正常。ping 命令的原理就是一台主机向对方主机发送 UDP 数据包，由对方主机确认是否收到数据包。如果确认收到数据包，对方主机的确认消息及时反馈回来，那么就表示网络通信正常。

7.6 实战项目：Wireshark 抓取数据包

项目目标：掌握抓包工具的使用，能够使用 Wireshark 抓取数据包。

实战步骤如下。

（1）在网上搜索并进入 Wireshark 官网（见图 7-8）。单击图中标记方框处的按钮，进入下载页面，找到相应的版本进行下载（见图 7-9）。

图 7-8 Wireshark 官网

图 7-9 找到相应的版本进行下载

（2）下载完成后，进入下载目录，运行安装程序（见图 7-10）。本实战项目安装时无须修改安装选项，所有的选项按照默认选项选择即可（见图 7-11 和图 7-12）。

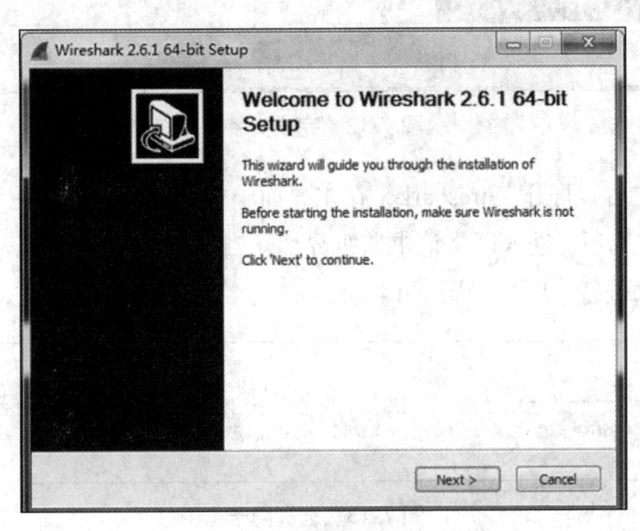

图 7-10 下载完成后进行安装

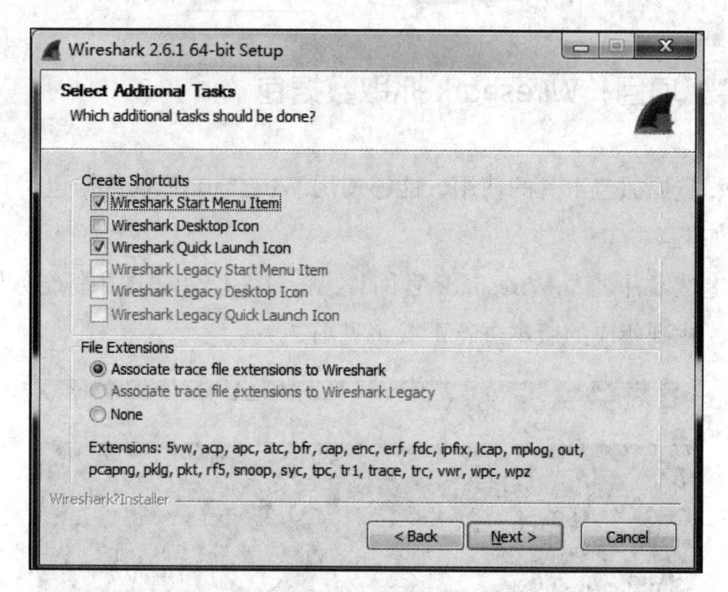

图 7-11　选择默认选项

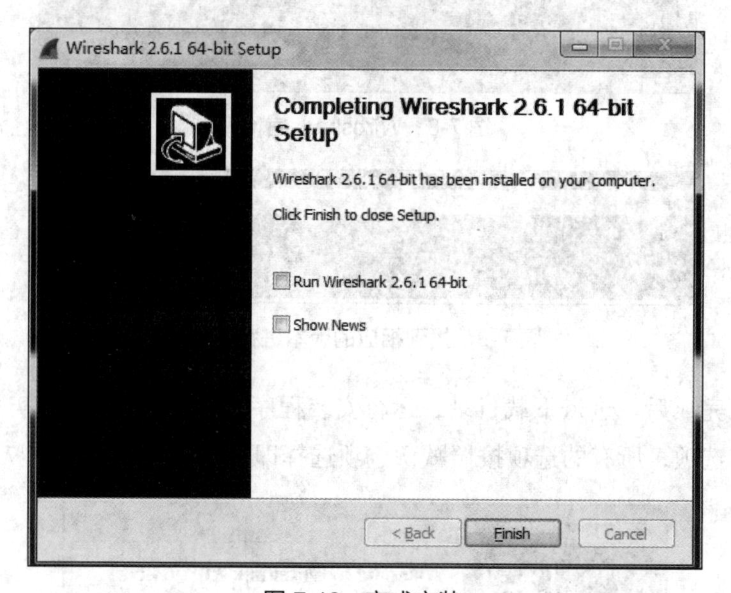

图 7-12　完成安装

（3）安装完成后，打开 Wireshark，在主界面中标记方框处选择网卡（见图 7-13）。双击“本地连接”选项，进入网络请求监听界面。当进入监听界面时，Wireshark 默认自动开始对网络请求进行监听（见图 7-14）。

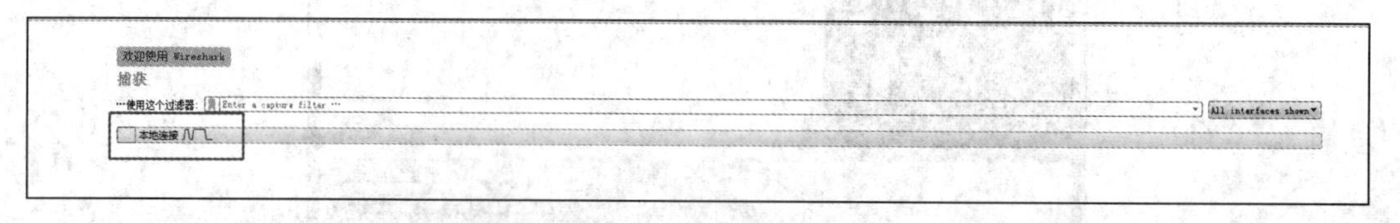

图 7-13　选择网卡

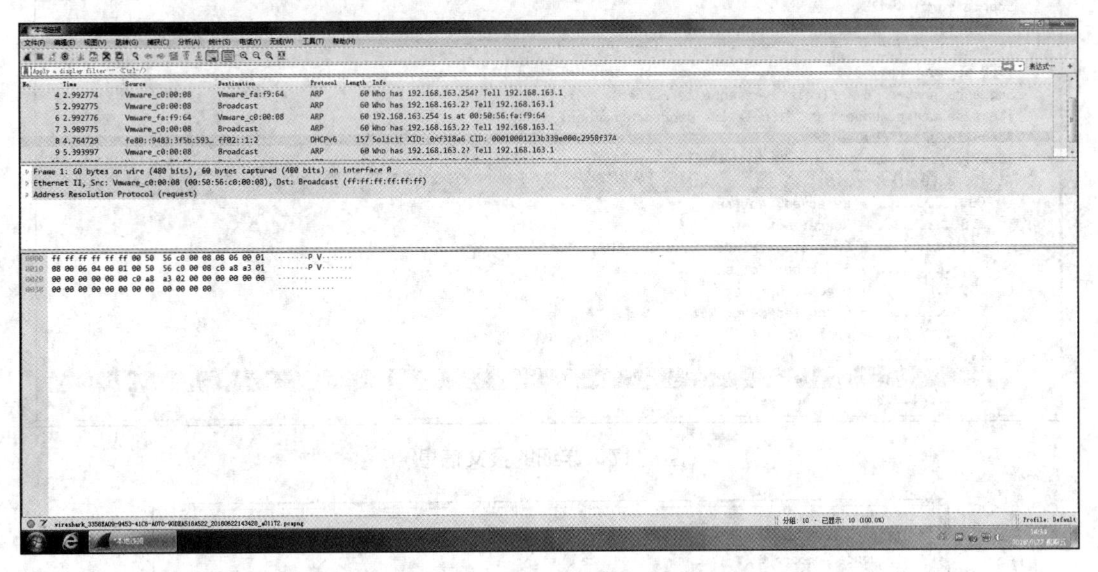

图 7-14 Wireshark 默认自动开始监听

（4）接下来测试一下捕获浏览网页时的数据包。首先在图中标记方框处设置捕捉条件（见图 7-15）。这里设置的条件是捕捉 TCP 和 UDP 端口 80 的消息。图 7-16 所示就是捕获的三次握手的数据包。

文件(F) 编辑(E) 视图(V) 跳转(G) 捕获(C) 分析(A) 统计(S) 电话(Y) 无线(W) 工具(T) 帮助(H)

tcp.port == 80 || udp.port == 80

No.	Time	Source	Destination	Protocol	Length	Info
387	6.182888	192.168.163.134	144.2.3.5	TLSv1.2	372	Client Key Exchange, Chang
388	6.182932	144.2.3.5	192.168.163.134	TCP	60	443 → 49344 [ACK] Seq=3714
389	6.182979	144.2.3.5	192.168.163.134	TCP	60	443 → 49345 [ACK] Seq=3663
390	6.200110	144.2.3.5	192.168.163.134	TLSv1.2	105	Change Cipher Spec, Encryp
391	6.200169	192.168.163.134	144.2.3.5	TCP	54	49345 → 443 [ACK] Seq=505
392	6.329578	151.101.2.2	192.168.163.134	TCP	60	80 → 49346 [SYN, ACK] Seq=

Frame 387: 372 bytes on wire (2976 bits), 372 bytes captured (2976 bits) on interface 0
Ethernet II, Src: Vmware_58:f3:74 (00:0c:29:58:f3:74), Dst: Vmware_f9:ab:9d (00:50:56:f9:ab:9d)
Internet Protocol Version 4, Src: 192.168.163.134, Dst: 144.2.3.5
Transmission Control Protocol, Src Port: 49345, Dst Port: 443, Seq: 187, Ack: 3663, Len: 318
Secure Sockets Layer

图 7-15 设置捕捉条件

No.	Time	Source	Destination	Protocol	Length	Info
2237	15.361691	192.168.163.134	113.113.73.49	TCP	66	49428 → 443 [SYN] Seq=0 Win=8192 Len=0 MSS=1460 WS=256 SACK_PERM=1
2238	15.368538	113.113.73.49	192.168.163.134	TCP	60	443 → 49427 [SYN, ACK] Seq=0 Ack=1 Win=64240 Len=0 MSS=1460
2239	15.368597	192.168.163.134	113.113.73.49	TCP	54	49427 → 443 [ACK] Seq=1 Ack=1 Win=64240 Len=0

图 7-16 三次握手的数据包

（5）展开 Transmission Control Protocol 的报文内容，可以看到详细的报文信息（见图 7-17）。展开后的详细信息根据选择的内容不同，在底部的数据显示处会有相应的高光提示（见图 7-18）。

（6）在捕获数据包的显示栏，列表内容从左到右分别是包的顺序、时间信息、来源 IP、目的 IP、协议类型、报文长度和简略信息（见图 7-19）。

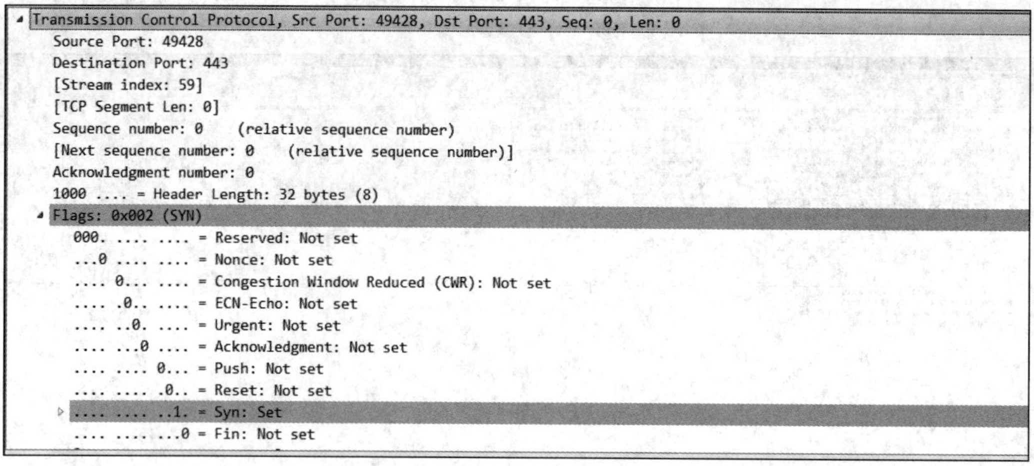

```
Transmission Control Protocol, Src Port: 49428, Dst Port: 443, Seq: 0, Len: 0
    Source Port: 49428
    Destination Port: 443
    [Stream index: 59]
    [TCP Segment Len: 0]
    Sequence number: 0    (relative sequence number)
    [Next sequence number: 0    (relative sequence number)]
    Acknowledgment number: 0
    1000 .... = Header Length: 32 bytes (8)
  Flags: 0x002 (SYN)
      000. .... .... = Reserved: Not set
      ...0 .... .... = Nonce: Not set
      .... 0... .... = Congestion Window Reduced (CWR): Not set
      .... .0.. .... = ECN-Echo: Not set
      .... ..0. .... = Urgent: Not set
      .... ...0 .... = Acknowledgment: Not set
      .... .... 0... = Push: Not set
      .... .... .0.. = Reset: Not set
      .... .... ..1. = Syn: Set
      .... .... ...0 = Fin: Not set
```

图 7-17　详细的报文信息

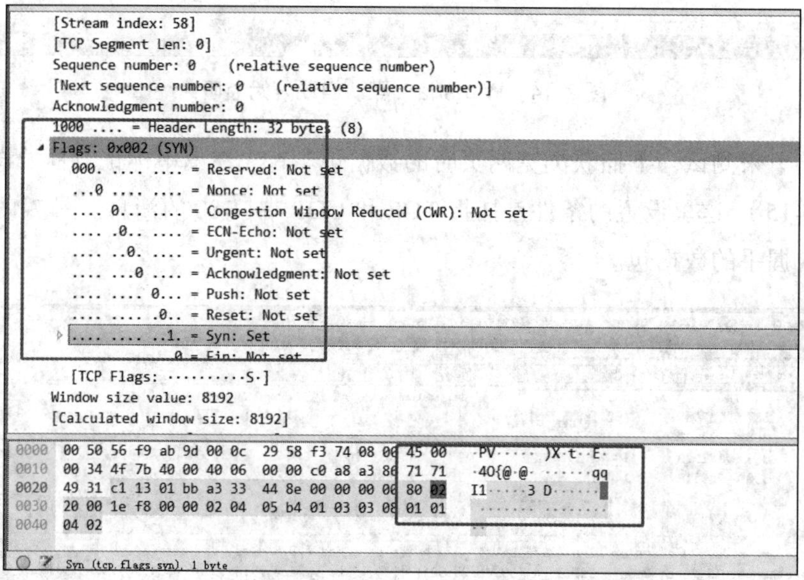

```
    [Stream index: 58]
    [TCP Segment Len: 0]
    Sequence number: 0    (relative sequence number)
    [Next sequence number: 0    (relative sequence number)]
    Acknowledgment number: 0
    1000 .... = Header Length: 32 bytes (8)
  Flags: 0x002 (SYN)
      000. .... .... = Reserved: Not set
      ...0 .... .... = Nonce: Not set
      .... 0... .... = Congestion Window Reduced (CWR): Not set
      .... .0.. .... = ECN-Echo: Not set
      .... ..0. .... = Urgent: Not set
      .... ...0 .... = Acknowledgment: Not set
      .... .... 0... = Push: Not set
      .... .... .0.. = Reset: Not set
      .... .... ..1. = Syn: Set
      .... .... ...0 = Fin: Not set
      [TCP Flags: ··········S·]
    Window size value: 8192
    [Calculated window size: 8192]

0000  00 50 56 f9 ab 9d 00 0c  29 58 f3 74 08 00 45 00   ·PV·····)X·t··E·
0010  00 34 4f 7b 40 00 40 06  00 00 c0 a8 a3 86 71 71   ·4O{@·@·······qq
0020  49 31 c1 13 01 bb a3 33  44 8e 00 00 00 00 80 02   I1·····3 D·······
0030  20 00 1e f8 00 00 02 04  05 b4 01 03 03 08 01 01    ················
0040  04 02

Syn (tcp.flags.syn), 1 byte
```

图 7-18　高光提示

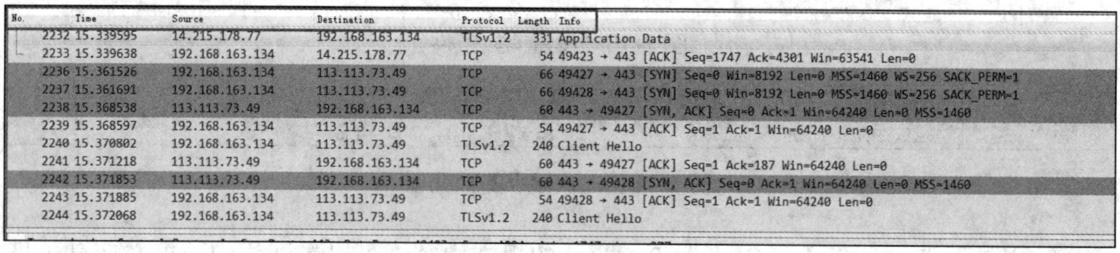

No.	Time	Source	Destination	Protocol	Length	Info
2232	15.339595	14.215.178.77	192.168.163.134	TLSv1.2	331	Application Data
2233	15.339638	192.168.163.134	14.215.178.77	TCP	54	49423 → 443 [ACK] Seq=1747 Ack=4301 Win=63541 Len=0
2236	15.361526	192.168.163.134	113.113.73.49	TCP	66	49427 → 443 [SYN] Seq=0 Win=8192 Len=0 MSS=1460 WS=256 SACK_PERM=1
2237	15.361691	192.168.163.134	113.113.73.49	TCP	66	49428 → 443 [SYN] Seq=0 Win=8192 Len=0 MSS=1460 WS=256 SACK_PERM=1
2238	15.368538	113.113.73.49	192.168.163.134	TCP	60	443 → 49427 [SYN, ACK] Seq=0 Ack=1 Win=64240 Len=0 MSS=1460
2239	15.368597	192.168.163.134	113.113.73.49	TCP	54	49427 → 443 [ACK] Seq=1 Ack=1 Win=64240 Len=0
2240	15.370802	192.168.163.134	113.113.73.49	TLSv1.2	240	Client Hello
2241	15.371218	113.113.73.49	192.168.163.134	TCP	60	443 → 49427 [ACK] Seq=1 Ack=187 Win=64240 Len=0
2242	15.371853	113.113.73.49	192.168.163.134	TCP	60	443 → 49428 [SYN, ACK] Seq=0 Ack=1 Win=64240 Len=0 MSS=1460
2243	15.371885	192.168.163.134	113.113.73.49	TCP	54	49428 → 443 [ACK] Seq=1 Ack=1 Win=64240 Len=0
2244	15.372068	192.168.163.134	113.113.73.49	TLSv1.2	240	Client Hello

图 7-19　列表内容

（7）根据监听对象的不同可以设置不同的条件，过滤其他不必要的报文信息。可以在条件文本框的右侧找到“表达式”选项（见图 7-20），单击进入，可以利用条件限制来实现对特定目标进行有限制的抓包（见图 7-21）。这里限制的条件是“tcp.port”（见图 7-22）。

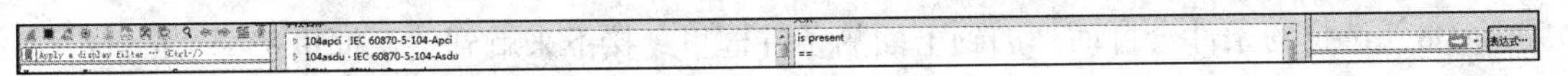

图 7-20 “表达式”选项

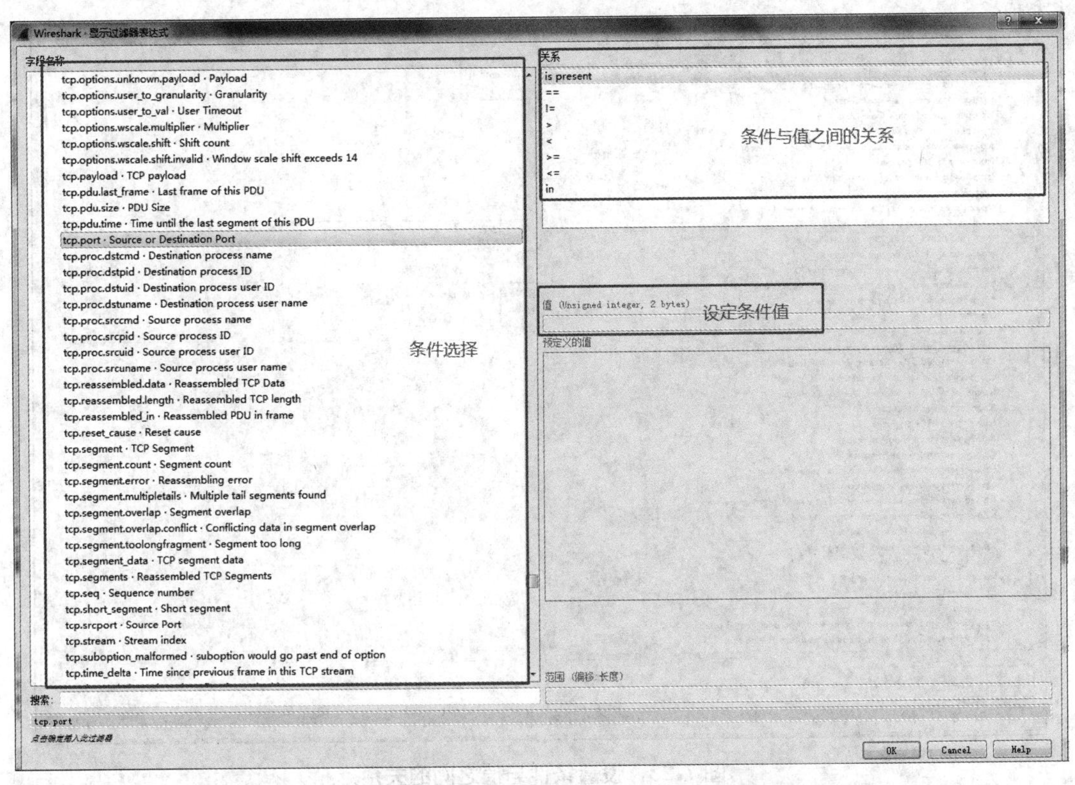

图 7-21 利用条件限制来实现对特定目标进行有限制的抓包

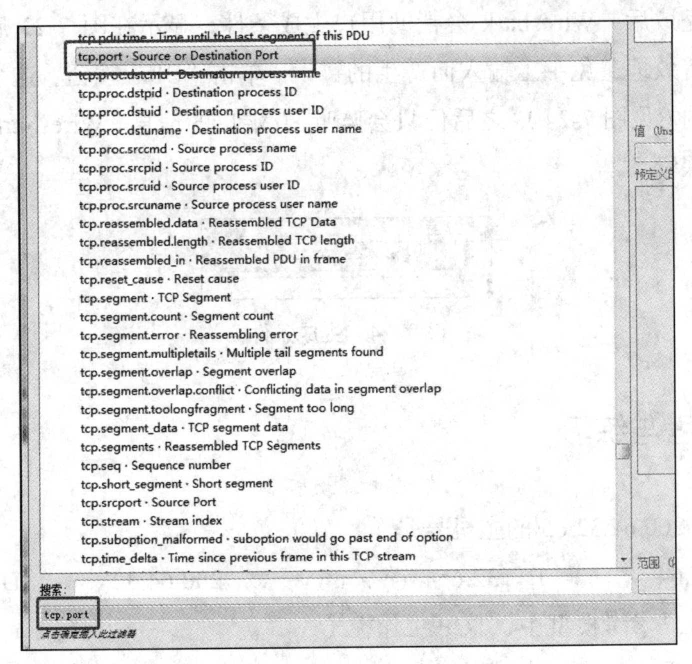

图 7-22 限制条件为“tcp.port”

（8）选择的条件会自动添加到下面的条件框里，接下来就到关系框里选择“tcp.port”的条件与值之间的关系并进行设置（见图 7-23）。

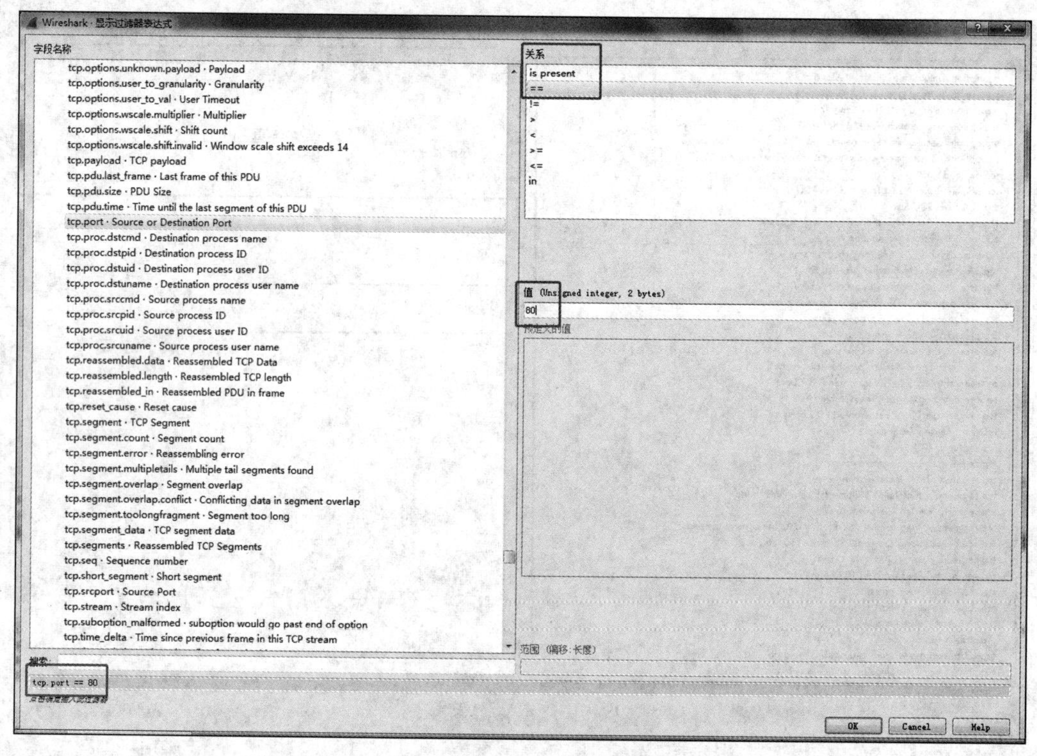

图 7-23　设置条件与值之间的关系

（9）选择完成后，Wireshark 会帮助用户生成条件，显示在图 7-23 底部的标记处。这种方法能够有效地避免手工输入而产生的错误。单击“OK”按钮，这个条件将会被放进条件过滤器内（见图 7-24），之后便只会监听 80 端口的信息。Wireshark 还有很多功能有待用户自行探索。

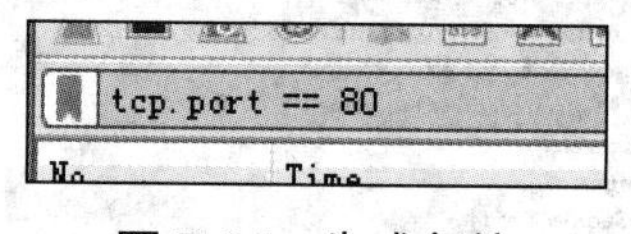

图 7-24　生成条件

7.7　思考与练习

1. IP 地址 200.64.32.65 的主机号是（　　）。

A. 200.64　　B. 32.65　　C. 200.64.32　　D. 65

2. 在 TCP/IP 参考模型中，TCP 工作在（　　）。

A. 应用层　　B. 传输层　　C. 互联网层　　D. 网络接口层

3. 计算机网络建立的主要目的是实现计算机资源共享，计算机资源主要指（ ）。
   A. 软件与数据库 B. 服务器、工作站与软件
   C. 硬件、软件与数据 D. 通信子网与资源子网
4. 当A类网络地址34.0.0.0使用8位二进制数作子网地址时，子网掩码为（ ）。
   A. 255.0.0.0 B. 255.255.0.0
   C. 255.255.255.0 D. 255.255.255.255
5. 下列关于UDP和TCP的叙述中，不正确的是（ ）。
   A. UDP和TCP都是传输层协议，是基于IP提供的数据报服务，向应用层提供传输服务
   B. TCP适用于通信量大、性能要求高的情况；UDP适用于突发性强、通信量比较小的情况
   C. TCP不能保证数据传输的可靠性，不提供流量控制和拥塞控制服务
   D. UDP开销小，传输率高，传输服务质量差；TCP开销大，传输效率低，传输服务质量高
6. Internet最早起源于（ ）。
   A. ARPANET B. 以太网 C. NSFNET D. 环状网
7. 以下IP地址中，属于B类地址的是（ ）。
   A. 3.3.57.0 B. 193.1.1.2 C. 131.107.2.89 D. 194.1.1.4
8. 关于IP提供的服务，下列说法正确的是（ ）。
   A. IP提供不可靠的数据报传输服务，因此数据报传输不能得到保障
   B. IP提供不可靠的数据报传输服务，因此它可以随意丢弃数据报
   C. IP提供可靠的数据报传输服务，因此数据报传输可以得到保障
   D. IP提供可靠的数据报传输服务，因此它不能随意丢弃数据报
9. 企业Intranet要与Internet互连，必需的互连设备是（ ）。
   A. 中继器 B. 调制解调器 C. 交换器 D. 路由器
10. 在TCP/IP协议簇中，UDP工作在（ ）。
   A. 应用层 B. 传输层 C. 网络互连层 D. 网络接口层

第8章 数据库

根据 DB-Engine 2019 年 1 月的数据库市场趋势分析，关系型数据库依旧占据着最核心的市场份额。与此同时，数据库市场也在不断细分，图数据库、文档数据库以及 NoSQL 等数据库细分市场正在崛起。

数据库技术历经几十年的发展，今天仍旧处于蓬勃发展的时期。如今，各大云计算厂商也达成了共识：数据库是连接 IaaS 和云上智能化应用的重要组成部分。因此云计算厂商需要提升全链路的能力，进而满足用户连接 IaaS 和云上智能化应用的需求。

本章要点：

1. 了解云计算和数据库；
2. 了解关系型数据库；
3. 了解非关系型数据库；
4. 了解数据库产品；
5. 了解数据中心。

8.1 云计算和数据库

云计算需要处理海量数据的计算，当涉及大量的数据时，这些数据的管理、存储则需要数据库。

数据库是按照数据结构来组织、存储和管理数据的，是建立在计算机存储设备上的仓库，它产生于 60 多年前，比云计算的产生要更早一些。随着信息技术和市场的发展，特别是 20 世纪 90 年代以后，数据管理不再局限于存储和管理数据，而是包含了用户所需要的各种数据管理的方式。

数据库有很多种类型，从最简单的存储各种数据的表格到能够进行海量数据存储的大型数据库系统，都在各个方面得到了广泛的应用。在信息化社会，充分有效地管理和利用各类信息资源，是进行科学研究和决策管理的前提条件。数据库技术是管理信息系统、办公自动化系统、决策支持系统等各类信息系统的核心部分，是进行科学研究和决策管理的重要技术手段。

1．数据库的数据

数据库中的数据指的是以一定的数据模型组织、描述和存储在一起，具有尽可能小的冗余度、较强的数据独立性和易扩展性特点的数据，并可在一定范围内为多个用户共享。这种数据集合具有以下特点：

（1）尽可能不重复；

（2）以最优方式为某个特定组织的多种应用服务；

（3）数据结构独立于使用它的应用程序；

（4）对数据的增、删、改、查由统一的软件进行管理和控制。

从发展的历史看，数据库是数据管理的高级阶段，它是由文件管理系统发展起来的。

2．数据库的基本结构

数据库的基本结构分 3 个层次（见图 8-1），反映了观察数据库的 3 种不同角度。以内模式为框架所组成的数据库叫作物理数据层；以概念模式为框架所组成的数据库叫作概念数据层；以外模式为框架所组成的数据库叫作用户数据层。数据库不同层次之间是通过映射进行转换的。

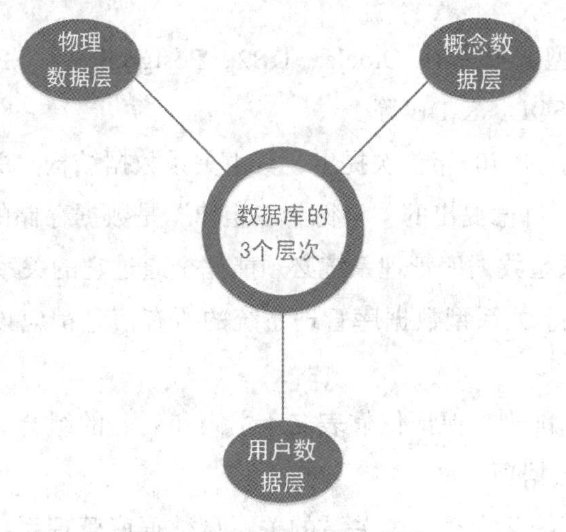

图 8-1　数据库的 3 个层次

（1）物理数据层。它是数据库的最内层，是物理存储设备上实际存储的数据的集合。这些数据是原始数据，是用户加工的对象，由内模式描述的指令操作处理的位串、字符和字组成。

（2）概念数据层。它是数据库的中间一层，是数据库的整体逻辑表示，指出了每个数据的逻辑定义及数据间的逻辑关系，是存储记录的集合。它所涉及的是数据库所有数据对象的逻辑关系，而不是它们的物理情况，是数据库管理员概念下的数据库。

（3）用户数据层。它是用户所看到和使用的数据库，表示一个或一些特定用户使用的数据集合，即逻辑记录的集合。

8.2 关系型数据库

现代计算机系统网络每天都会产生数量庞大的数据，这些数据有很大一部分是由关系型数据库管理系统来处理的。1970 年埃德加·弗兰克·科德（EdgarF.Codd）发表的关系模型数据库论文 *A Relational Model of Data for Large Shared Data Banks* 使数据建模和应用程序编程变得更加简单。

8.2.1 数据库准则

关系型数据库是建立在关系模型基础上的数据库，其借助集合代数等数学概念和方法来处理数据库中的数据。现实世界中的各种实体以及实体之间的各种联系均用关系模型来表示。一个关系型数据库就是由二维表及其之间的联系组成的一个数据组织。应用实践证明，关系模型非常适用于用户服务器编程，是结构化数据存储和商务应用的主导技术。

当前主流的关系型数据库有 Oracle、DB2、PostgreSQL、Microsoft SQL Server、Microsoft Access、MySQL、K-DB 等。

关系模型由科德于 1970 年首次提出，其由关系数据结构、关系操作集合、关系完整性约束 3 部分组成。科德提出的“科德十二定律”是数据存储的传统标准。

准则 0：一个关系型数据库管理系统必须能完全通过它的关系能力来管理数据库。

准则 1：信息准则。关系型数据库管理系统的所有信息都应该在逻辑层面用表中的值显式地表示。

准则 2：保证访问准则。保证依靠表名、主码和列名的组合，能以逻辑方式访问关系型数据库中的每个数据项。

准则 3：空值的系统化处理。全关系的关系型数据库管理系统支持空值的概念，并用系统化的方法处理空值。

准则 4：基于关系模型的动态联机数据字典。数据库的描述在逻辑层面和普通数据采用同样的表述方式。

准则 5：统一的数据子语言。一个关系数型据库管理系统可以具有几种语言和多种终端访问方式，但必须有一种语言，它的语句可以表示为严格语法规定的字符串，并能全面地支持各种规则。

准则6：视图更新准则。所有理论上可更新的视图也应该允许由系统更新。

准则7：高级的插入、修改和删除操作。系统应该对各种操作进行查询优化。

准则8：数据的物理独立性。无论数据库的数据在存储表示或读取方法上作何变化，应用程序和终端活动都保持逻辑上的不变性。

准则9：数据逻辑独立性。当对基本关系进行理论上信息不受损坏的任何改变时，应用程序和终端活动都保持逻辑上的不变性。

准则10：数据完整的独立性。关系型数据库的完整性约束条件必须是用数据库语言定义并存储在数据字典中的。

准则11：分布独立性。关系型数据库管理系统在引入分布数据或数据重新分布时保持逻辑不变。

准则12：无破坏准则。如果一个关系型数据库管理系统含有一个低级语言，那么这个低级语言不能违背或绕过完整性准则。

实体关系模型是陈品山（Peter P.S Chen）博士在关系模型的基础上，于1976年提出的一套数据库的设计工具，他运用真实世界中事物与关系的观念，来解释数据库中抽象的数据架构。实体关系模型利用图形的方式来表示数据库的概念设计，有助于设计过程中的构思及沟通讨论。

8.2.2 ACID 原则

关系型数据库需要遵循ACID原则，即原子性（Atomicity，A）、一致性（Consistency，C）、独立性（Isolation，I）、持久性（Durability，D）。

（1）原子性。事务里的所有操作要么全部做完，要么都不做，事务成功的条件是事务里的所有操作都成功，只要有一个操作失败，整个事务就失败，需要回滚。如银行转账，从A账户转100元至B账户，分为两个步骤：从A账户取100元，存100元至B账户。这两步要么全部完成，要么都不完成，如果只完成第1步，第2步失败，钱就会少100元。

（2）一致性。数据库要一直处于一致的状态，事务的运行不会改变数据库原本的一致性约束。如现有完整性约束 $a+b=10$，如果一个事务改变了 a 的值，那么必须改变 b 的值，使得事务结束后依然满足 $a+b=10$，否则事务失败。

（3）独立性。独立性是指并发的事务之间不会互相影响，如果一个事务要访问的数据正在被另外一个事务修改，只要另外一个事务未提交，它所访问的数据就不受未提交事务的影响。如有个交易是从A账户转100元至B账户，在这个交易还未完成的情况下，如果此时B查询自己的账户，是看不到新增加的100元的。

（4）持久性。持久性是指一旦事务提交后，它所做的修改将会永久保存在数据库上，即使出现宕机也不会丢失。

1974年，由Boyce和Chamberlin提出的Sequel语言在IBM公司圣约瑟研究实验室研制的大型关系数据库管理系统System R中被使用，后来Sequel的基础上又发展出了SQL。SQL是一种交互式查询语言，允许用户直接查询存储数据，但它不是完整的程序语言，如它没有类似do或for的循环语句，但它可以嵌入另一种语言中，也可以借用VB、C、Java等语言，通过调用级接口直接发送到数据库管理系统。SQL基本上是域关系演算，但可以实现关系代数操作。

8.2.3 SQL

结构化查询语言（Structured Query Language，SQL）是一种基于关系型数据库的语言，这种语言用来执行对关系型数据库中数据的检索操作。

SQL是高级的非过程化编程语言，允许用户在高层数据结构上操作。它不要求用户指定对数据的存放方式，也不需要用户了解具体的数据存放方式，所以具有完全不同于底层数据结构的数据库系统，可以使用相同的SQL作为数据输入与管理的接口。SQL语句可以嵌套，这使它具有极大的灵活性和强大的功能。

SQL于1986年10月由美国国家标准局（American National Standards Institute，ANSI）通过，成为美国的数据库语言标准。接着，国际标准化组织（International Organization for Standardization，ISO）颁布了SQL的正式国际标准。1989年4月，ISO提出了具有完整性特征的SQL89标准，1992年11月又公布了SQL92标准，在此标准中，数据库被分为3个级别：基本集、标准集和完全集。各种不同的数据库对SQL的支持与标准存在着细微的不同，这是因为有的产品的开发先于标准公布。另外，各产品开发商为了达到特殊的性能或新的特性，需要对标准进行扩展。所以，实际上不同数据库系统之间的SQL不能完全相互通用。从微机到大型机，已有100多种SQL数据库产品，其中包括DB2、SQL/DS、Oracle、Ingres、Sybase、SQL Server、dBase Ⅳ、Microsoft Access等。另外，SQL的影响已经超出数据库领域，得到了其他领域的重视和采用，如人工智能领域的数据检索，第四代软件开发工具中的嵌入SQL等。

SQL基本上独立于数据库本身、计算机、网络、操作系统，基于SQL的数据库管理系统（Database Management System，DBMS）产品可以运行在从个人机、工作站到基于局域网、小型机和大型机的各种计算机系统上，具有良好的可移植性。数据库和各种产品都使用SQL作为共同的数据存取语言和标准的接口，使不同数据库系统之间的相互操作有了共同的基础，进而实现异构机、各种操作环境的共享与移植。

SQL包含6个部分：数据查询语言、数据操作语言、事务处理语言、数据控制语言、数据定义语言和指针控制语言（见图8-2）。

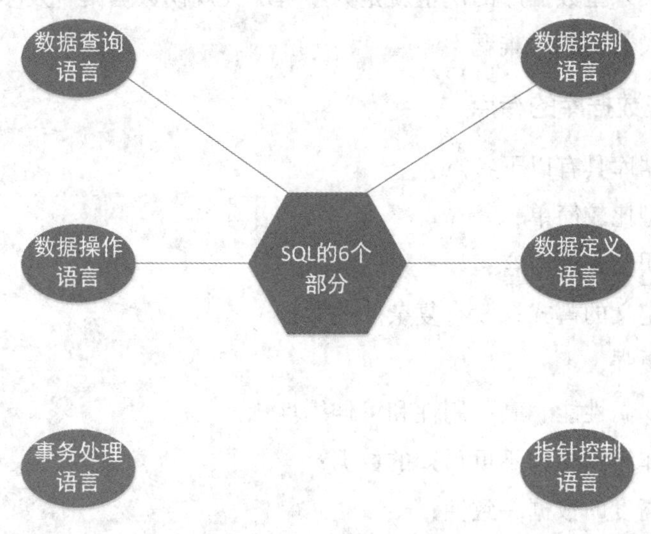

图8-2　SQL的6个部分

（1）数据查询语言。用于从表中获得数据。select 是用得最多的保留字，其他常用的保留字有 where、order by、group by 和 having。这些保留字常与其他类型的 SQL 语句一起使用。

（2）数据操作语言。用于增、删、改，包括 insert、delete 和 update 等保留字，它们分别用于添加、删除和修改表中的行。

（3）事务处理语言。它的语句能确保被语句影响的表的所有行及时得以更新，包括 begin transaction、commit 和 rollback 等。

（4）数据控制语言。它的语句通过 grant 或 revoke 获得许可，确定单个用户和用户组对数据库对象的访问，还可以用 grant 或 revoke 控制对表单个列的访问。

（5）数据定义语言：包括保留字 create 和 drop，可以用在数据库中，创建新表或删除表（creat table 或 drop table），为表加入索引等。

（6）指针控制语言：包括 declare cursor、fetch into 和 update where current，用于对一个或多个表单独行的操作。

8.3　非关系型数据库

随着互联网的兴起，人们可以通过第三方平台很容易地访问和抓取数据，用户的个人信息、社交网络、地理位置、用户生成的数据和用户操作日志等数据已经成倍地增加。

传统的关系型数据库在应对这些互联网数据，特别是超大规模和高并发的动态网站产生的海量数据时，已经显得力不从心，而非关系型数据库则由于其本身的特点得到了非常迅速的发展。非关系型数据库的产生就是为了解决大规模数据集合及多重数据种类带来的问题，尤其是大数据应用难题。

1．非关系型数据库的特点

非关系型数据库具有以下特点：

（1）数据模型比较简单；

（2）没有声明性查询语言；

（3）没有预定义的模式，没有复杂的关系；

（4）灵活性更强；

（5）低成本、高性能、高可用性和可伸缩性；

（6）能处理非结构化和不可预知的数据；

（7）不需要高度的数据一致性；

（8）支持分布式计算；

（9）对于给定键值，比较容易映射复杂值；

（10）没有标准化；

（11）有限的查询功能。

NoSQL 即 Not Only SQL，意思为不仅仅是 SQL。很多时候，NoSQL 与非关系型数据库是同义词。NoSQL 掀起一场全新的数据库革命性运动，其用于超大规模数据的存储，这些类型的数据存储不需要固定的模式，无须多余操作就可以横向扩展。NoSQL 一词最早出现于 1998 年，是 Carlo Strozzi 开发的一个轻量、开源、不提供 SQL 功能的关系型数据库。2009 年，Johan Oskarsson 发起了一次关于分布式开源数据库的讨论，来自 Rackspace 公司的 Eric Evans 提出了 NoSQL 的概念，这时的 NoSQL 主要指非关系型、分布式、不提供 ACID 的数据库设计模式。

2．非关系型数据库的分类

非关系型数据库可以分为 4 类：键值存储数据库、列存储数据库、文档型数据库和图形数据库（见图 8-3）。

（1）键值存储数据库。键值存储型的数据库基于键值模型，主要使用一个哈希表，这个表中有一个特定的键和一个指向特定数据的指针。键值模型对 IT 系统来说的优势在于简单、易部署。但是如果数据库管理员只对部分值进行查询或更新，键值模型就显得效率低下。Tokyo Cabinet/Tyrant、Redis、Voldemort、Oracle BDB 均是键值存储数据库。

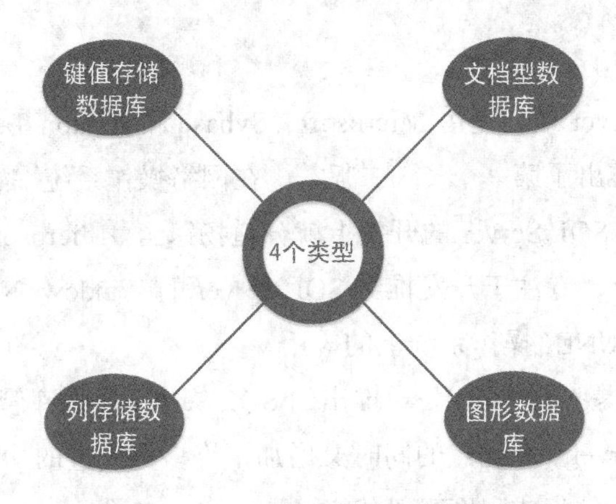

图 8-3 非关系型数据库的 4 个类型

（2）列存储数据库。列存储型的数据库通常用来应对分布式存储的海量数据。键仍然存在，但是它们的特点是指向了多个列，这些列由列家族来安排。Cassandra、HBase、Riak 均是列存储数据库。

（3）文档型数据库。文档型的数据库起源于 Lotus Notes 办公软件，与键值存储数据库相类似。该类型的数据模型是版本化的文档，半结构化的文档以特定的格式存储。文档型数据库可以看作是键值存储数据库的升级版，允许嵌套键值，而且文档型数据库比键值存储数据库的查询效率更高。CouchDB、MongoDB、SequoiaDB 均是文档型数据库。

（4）图形数据库。图形结构的数据库同其他行列以及刚性结构的关系型数据库不同，它使用灵活的图形模型，并且能够扩展到多个服务器上。图形数据库进行数据库查询需要制订数据模型。

8.4 数据库产品

目前市场上有许多数据库产品，每个产品都有各自的优点，本节介绍几个常用的数据库产品。

8.4.1 Microsoft SQL Server

Microsoft SQL Server 是 Microsoft 公司推出的关系型数据库管理系统，具有使用方便、可伸缩性好、与相关软件集成程度高等优点，可跨越从运行 Microsoft Windows 98 的膝上型计算机到运行 Microsoft Windows 2012 的大型多处理器服务器等多种平台使用。Microsoft SQL Server 使用集成的商业智能工具，提供了企业级的数据管理，它的引擎为关系型数据和结构化数据提供了更安全可靠的存储功能，可以构建和管理用于业务的高可用和高性能的应用程序。

Microsoft SQL Server 最初是由 Microsoft、Sybase 和 Ashton-Tate 这 3 家公司共同开发的，并于 1988 年推出了第一个 OS/2 版本。在网络操作系统 Windows NT 推出后，Microsoft 与 Sybase 在 SQL Server 的开发上就分道扬镳了。Microsoft 将 SQL Server 移植到 Windows NT 系统上，专注于开发推广 SQL Server 的 Windows NT 版本；Sybase 则较专注于 SQL Server 在 UNIX 操作系统上的应用。

SQL Server 2000 是 Microsoft 公司推出的 SQL Server 数据库管理系统的一个版本。该版本继承了 SQL Server 7.0 优点的同时又增加了许多更先进的功能，具有使用方便、可伸缩性好、与相关软件集成程度高等优点。

SQL Server 2008 基于 SQL Server 2005 开发，并提供了更可靠的加强了数据库镜像的平台。其新的特性包括以下几点。

（1）页面自动修复。SQL Server 2008 通过请求获得一个从镜像合作计算机上得到的出错页面副本，使主要的、镜像的计算机可以透明地修复数据页面上的 823 和 824 错误。

（2）提高了性能。SQL Server 2008 压缩了输出的日志流，以便使数据库镜像所要求的网络带宽达到最小。

（3）加强了可支持性。

8.4.2 Oracle Database

Oracle 数据库系统是美国 Oracle 公司提供的以分布式数据库为核心的一组软件产品，是目前最流行的用户/服务器结构的数据库之一。它的系统可移植性好、使用方便、功能强，适用于各类大型计算机、中型计算机、小型计算机、微机环境。它是一种高效率、高可靠性、适应高吞吐量的数据库解决方案。Oracle Database 作为一个通用的数据库系统，具有完整的数据管理功能；作为一个关系型数据库，它是一个具有完备关系的产品；作为分布式数据库，它实现了分布式处理功能。

约 20 世纪 70 年代，一家名为 Ampex 的软件公司为美国中央情报局设计了一套名为 Oracle 的数据库，拉里·埃里森（Larry Ellison）是开发成员之一。1977 年埃里森与 Robert Miner 创立了软件开发实验室，1978 年公司迁往硅谷，更名为关系式软件公司（RSI）。RSI 在 1979 年的夏季发布了可用于美国数字设备公司（Digital Equipment Corporation，DEC）PDP-11 计算机上的商用 Oracle 产品，这个数据库产品整合了比较完整的 SQL 实现，其中包括子查询、连接及其他特性。1982 年，公司再更名为甲骨文（Oracle）。

Oracle Database 12c 是 Oracle Database 的一个版本，Oracle Database 12c 版本引入了

一个新的多承租方架构，使用该架构可轻松部署和管理数据库云。此外，一些创新特性可最大限度地提高资源使用率和灵活性，如 Oracle Multitenant 可快速整合多个数据库，而 Automatic Data Optimization 和 Heat Map 能以更高的密度压缩数据和对数据分层。这些独一无二的技术进步再加上在可用性、安全性和大数据支持方面的增强，使得 Oracle Database 12c 成为私有云和公有云部署的理想平台。

8.4.3 MySQL

MySQL 是一个关系型数据库管理系统（Relational Database Management System，RDBMS），由瑞典 MySQL AB 公司开发，目前为 Oracle 旗下产品。在 Web 应用方面 MySQL 是最好的 RDBMS 应用软件之一。MySQL 数据库将数据保存在不同的表中，而不是将所有数据放在一个大仓库内，这样就提高了速度并增强了灵活性。MySQL 所使用的 SQL 是访问数据库最常用的标准化语言。

与 Oracle、DB2、SQL Server 等相比，MySQL 有它的不足之处，但是这丝毫没有减弱它受欢迎的程度。对一般的个人使用者和中小型企业来说，MySQL 提供的功能已经绰绰有余，而且由于 MySQL 是开源软件，因此可以大大降低总成本。MySQL 软件采用了双授权政策，它分为社区版和商业版，由于其体积小、速度快、总成本低，尤其是开源这一特点，一般中小型网站的开发都选择 MySQL 作为网站数据库。MySQL 社区版的性能卓越，搭配 PHP 和 Apache 可组成良好的开发环境。开发环境一般部署如下：Linux 作为操作系统，Apache 和 Nginx 作为 Web 服务器，MySQL 作为数据库，PHP/Perl/Python 作为服务器端脚本解释语言。由于这几个软件都是免费或开源软件，因此，除人工成本外，使用这种方式可以不用花一分钱建立起一个稳定的网站系统，这种组合被业界称为“LNMP”组合。

8.4.4 CouchDB

CouchDB 是用 Erlang 语言开发的一个开源的、面向文档的数据库管理系统，可以通过 RESTful JavaScript Object Notation（JSON）API 访问。CouchDB 属于顶级 Apache 软件基金会（Apache Software Foundation，ASF）开源项目，根据 Apache 许可 V2.0 发布。Couch 是 Cluster of Unreliable Commodity Hardware 的首字母缩写组合。CouchDB 不是一个传统的关系型数据库，而是面向文档的数据库。CouchDB 最大的意义在于它是一个面向 Web 应用的新一代存储系统，事实上，CouchDB 的口号就是：成为下一代的 Web 应用存储系统。CouchDB 具有高度可伸缩性，并提供了高可用性和高可靠性，即使运行在容易出现故障的硬件上也是如此。

CouchDB 是面向文档的数据库，存储半结构化的数据，比较类似于 Lucene 的 index

结构，特别适合存储文档，因此很适合内容管理系统（Content Management System，CMS）、电话本、地址本等应用，在这些应用场景中，文档数据库要比关系型数据库更加方便，性能更好。

CouchDB 也是分布式的数据库，它可以把存储系统分布到 *n* 台物理节点上，并且很好地协调和同步节点之间的数据读写一致性，这依赖于 Erlang 较好的并发特性。对于基于 Web 的大规模文档应用，分布式可以让它不必像传统的关系型数据库那样分库拆表，无须在应用代码层进行大量的改动。

CouchDB 支持 REST API，用户可以使用 JavaScript 来操作 CouchDB 数据库，用 JavaScript 编写查询语句，也可以很方便地用 AJAX 技术结合 CouchDB 开发出 CMS。

CouchDB 最初是用 C++语言编写的，但 2008 年 4 月，这个项目转移到了 Erlang OTP 平台进行容错测试。2010 年 7 月 14 日，CouchDB 发布了 1.0 版本。CouchDB 可以安装在大部分可移植操作系统接口（Portable Operating System Interface of UNIX，POSIX）上，包括 Linux 和 Mac OS X。尽管目前还未正式支持 Windows，但现在 CouchDB 已经着手编写 Windows 平台的非官方二进制安装程序。CouchDB 可以用源文件安装，也可以使用包管理器安装。其实 CouchDB 只是 Erlang 应用的冰山一角，最近几年，基于 Erlang 的应用也得到蓬勃发展，特别是在基于 Web 的大规模、分布式应用领域，几乎都有 Erlang 的优势项目。

8.4.5 Redis

Redis 是一个开源的，使用 ANSI C 语言编写的，支持网络、可基于内存亦可持久化的日志型键值数据库，提供多种语言的 API。从 2010 年起，Redis 的开发工作由 VMware 主持和赞助。

Redis 支持存储的数据类型很多，包括字符串（string）、链表（list）、集合（set）、有序集合（zset）和哈希类型（Hash）。这些数据类型都支持 push/pop、add/remove、求交集并集和差集及更丰富的操作，而且这些操作都是原子性的。在此基础上，Redis 支持各种不同方式的排序。为了保证效率，Redis 的数据都缓存在内存中。Redis 会周期性地把更新的数据写入磁盘或者把修改操作写入追加的记录文件，并且在此基础上实现主从同步。数据可以从主服务器向任意数量的从服务器上同步，从服务器可以是关联其他从服务器的主服务器。Redis 可执行单层树复制，存盘可以对数据进行写操作。由于其完全实现了发布/订阅机制，所以从数据库在任何地方同步树时，都可订阅一个频道并接收主服务器完整的消息发布记录。

Redis 的出现，很大程度上弥补了其他非关系型数据库在键值存储上的不足，在部分场合可以对关系型数据库起到很好的补充作用。它提供了 Java、C/C++、C#、PHP、JavaScript、Perl、Object-C、Python、Ruby、Erlang 等语言编写的客户端，使用很方便。

8.4.6 MongoDB

MongoDB 是一个基于分布式文件存储的数据库，用 C++语言编写，旨在为 Web 应用提供可扩展的高性能数据存储解决方案。MongoDB 是一个介于关系型数据库和非关系型数据库之间的产品，是非关系型数据库当中功能最丰富、最像关系型数据库的数据库之一。

MongoDB 支持的数据结构非常松散，是类似 JSON 的 BSON 格式，因此可以存储比较复杂的数据类型。MongoDB 最大的特点是它支持的查询语言非常强大，其语法有点类似于面向对象的查询语言，几乎可以实现类似关系型数据库单表查询所具有功能的绝大部分功能，而且还支持对数据建立索引。

MongoDB 的特点是高性能、易部署、易使用、存储数据非常方便，主要功能特性有：

（1）面向集合存储，易存储对象类型的数据；

（2）模式灵活；

（3）支持动态查询；

（4）支持完全索引，包含内部对象；

（5）支持复制和故障恢复；

（6）使用高效的二进制数据存储，包括大型对象（如视频等）；

（7）自动处理碎片，以支持云计算层次的扩展；

（8）支持 Ruby、Python、Java、C++、PHP、C#等多种语言；

（9）文件存储格式为 BSON（JSON 的一种扩展）；

（10）可通过网络访问。

8.5 数据中心

通俗来讲，云计算的“云”就是存在于互联网上的服务器集群中的资源，它包括硬件资源和软件资源。这些资源可以统称为 IT 资源，与地理上分散的 IT 资源相比，彼此临近成组的 IT 资源有利于能源共享，提高共享 IT 资源使用率以及 IT 人员的开发效率。这些优势使得数据中心的概念得以迅速推广。

现代数据中心是指一种特殊的 IT 基础设施，用于集中放置 IT 资源，包括服务器、数据库、网络与通信设备以及软件系统。所以，数据中心是云计算中心基础设施的重要构成部分。数据中心要求用专用空间来支持电信基础设施。电信空间必须被专用于支持电信电缆和设备。一个数据中心中典型的空间一般包括入口房间、主要分布区域、水平分布区域、区域分布区域和设备分布区域。根据数据中心的规模，不是所有这些空间都在一个结构中。这些空间可以是无墙的，也可以是有墙的，或者是从其他计算机房空间独立出来的。

入口房间是数据中心结构电缆系统和建筑物内部电缆的接口。这个空间包括接入运营商的分隔硬件和设备。如果数据中心在一个具有一般办公用途或除数据中心外还有其他性质空间的建筑物中，入口房间可以位于计算机房外面，提高安全性，因为它避免了接入运营商工程师进入计算机房。数据中心可以有多个入口房间来提供附加的冗余或用来避免接入运营商的备用电路超过最大的电缆长度。入口房间通过主要分布区域与计算机房的交界，可以与主要分布区域相邻或与主要分布区域结合。

主要分布区域主要包括十字连接，它是数据中心结构电缆系统分布区域的中心点。当设备区域直接从主要分布区域得到服务时，主要分布区域也可能包括水平交叉连接。在多租客数据中心，为保证安全性，主要分布区域可以位于一个专用房间，每一个数据中心必须至少有一个主要分布区域。计算机房的中心路由器、中心局域网开关、中心存储区域网络开关和专用的分枝交换经常位于主要分布区域，因为这一空间是数据中心电缆基础设施的中心。接入运营商的备用设备（如 M13 多路复用器）经常位于主要分布区域而不是入口房间，这样可以避免由于电路长度限制而需要第二个入口房间。主要分布区域可以服务于一个数据中心中的一个或多个水平分布区域或设备分布区域，一个或多个电信房间位于计算机房外，用来支持办公空间、操作中心和其他外部支持房间。当水平交叉连接不位于主要分布区域时，水平分布区域用来服务于设备分布区域。因此，当水平分布区域被使用时，它可能包括水平交叉连接，该水平交叉连接分布给电缆到设备分布区域的点。

水平分布区域是在计算机房中的，但为保证安全性，它可以位于计算机房中的一个专用房间。水平分布区域一般包括中心局域网开关、中心存储区域网络开关和位于设备分布区域末端设备的键盘/视频/鼠标（Keyboard Video Mouse，KVM）开关。一个数据中心可以让计算机房在多个楼层，每层由它自己的水平交叉连接来服务。当全部的计算机房可以支持主要分布区域时，一个小型的数据中心可以不需要水平分布区域。然而，一个典型的数据中心将有几个水平分布区域。

设备分布区域是分布末端设备的空间，包括计算机系统和电信设备。这些区域不能用作入口房间、主要分布区域或水平分布区域。

还有一个可选择的区域，即水平电缆的互相联络点，叫作区域分布区域。这一区域位于水平分布区域和设备分布区域之间，允许时常发生的重新配置。

8.6 实战项目：MySQL 安装和使用

项目目标：掌握关系型数据库的安装和基本使用方法。

实战步骤如下。

（1）在网上搜索并进入 MySQL 的官方网站，下载 MySQL（见图 8-4）。单击图中标记方框处，直接开始下载。

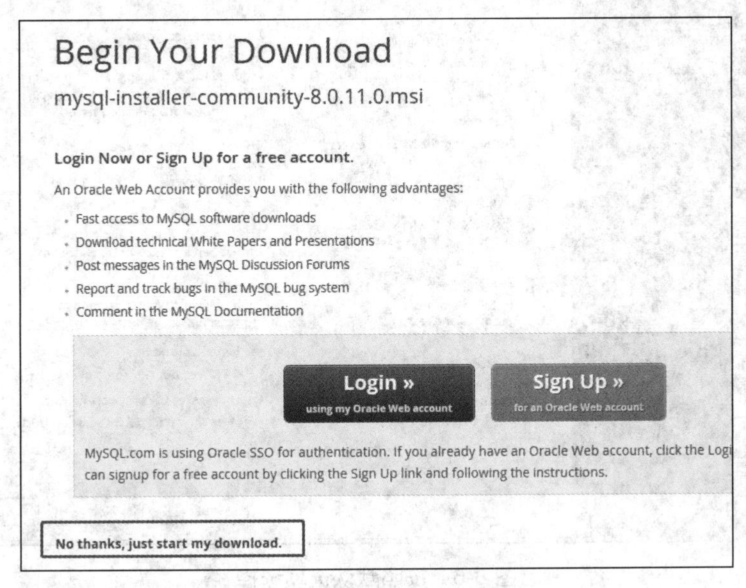

图 8-4　MySQL 下载链接

（2）下载完成后，进入下载目录运行安装程序（见图 8-5）。本实战项目在安装时没有特别的设置，所有选项按照默认选项选择即可（见图 8-6）。

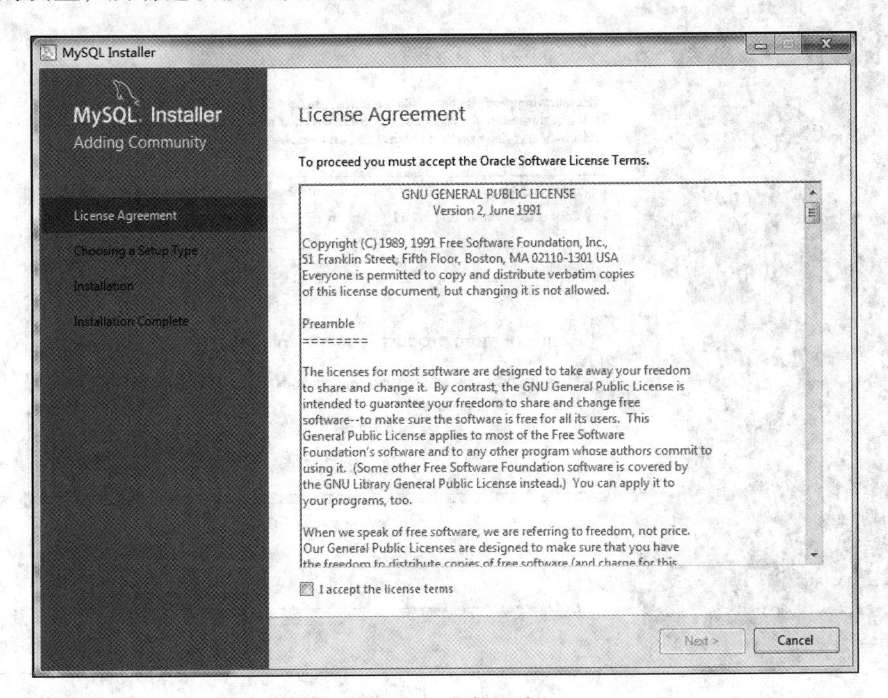

图 8-5　安装程序

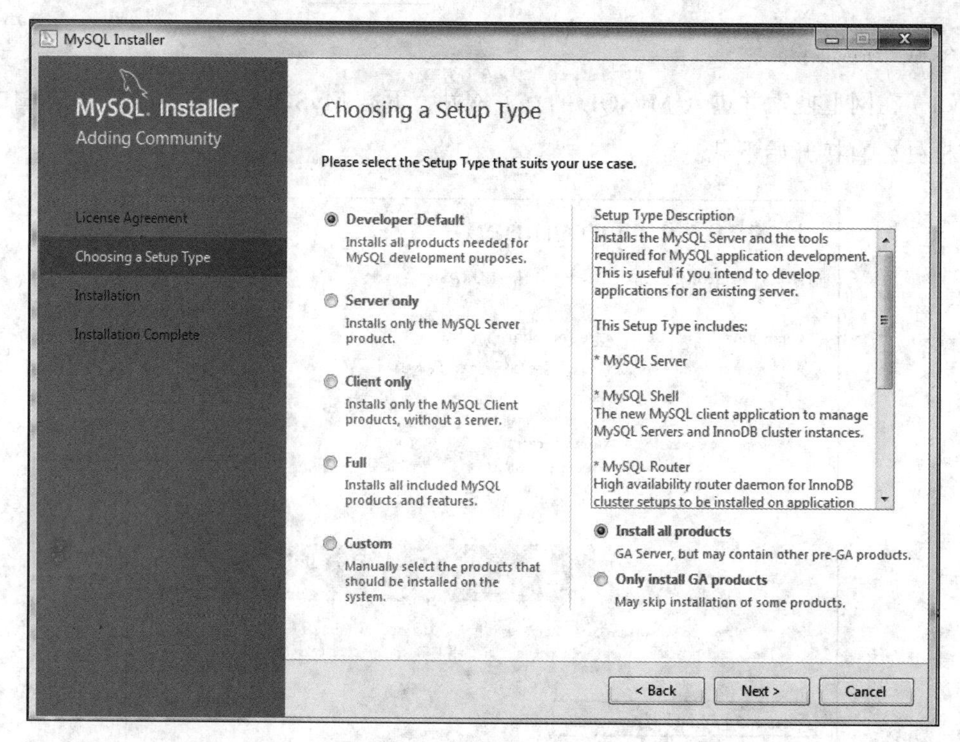

图 8-6　按照默认选项选择

图 8-7 中的提示表示计算机上没有相应的软件，单击“Yes”按钮，跳过即可。

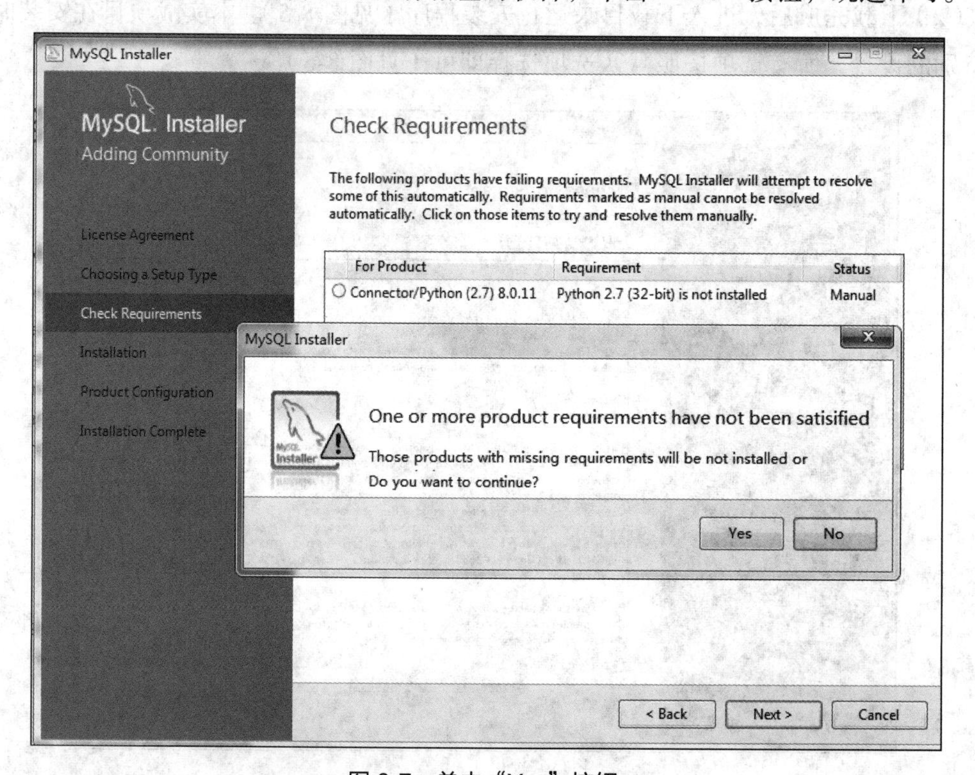

图 8-7　单击“Yes”按钮

（3）设置 MySQL Root 用户的密码（见图 8-8）。需要检验 Root 用户的密码，检验通过才可以继续下一步（见图 8-9）。

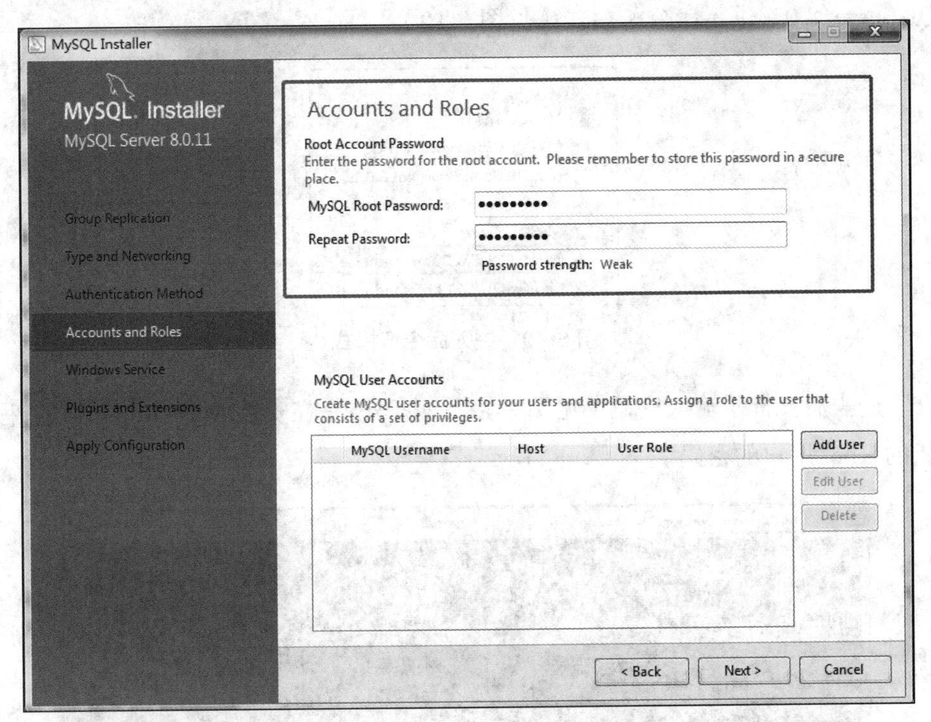

图 8-8　设置 MySQL Root 用户的密码

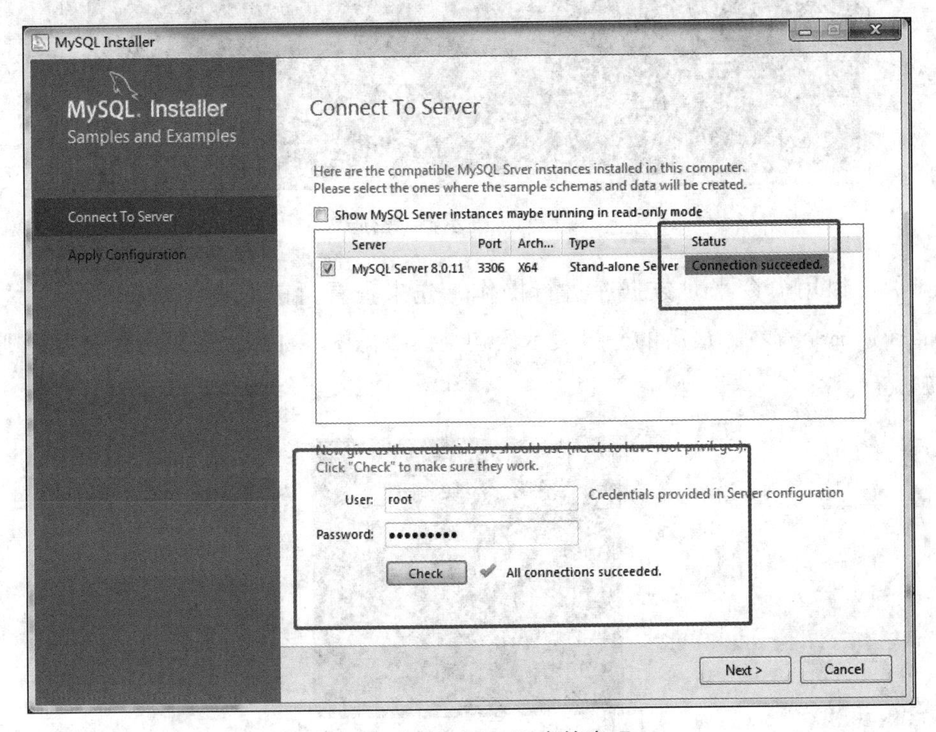

图 8-9　检验 Root 用户的密码

（4）MySQL 有两种操作方式：一种是图形界面的操作方式，一种是 Shell 命令的操作方式。本实战项目主要介绍命令行操作。在“开始”菜单中找到“MySQL”文件夹下的 MySQL Server 8.0，进入命令行模式（见图 8-10）。

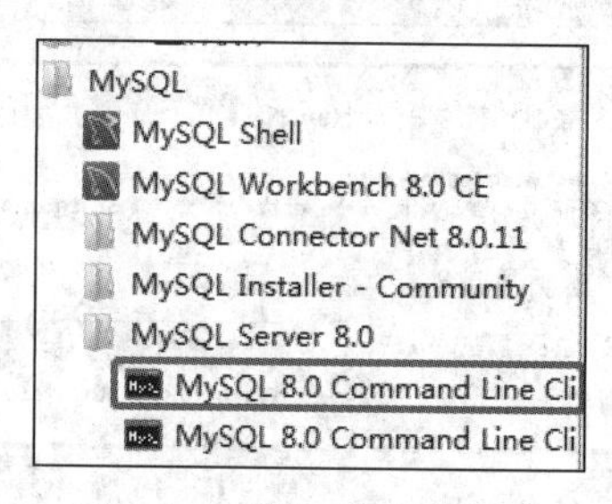

图 8-10　进入命令行模式

（5）进去后会提示输入密码（见图 8-11），密码就是在安装 MySQL 的时候，程序要求提供的 Root 用户的密码。

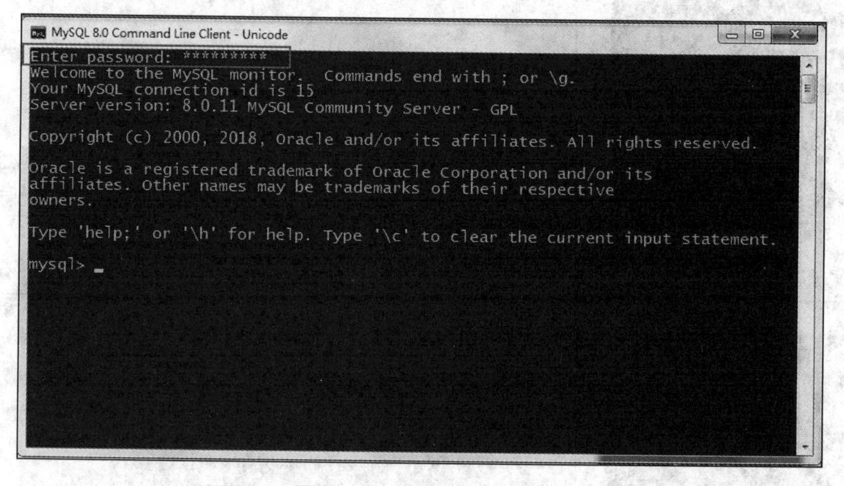

图 8-11　提示输入密码

（6）可以用命令来对数据库进行操作，先来查看目前有哪些数据库。用“show databases;”命令查看，最后的分号表示语句结束（见图 8-12），如果不带分号，则命令不会被执行。

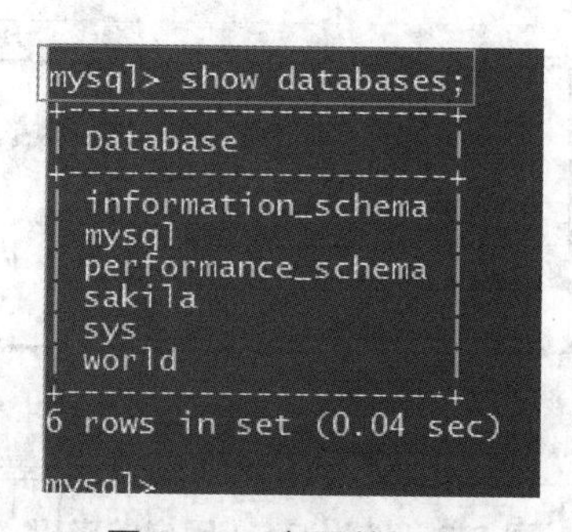

图 8-12　查看数据库

（7）可以看到现在有 6 个数据库，查询所消耗的时间是 0.04s。新建一个数据库，使用“create database student;”命令创建一个名为 student 的数据库，出现图 8-13 的提示，表示创建数据库成功。使用“show databases;”命令查看创建的数据库（见图 8-14）。

```
mysql> create database student;
Query OK, 1 row affected (0.18 sec)

mysql>
```

图 8-13 创建数据库成功

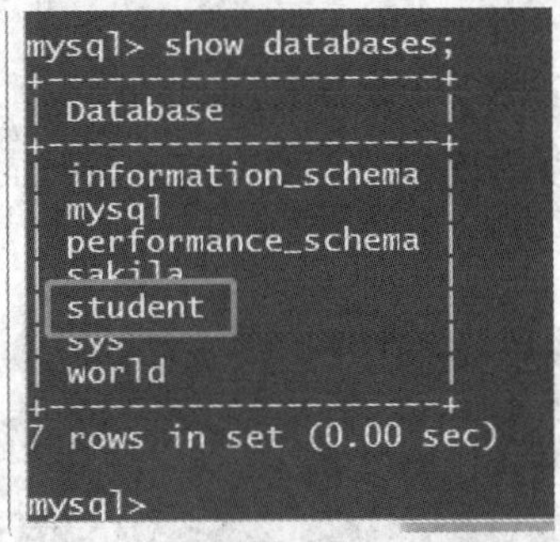

```
mysql> show databases;
+--------------------+
| Database           |
+--------------------+
| information_schema |
| mysql              |
| performance_schema |
| sakila             |
| student            |
| sys                |
| world              |
+--------------------+
7 rows in set (0.00 sec)

mysql>
```

图 8-14 查看创建的数据库

（8）创建数据库后需要在数据库里面创建一个数据表，用来存放数据。进入 student 数据库，使用下面的命令格式来创建数据表，注意名称的符号，不是“'”，而是“`”。出现“Query OK”提示代表创建成功（见图 8-15）。

```
use student
create table `table_name`(column_name column_type);
```

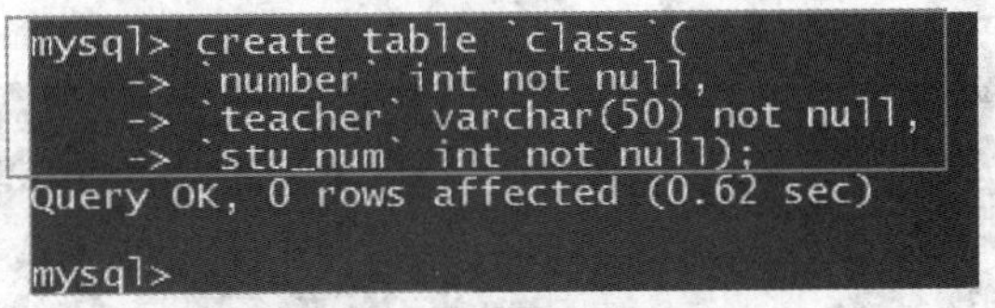

```
mysql> create table `class`(
    -> `number` int not null,
    -> `teacher` varchar(50) not null,
    -> `stu_num` int not null);
Query OK, 0 rows affected (0.62 sec)

mysql>
```

图 8-15 创建成功

（9）接着使用下面的命令格式在创建的表里插入数据（见图 8-16）。

```
insert into table_name(field1,field2…)values(value1,value2……)
```

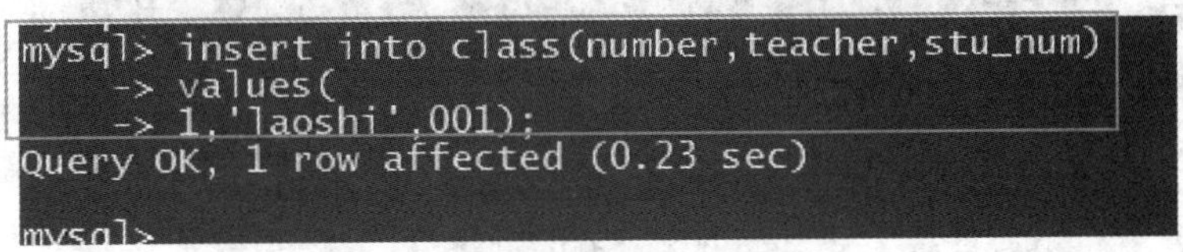

```
mysql> insert into class(number,teacher,stu_num)
    -> values(
    -> 1,'laoshi',001);
Query OK, 1 row affected (0.23 sec)

mysql>
```

图 8-16 在创建的表里插入数据

插入数据后，虽然提示成功，但是还要使用下面的命令格式查看一下（见图 8-17）。

```
select * from 表名
```

```
mysql> select * from class
    -> ;
+--------+---------+---------+
| number | teacher | stu_num |
+--------+---------+---------+
|      1 | laoshi  |       1 |
+--------+---------+---------+
1 row in set (0.00 sec)

mysql>
```

图 8-17　查看表

（10）可以看到数据成功插入 class 表中。stu_num 插入的数据是 001，变成了 1 是因为 stu_num 类型是 int，所以前面的 0 被省略了。查询表内的数据可以限定条件（见图 8-18）。

```
mysql> select * from class where number = 1;
+--------+---------+---------+
| number | teacher | stu_num |
+--------+---------+---------+
|      1 | laoshi  |       1 |
+--------+---------+---------+
1 row in set (0.00 sec)

mysql> select * from class where number = 0
    -> ;
Empty set (0.00 sec)

mysql> a
```

图 8-18　查询表内的数据可以限定条件

（11）查询会根据不同的限定条件来进行，提高了查找效率。当插入错误的数据时，需要单独删除它，这时要用到“delete”命令（见图 8-19）。

```
mysql> select * from class
    -> ;
+--------+---------+---------+
| number | teacher | stu_num |
+--------+---------+---------+
|      1 | laoshi  |       1 |
|      2 | 123     |       2 |
+--------+---------+---------+
2 rows in set (0.00 sec)

mysql> delete from class where teacher = '123';
Query OK, 1 row affected (0.07 sec)

mysql> select * from class;
+--------+---------+---------+
| number | teacher | stu_num |
+--------+---------+---------+
|      1 | laoshi  |       1 |
+--------+---------+---------+
1 row in set (0.00 sec)
```

图 8-19　“delete”命令

（12）数据表与数据库删除使用的命令很相似，一个是“drop table”，一个是“drop database”（见图 8-20 和图 8-21）。

```
mysql> show tables;
+--------------------+
| Tables_in_student  |
+--------------------+
| class              |
+--------------------+
1 row in set (0.07 sec)

mysql> drop table class
    -> ;
Query OK, 0 rows affected (0.20 sec)

mysql> show tables;
Empty set (0.00 sec)

mysql> _
```

图 8-20 “drop table”命令

```
mysql> show databases;
+--------------------+
| Database           |
+--------------------+
| information_schema |
| mysql              |
| performance_schema |
| sakila             |
| student            |
| sys                |
| world              |
+--------------------+
7 rows in set (0.00 sec)

mysql> drop database student;
Query OK, 0 rows affected (0.07 sec)

mysql> show databases;
+--------------------+
| Database           |
+--------------------+
| information_schema |
| mysql              |
| performance_schema |
| sakila             |
| sys                |
| world              |
+--------------------+
6 rows in set (0.00 sec)

mysql> a
```

图 8-21 “drop database”命令

8.7 思考与练习

1. 下列不属于数据管理技术主要经历阶段的是（ ）。

   A. 手工管理　　B. 机器管理　　C. 文件系统　　D. 数据库

2. 数据库的概念模型独立于（ ）。

   A. 具体的计算机和 DBMS　　B. E-R 图

C. 信息世界　　D. 现实世界

3. 下列不属于关系完整性的是（　　）。

A. 实体完整性　　B. 参照的完整性

C. 用户定义的完整性　　D. 逻辑结构的完整性

4. 不同的数据模型是提供模型化数据和信息的不同工具，用于信息世界建模的是（　　）。

A. 网状模型　　B. 关系模型　　C. 概念模型　　D. 结构模型

5. 下列关于数据库系统描述正确的是（　　）。

A. 数据库系统减少了数据的冗余

B. 数据库系统避免了一切冗余

C. 数据库系统中数据的一致性是指数据的类型一致

D. 数据库系统能比文件系统管理更多数据

6. 下面哪个命令属于 SQL 授权命令（　　）。

A. update　　B. delete　　C. select　　D. grant

7. 简述数据库管理系统的功能。

8. 简述 SQL 的特点。

9. 什么是数据库系统？

10. 试述数据库完整性保护的主要任务和措施。

第 9 章 虚拟化基础

Hypervisor 是一种运行在物理服务器和操作系统之间的中间软件层，可允许多个操作系统和应用共享一套基础物理硬件，因此也可以看作是虚拟环境中的“元”操作系统；它可以协调访问服务器上的所有物理设备和虚拟机，也叫虚拟机监视器（Virtual Machine Monitor）。Hypervisor 是所有虚拟化技术的核心，非中断地支持多工作负载迁移的能力是 Hypervisor 的基本功能。当服务器启动并执行 Hypervisor 时，它会给每一台虚拟机分配适量的内存、CPU、网络和磁盘，并加载所有虚拟机的客户操作系统。

本章要点：

1. 了解虚拟化概念；
2. 了解虚拟化起源；
3. 了解虚拟化的特征和优点；
4. 了解虚拟化技术分类；
5. 了解虚拟化产品。

9.1 虚拟化概念

“虚拟化”是一个广泛而在变化中的概念，因此想要给出一个清晰而准确的“虚拟化”定义并不是一件容易的事情。从广义上来说，从 Java 虚拟机、操作系统的虚拟内存概念、存储技术、仿真、虚拟局域网（VLAN），到服务器虚拟化技术都采用了虚拟化的思想。简单来讲，虚拟化是以透明方式提供抽象的计算资源。

虚拟化具备以下 3 层含义：

（1）虚拟化的对象是各种各样的资源，如 CPU、磁盘、内存、网络等；

（2）经过虚拟化后的逻辑资源对用户隐藏了不必要的细节；

（3）在虚拟环境中，用户可以实现真实环境中的部分或全部功能。

概括来讲，虚拟化是资源的逻辑表示，它不受物理限制的约束。资源可以是各种硬件资源，如 CPU、内存、存储、网络；也可以是各种软件环境，如操作系统、文件系统、应用程序等。内存是真实资源，而硬盘则是这种资源的替代品，经过虚拟化后，两者具有了相同的逻辑表示。虚拟化层向上隐藏了如何在硬盘上进行内存交换、文件的读写，如何在内存与硬盘间实现统一寻址和换入换出等细节。对使用虚拟内存的应用程序来说，它们仍然可以用一致的分配、访问和释放的指令对虚拟内存进行操作，就如同访问真实存在的物理内存。

虚拟化的主要目标是对包括基础设施、系统和软件等在内的IT资源的表示、访问和管理进行简化，并为这些资源提供标准的接口来接收输入和提供输出。虚拟化的使用者可以是最终用户、应用程序或者是服务。通过标准接口，虚拟化可以在IT基础设施发生变化时将对使用者的影响降到最低。最终用户可以重用原有的接口，因为他们与虚拟资源进行交互的方式并没有发生变化，即使底层资源的实现方式已经发生了改变，他们也不会受到影响。

虚拟化技术降低了资源使用者与资源具体实现之间的耦合程度，让使用者不再依赖资源的某种特定实现。利用这种松耦合关系，在对IT资源进行维护与升级时，可以降低对使用者的影响。虚拟化如同空旷、通透的写字楼，整个楼层没有固定的墙壁，用户可以用同样的成本构建出更加自主适用的办公空间，进而节省成本，发挥空间最大利用率。虚拟化把有限的固定资源根据不同需求重新规划以达到最大利用率。

虚拟化技术与多任务以及超线程技术是完全不同的。多任务是指在一个操作系统中多个程序同时并行运行；虚拟化技术中可以同时运行多个操作系统，而且每一个操作系统中都有多个程序运行，每一个操作系统都运行在一个虚拟的CPU或者是虚拟主机上；超线程技术只是单CPU模拟双CPU来平衡程序运行性能，这两个模拟出来的CPU是不能分离的，只能协同工作。

9.2 虚拟化起源

虚拟化技术的产生是计算机技术发展道路上的一个趋势，也是必然现象，其在计算机发展道路上发挥了重要的作用。虚拟化技术早在20世纪50年代就已经被提出，第一次将虚拟化技术在商业应用中实现还是在20世纪60年代，将虚拟化技术提出并在商业中使用的第一个公司就是IBM。当时IBM的大型机上已经使用了虚拟化技术，其目的也跟今天基本一致：允许多租户复用同一物理计算资源。这一时期可称为虚拟化技术的萌芽阶段。

早期，计算机硬件是相当昂贵的基础设施，注定不可能为个人所拥有，虚拟化技术能显著地提高计算资源使用效率，因此在大型机时代得到了青睐。随着半导体技术遵循摩尔定律快速发展，计算机的价格也慢慢趋于平民化，PC的私人属性注定了资源复用这一特性不再是优点。这时虚拟化技术进入低潮期。

近年来，随着云计算的日益普及，虚拟化技术变得日益重要。事实上，云计算中的IaaS本质上就是计算资源的池化或者虚拟化，简而言之，虚拟化技术是构建云计算数据中心的基础。虚拟化技术的复归，其实走了一条相当漫长的路，推动虚拟化技术重新繁荣的因素有很多，但最具决定性的因素还是以下两点。

（1）半导体技术的发展。当摩尔定律每18个月翻番的规律持续奏效的时候，人们就知道这一定律迟早会终结。但在摩尔定律尚未完全触碰到硅技术的物理极限前，单芯片的性能已经强大到过剩了，换言之，安迪-比尔定理（Andy and Bill's Law）里的比尔，已经无法完全吃掉安迪提供的性能了。安迪-比尔定理是对IT产业中软件和硬件升级换代关系的一个概括。原话是“Andy gives, Bill takes away.”（安迪提供什么，比尔拿走什么），安迪指英特尔前首席执行官安迪·格鲁夫，比尔指微软前首席执行官比尔·盖茨。这句话的意思是，硬件提高的性能很快会被软件消耗掉。

（2）能源网络等助攻因素。相对于半导体技术的飞速发展，电池技术的发展可以用“龟速”来形容。而能源危机的阴影也时刻笼罩着这个世界，节能已经成了科技界的主旋律。从能耗的管理方面来说，集约式的管理方式显然比各自为政式的管理方式更为高效。而随着网络技术的快速发展，低功耗终端设备+大规模云计算的模式成为可能。

无论是操作系统的虚拟内存、虚拟机还是目前服务器的虚拟化或者是PC的虚拟化等都离不开虚拟化技术。虚拟化技术的广泛使用，为数据中心和应用部署带来了新的管理与部署方式；虚拟化技术的使用，增强了管理的高效便捷性，提高了资源的利用率。虚拟化技术目前已成为多家商业巨头的重要企业战略。

9.3 虚拟化的特征和优点

1. 虚拟化的特征

虚拟化技术的关键特征有4个：分区、隔离、封装、独立性（见图9-1）。

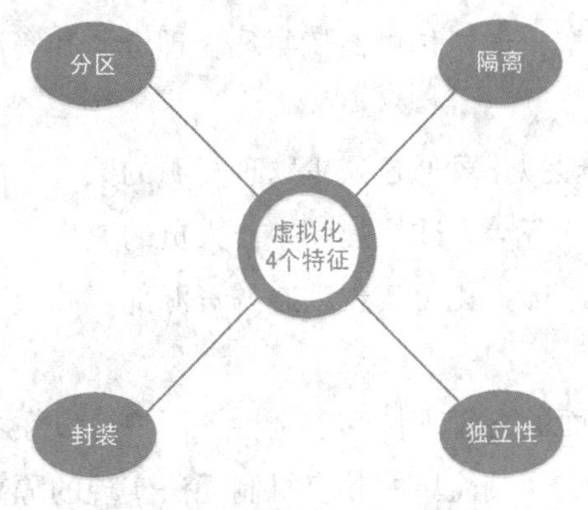

图9-1 虚拟化的4个特征

（1）分区，通俗来说分区就是在同一物理服务器上运行多个虚拟机，可支持多个用户操作系统。物理服务器上的 CPU、内存、磁盘等资源是以可控的方式分配给各个虚拟机的。

（2）隔离，如果说分区是虚拟化技术的根本价值所在，那么隔离就是确保虚拟化服务可用的最根本利器。运行在同一物理服务器上的虚拟机，要做到这几点：彼此不感知，虚拟机间数据不会相互泄露，某个虚拟机崩溃不影响其他虚拟机的正常运行。只有确保做到以上几点，虚拟机服务才是可用的。

（3）封装，虚拟机将整个系统，包括硬件配置操作系统以及应用等封装在文件里。

（4）独立性，即硬件无关性，可以在其他计算机上不加修改地使用虚拟机。虚拟机得到的计算资源是标准化的虚拟设备，而不关心虚拟机运行硬件的具体特性，如 CPU 指令集/网卡特性/磁盘接口类型等。独立性是确保虚拟机可在不同物理平台上无缝迁移的前提，也是数据中心管理中必不可少的特性。

虚拟化前：

- 每台主机都有一个操作系统；
- 软件硬件紧密结合；
- 在同一主机上运行多个应用程序通常会遭遇冲突；
- 系统的资源利用率低；
- 硬件成本高昂而且不够灵活。

虚拟化后：

- 打破了操作系统和硬件的互相依赖关系；
- 通过封装到虚拟机的技术，管理操作系统和应用程序为单一的个体；
- 强大的安全保障和故障隔离；
- 虚拟机是独立于硬件的，它们能在任何硬件上运行。

2. 虚拟化的优点

虚拟化有以下优点。

（1）更高的资源利用率：虚拟化可支持实现物理资源和资源池的动态共享，提高资源利用率。

（2）降低管理成本：虚拟化可通过减少物理资源的数量，隐藏其部分复杂性，实现自动化，以简化公共管理任务等方式，提高工作人员的效率。

（3）使用灵活性：通过虚拟化可实现动态的资源部署和重配置，满足不断变化的业务需求。

（4）安全性：提高桌面的可管理性和安全性，用户可以在本地或以远程方式对虚拟环境进行访问；虚拟化可实现较简单的共享机制无法实现的隔离和划分，可实现对数据和服务进行可控和安全的访问。

（5）更高的可用性：增强硬件和应用程序的可用性，进而增强业务连续性，可安全地迁移和备份整个虚拟环境而不会出现服务中断。

（6）更高的可扩展性：根据产品的不同，资源分区和汇聚可支持实现比个体物理资源小得多或大得多的虚拟资源，这意味着可以在不改变物理资源配置的情况下进行规模调整。

（7）互操作性和投资保护：虚拟资源可提供底层物理资源无法提供的与各种接口和协议的兼容性，实现了运营灵活性。

（8）改进资源供应：与个体物理资源单位相比，虚拟化能够以更小的单位进行资源分配；与物理资源相比，虚拟资源因其不存在硬件和操作系统方面的问题而能在崩溃后更快恢复。

9.4 虚拟化技术分类

9.4.1 服务器虚拟化

服务器虚拟化是将服务器物理资源抽象成逻辑资源，让一台服务器变成几台甚至上百台相互隔离的虚拟服务器。有了服务器虚拟化，多个服务器依靠一台实体机生存，不再受限于物理上的界限，而是让 CPU、内存、磁盘、I/O 等硬件变成可以动态管理的“资源池”，从而提高资源的利用率，简化系统管理，实现服务器整合，让 IT 对业务的变化更具适应力。

服务器虚拟化主要分为 3 种：“一虚多”“多虚一”“多虚多”。

（1）“一虚多”是指一台服务器虚拟成多台服务器，即将一台物理服务器分割成多个相互独立、互不干扰的虚拟环境（见图 9-2）。

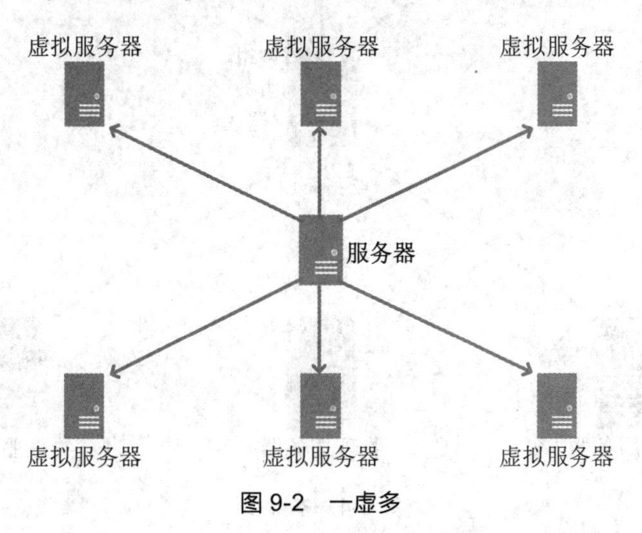

图 9-2 一虚多

（2）“多虚一”就是多个独立的物理服务器虚拟为一个逻辑服务器，使多台服务器相互协作，处理同一个业务（见图 9-3）。

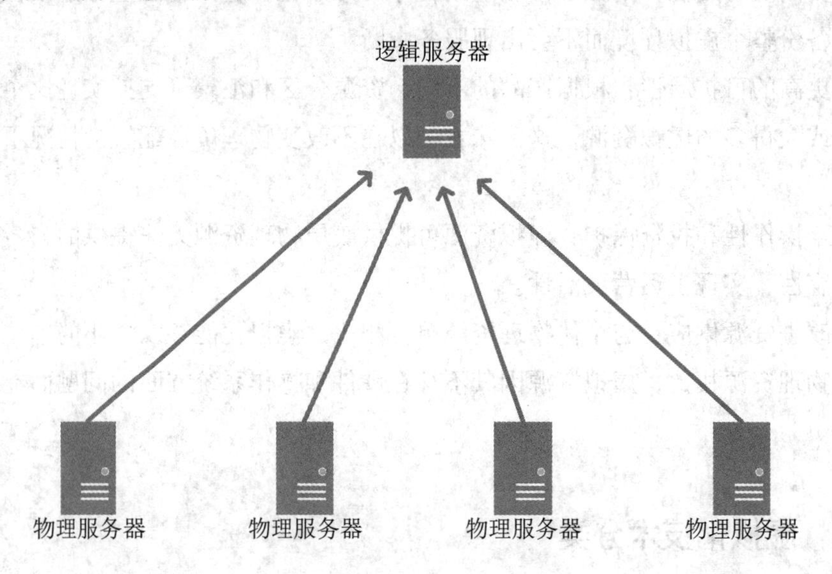

图 9-3 多虚一

（3）“多虚多”是将多台物理服务器虚拟成一台逻辑服务器，然后再将其划分为多个虚拟环境，即多个业务在多台虚拟服务器上运行（见图 9-4）。

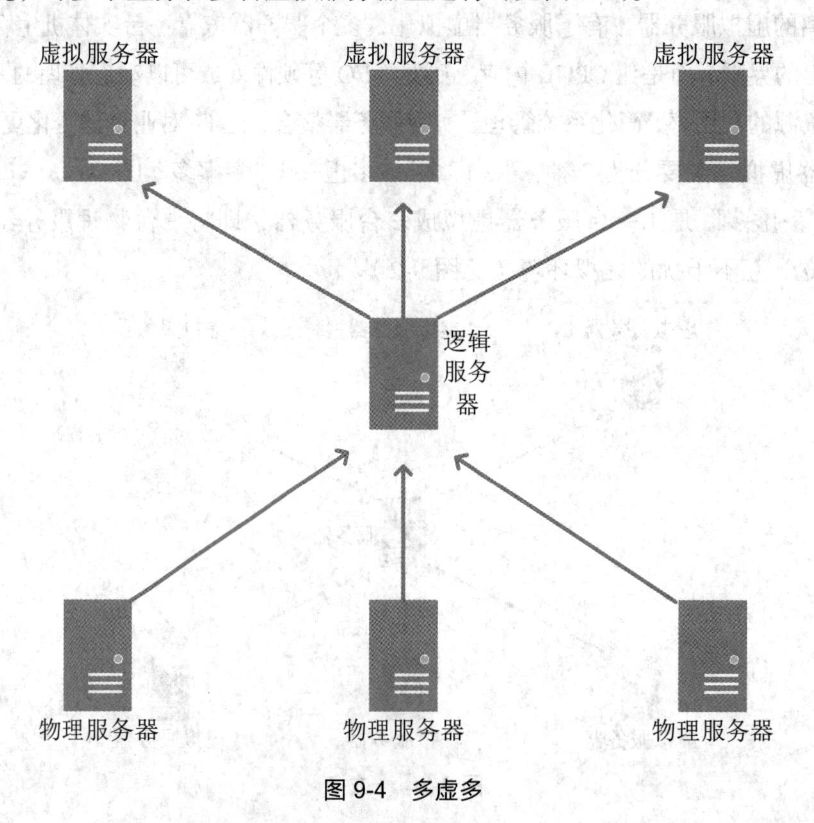

图 9-4 多虚多

9.4.2 存储虚拟化

存储虚拟化最通俗的理解就是对存储硬件资源进行抽象化表现。通过将一个（或多个）目标服务或功能与其他附加的功能集成，统一提供有用的全面功能服务。典型的虚拟化包括以下一些情况：屏蔽系统的复杂性，增加或集成新的功能，仿真、整合或分解现有的服务功能等。虚拟化是作用在一个或多个实体上的，而这些实体则是用来提供存储资源及服务的。

存储虚拟化技术通过映射或抽象的方式屏蔽物理设备复杂性，增加一个管理层面，激活一种资源并使之更易于透明地控制。它可以有效简化基础设施的管理，增加存储资源的利用率和能力，简化本来可能会相对复杂的底层基础架构。存储虚拟化的思想是将资源的逻辑镜像与物理存储分开，从而为系统和管理员提供一幅简化、无缝的资源虚拟视图。对用户来说，虚拟化的存储资源就像是一个巨大的“存储池”，用户不会看到具体的磁盘、磁带，也不必关心自己的数据经过哪一条路径通往哪一个具体的存储设备。

从管理的角度来看，虚拟存储池采用集中化的管理，并根据具体的需求把存储资源动态地分配给各个应用。值得特别指出的是，利用虚拟化技术，可以用磁盘阵列模拟磁带库，为应用提供速度像磁盘一样快、容量却像磁带库一样大的存储资源，这就是如今应用越来越广泛的虚拟磁带库，它在如今的企业存储系统中扮演着越来越重要的角色。将存储作为池子，存储空间如同池子中流动的水，可以根据需要进行分配。

9.4.3 桌面虚拟化

桌面虚拟化是指将计算机的终端系统进行虚拟化，以达到桌面使用的安全性和灵活性。可以通过任何设备，在任何地点、任何时间通过网络访问属于个人的桌面系统。桌面虚拟化依赖于服务器虚拟化，在数据中心的服务器上进行服务器虚拟化，生成大量的独立桌面操作系统（虚拟机或者虚拟桌面），同时根据专有的虚拟桌面协议发送给终端设备。用户终端通过以太网登录虚拟主机，只需要记住用户名和密码及网关信息，即可随时随地通过网络访问自己的桌面系统，从而实现单机多用户。通过与 IaaS 的结合，桌面虚拟化也演变成桌面云（Desktop as a Service，DaaS）。IaaS 提供基础资源平台，桌面虚拟化和云平台的完美融合达到类似于 SaaS 的效果，这便是 DaaS。

桌面虚拟化主要有以下几种主流技术。

（1）通过远程登录的方式使用服务器上的桌面。典型的有 Windows 下的 Remote Desktop、Linux 下的 XServer，或者虚拟网络服务器（Virtual Network Computing，VNC）。其特点是所有的软件都运行在服务器端，在服务器端运行的是完整的操作系统，客户端只需运行一个远程的登录界面，登录服务器就能够看到桌面，并运行远程的程序。

（2）通过网络服务器的方式，运行改写过的桌面软件。典型的有 Google 上的 Office 软件或者浏览器里面的桌面软件。这些软件通过对原来的桌面软件进行重写，进而能够在浏览器里运行完整的桌面软件或者程序。由于软件是重写的，并且运行在浏览器中，这就会不可避免地造成一些功能的缺失。实际上，通过这种方式是可以运行桌面软件的大部分功能的，因此，随着 SaaS 的发展，这种软件的应用方式也会越来越广泛。

（3）通过应用层虚拟化的方式提供桌面虚拟化。这是通过软件打包的方式，将软件在需要的时候推送到用户的桌面，在不需要的时候收回，可以减少软件许可的使用。

9.4.4 网络虚拟化

目前几种成熟的网络虚拟化技术分别是网络设备虚拟化、链路虚拟化和虚拟网络（见图 9-5）。

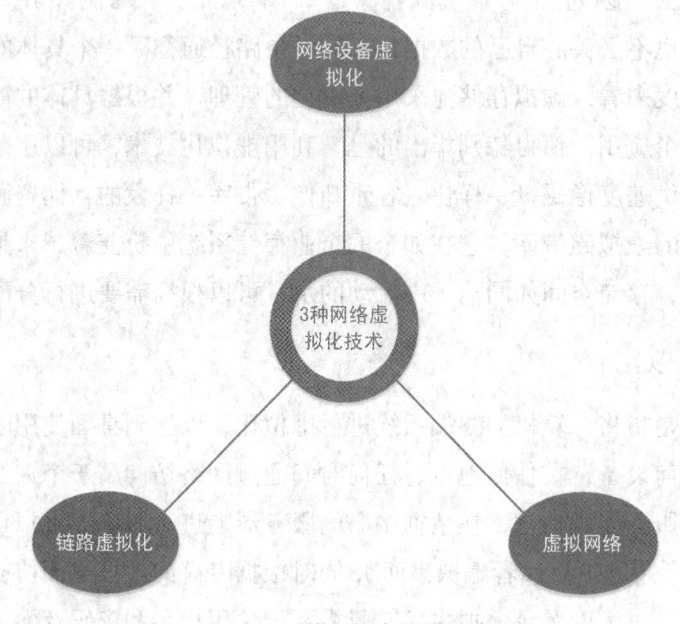

图 9-5 3 种网络虚拟化技术

1. 网络设备虚拟化

网络设备虚拟化包括网卡虚拟化和硬件设备虚拟化。

（1）网卡虚拟化包括软件网卡虚拟化和硬件网卡虚拟化。软件网卡虚拟化主要通过软件控制各个虚拟机共享同一块物理网卡实现。软件虚拟出来的网卡可以有单独的 Mac 地址、IP 地址。所有虚拟机的虚拟网卡通过虚拟交换机以及物理网卡连接至物理交换机。虚拟交换机负责将虚拟机上的数据报文从物理网口转发出去。根据需要，虚拟交换机还可以支持安全控制等功能。硬件网卡虚拟化主要用到的技术是单根 I/O 虚拟化（Single Root I/O Virtualization，SR-IOV）。所有针对虚拟化服务器的技术都通过软件模拟虚拟化网卡的一个端口，以满足虚拟机的 I/O 需求，因此在虚拟化环境中，软件性能很容易成为 I/O 性能的瓶颈。SR-IOV 是一项不需要软件模拟就可以共享 I/O 设备、I/O 端口的物理功能的技术。SR-IOV 创造了一系列 I/O 设备物理端口的虚拟功能（Virtual Function，VF），每个 VF 都被直接分配到一个虚拟机。SR-IOV 将 PCI 功能分配到多个虚拟接口，以便在虚拟化环境中共享一个 PCI 设备的资源。SR-IOV 能够让网络传输绕过软件模拟层，直接分配到虚拟机，这样就降低了软件模拟层中的 I/O 开销。

（2）硬件设备虚拟化主要有两个方向：在传统的基于 x86 架构的计算机上安装特定操作系统，实现路由器的功能；传统网络设备硬件虚拟化。通常，网络设备的操作系统软件会根据不同的硬件进行定制化开发，以便设备能以最快的速度工作，如思科公司的 iOS 操作系统，在不同的硬件平台需使用不同的软件版本。近年来，为了提供低成本的网络解决方案，一些公司提出了网络操作系统和硬件分离的思路。典型的网络操作系统是 Mikrotik 公司开发的 RouterOS。这些网络操作系统通常基于 Linux 内核开发，可以安装在标准的×86 架构的计算机上，使得计算机可以虚拟成路由器使用，并适当扩展了一些防火墙、虚拟专用网（Virtual Private Network，VPN）的功能。RouterOS 以其低廉的价格以及不受硬件平台约束等特性，占据了低端路由器市场的不小份额。传统网络设备硬件（路由器和交换机）的路由功能是根据路由表转发数据报文。在很多时候，一张路由表已经不能满足需求，因此一些路由器可以利用虚拟路由转发（Virtual Routing and Forwarding，VRF）技术，将转发信息库（Forwarding Information Base，FIB）虚拟化成多个路由转发表。此外，为提高大型设备的端口利用率，减少设备投入，还可以将一台物理设备虚拟化成多台虚拟设备，每台虚拟设备仅维护自身的路由转发表。如思科的 N7K 系列交换机可以虚拟化成多台虚拟数据中心（Virtual Data Center，VDC）。所有 VDC 共享物理机箱的计算资源，但各自独立工作，互不影响。此外，为了便于维护、管理和控制，将多台物理设备虚拟化成一台虚拟设备也有一定的市场，如 H3C 公司的智能弹性架构（Intelligent Resilient Framework，IRF）技术。

2. 链路虚拟化

链路虚拟化是日常使用最多的网络虚拟化技术之一。常见的链路虚拟化技术有链路聚合和隧道协议。这些虚拟化技术增强了网络的可靠性与便利性。

（1）链路聚合是最常见的二层虚拟化技术。链路聚合将多个物理端口捆绑在一起，虚拟成一个逻辑端口。当交换机检测到其中一个物理端口链路发生故障时，就停止在此端口上发送报文，根据负载分担策略在余下的物理链路中选择报文发送的端口。链路聚合可以增加链路带宽，实现链路层的高可用性。在网络拓扑设计中，要实现网络的冗余，一般都会使用双链路上连的方式。而这种方式明显存在一个环路，因此在生成树计算完成后，就会有一条链路处于 block 状态，所以这种方式并不会增加网络带宽。如果想用链路聚合方式做双链路连接两台不同的设备，而传统的链路聚合功能不支持跨设备的聚合，这时便可使用虚链路聚合（Virtual Port Channel，VPC）的技术。VPC 很好地解决了传统聚合端口不能跨设备的问题，既保障了网络冗余又增加了网络可用带宽。

（2）隧道协议指一种技术/协议的两个或多个子网穿过另一种技术/协议的网络实现互连。使用隧道传递的数据可以是不同协议的数据帧或包。隧道协议将其他协议的数据帧或包重新封装，然后通过隧道发送。新的帧头提供路由信息，以便通过网络传递被封装的负载数据。隧道可以将数据流强制送到特定的地址，并隐藏中间节点的网络地址，还可根据需要，提供对数据加密的功能。一些典型的使用到隧道的协议包括通用路由封装（Generic Routing Encapsulation，GRE）协议和互联网协议安全（Internet Protocol Security，IPSec）协议。

3. 虚拟网络

虚拟网络是由虚拟链路组成的网络。虚拟网络节点之间的连接并不使用物理线缆，而是依靠特定的虚拟化链路。典型的虚拟网络包括层叠网络、虚拟专用网（VPN）以及在数据中心使用较多的虚拟二层延伸网络。

（1）层叠网络简单来说就是在现有网络的基础上搭建另外一种网络。层叠网络允许对没有 IP 地址标识的目的主机路由信息，如分布式哈希表（Distributed Hash Table，DHT）可以路由信息到特定的节点，而这个节点的 IP 地址事先并不知道。层叠网络可以充分利用现有资源，在不增加成本的前提下，提供更多的服务，如 ADSL Internet 接入线路就是基于已经存在的 PSTN 网络实现的。

（2）虚拟专用网是一种常用于连接中、大型企业或团体与团体间的私人网络的通信方法。虚拟专用网通过公用的网络架构（如互联网）来传送内联网的信息。利用已加密的隧道协议来达到保密、终端认证、信息准确性等安全效果。这种技术可以在不安全的网络上传送可靠的、安全的信息。需要注意的是，加密信息与否是可以控制的。没有加密的信息依然有被窃取的危险。

（3）虚拟化从根本上改变了数据中心网络架构的需求。虚拟化引入了虚拟机动态迁移技术，要求网络支持大范围的二层域。一般情况下，多数据中心之间的连接是通过三层路由连通的。而要实现通过三层网络连接的两个二层网络互通，就要用到虚拟二层延伸网络（Virtual L2 Extended Network）。传统的虚拟专用局域网服务（Virtual Private Lan Service，VPLS）技术，以及新兴的 Cisco OTV、H3C EVI 技术，都是借助隧道的方式，将二层数据报文封装在三层报文中，跨越中间的三层网络，实现两地二层数据的互通。也有虚拟化软件厂商提出了软件的虚拟二层延伸网络解决方案，如 VXLAN、NVGRE，在虚拟化层的 vSwitch 中将二层数据封装在 UDP、GRE 报文中，在物理网络拓扑上构建一层虚拟化网络层，从而摆脱对底层网络的限制。

9.5 虚拟化产品

9.5.1 Citrix XenServer

Citrix XenServer 作为一种开放的、功能强大的服务器虚拟化解决方案，可将静态的、复杂的数据中心环境转变成更为动态的、更易于管理的交付中心，从而大大降低数据中心成本。XenServer 是市场上唯一一款免费的、经云验证的企业级虚拟化基础架构解决方案，可实现实时迁移和集中管理多节点等重要功能，其主要特性如下。

（1）高可用性。Citrix XenServer 精华版为虚拟机环境提供了全自动系统故障恢复机制。如果主机出现故障，Citrix XenServer 精华版将根据当前的资源利用率，使用智能配置功能在资源池中可用的服务器上重启虚拟机。Citrix XenServer 精华版的高可用性功能为 IT 管理员提供了多级保护机制，确保最先启动最关键的工作负载，然后在容量允许的情况下启动低优先级工作负载。

（2）高级存储管理。Citrix XenServer 精华版的 StorageLink 技术与领先存储平台进行了深度集成，利用现有的管理功能和进程，可降低虚拟环境中存储管理的成本和复杂性。利用 StorageLink 技术，IT 人员可使用 XenCenter 管理控制台中的基于阵列服务和技术的配置向导，只需单击就可访问本地存储服务。

（3）自动化实验室管理。Citrix XenServer 精华版的自动化实验室管理功能可帮助降低开发、支持和培训机构通常使用的非生产环境的管理复杂性，减少时间和成本。Lab Manager 可自动安装和卸载复杂的应用工作负载配置，提供自助模板库以加快服务供给，实现虚拟环境中的跨团队协作。Citrix XenServer 精华版 for XenServer 的自动化实验室管理功能让 IT 人员可加速在开发和 QA 环境中迁移工作负载的过程。此外，该解决方案最大限度地减少了安装或配置错误并降低了延迟。

（4）动态供给服务。Citrix XenServer 精华版的供给服务可加快虚拟环境中服务器工作负载的发布速度，由于利用单个服务器镜像就可不限次数地供给工作负载，因而 IT 灵活性大幅提高，简化了后续 IT 管理。采用 Citrix XenServer 精华版 for XenServer，企业可降低存储成本以及修补、维护、测试和支持数百个独立的服务器镜像的负担。动态供给服务几乎覆盖了整个数据中心的基础架构，因而可进一步提高 IT 效率。它可将工作负载提供给物理服务器和虚拟服务器以及提供给 XenServer 和 Hyper-V 系统管理程序环境。IT 管理员甚至可将完整的 Windows Server 2008 镜像（包括 Hypervisor）提供给具有或没有内置磁盘的裸机设备。

（5）增强 Microsoft Hyper-V。Citrix XenServer 精华版 for Microsoft Hyper-V 提供了强大的高级虚拟化管理功能集，可扩展 Hyper-V 和 Microsoft System Center Virtual Machine Manager 的企业级管理功能，以增强虚拟环境的可扩展性、可管理性和灵活性。

9.5.2 Windows Server 2008 Hyper-V

Hyper-V 是一款虚拟化产品，是类似 VMware 和 Citrix 开源 Xen 的基于 Hypervisor 技术的产品。这也意味着微软会更加直接地与市场先行者 VMware 展开竞争，但竞争的方式会有所不同。Hyper-V 是微软提出的一种系统管理程序虚拟化技术，能够实现桌面虚拟化。当时 Hyper-V 预计在 2008 年第一季度与 Windows Server 2008 同时发布，但是直到 6 月份才发布 Hyper-V 的 RTM 版本。2012 年，微软的 Hyper-V Server 2012 完成 RTM 版发布。Hyper-V 采用微内核的架构，兼顾了安全性和性能的要求。Hyper-V 底层的 Hypervisor 运行在最高的特权级别下，微软将其称为 ring 1（而 Intel 则将其称为 Root Mode），而虚拟机的 OS 内核和驱动运行在 ring 0，应用程序运行在 ring 3，这种架构就不需要采用复杂的二进制特权指令翻译（BT）技术，可以进一步提高安全性。Windows Server 2008 Hyper-V 的主要特性如下。

（1）高效率的 VMbus 架构。由于 Hyper-V 底层的 Hypervisor 代码量很小，不包含任何第三方的驱动，非常精简，因此安全性更高。Hyper-V 采用基于 VMbus 的高速内存总线架构，来自虚拟机的硬件请求（显卡、鼠标、磁盘、网络）可以直接经过 VSC，通过 VMbus 总线发送到根分区的 VSP，VSP 调用对应的设备驱动，直接访问硬件，中间不需要 Hypervisor 的帮助。这种架构效率很高，不再像以前的 Virtual Server，每个硬件请求都需要经过用户模式、内核模式的多次切换转移。更何况 Hyper-V 现在可以支持 Virtual SMP，Windows Server 2008 虚机最多可以支持 4 个虚拟 CPU；而 Windows Server 2003 最多可以支持 2 个虚拟 CPU。每个虚拟机最多可以使用 64GB 内存，而且还可以支持 x64 操作系统。

（2）完美支持 Linux 系统。Hyper-V 可以很好地支持 Linux，使用者可以安装支持 Xen 的 Linux 内核，这样 Linux 就可以知道自己运行在 Hyper-V 之上，还可以安装专门为 Linux 设计的整合组件，里面包含磁盘和网络适配器的 VMbus 驱动，这样 Linux 虚拟机也能获得高性能。这对采用 Linux 系统的企业来说是一个福音，这样就可以把所有的服务器，包括 Windows 和 Linux，全部统一到最新的 Windows Server 2008 平台下，可以充分利用 Windows Server 2008 带来的最新高级特性，而且还可以保证原来的 Linux 关键应用不会受到影响。和之前的 Virtual PC、Virtual Server 类似，Hyper-V 也是微软的一种虚拟化技术解决方案，但在各方面都取得了长足的发展。Hyper-V 可以采用半虚拟化（Para-virtualization）和全虚拟化（Full-virtualization）两种模拟方式创建虚拟机。半虚拟化方式要求虚拟机与物理主机的操作系统（通常是版本相同的 Windows）相同，以使虚拟机达到高性能；全虚拟化方式要求 CPU 支持全虚拟化功能（如 Inter-VT 或 AMD-V），以便能够创建使用不同操作系统（如 Linux 和 Mac OS）的虚拟机。从架构上讲 Hyper-V 只有“硬件 – Hyper-V – 虚拟机”三层，本身非常小巧且代码简单，并且其不包含任何第三方驱动，所以安全可靠、执行效率高，能充分利用硬件资源，使虚拟机系统性能更接近真实系统性能。

9.5.3 VMware ESX Server

VMware ESX Server 适用于任何系统环境的企业级虚拟计算机软件。大型机级别的架构提供了空前的性能和操作控制。它能提供完全动态的资源可测量控制，满足各种要求严格的应用程序的需要，同时可以实现服务器部署整合，为企业未来成长扩展空间。

VMware ESX Server 是在通用环境下分区和整合系统的虚拟主机软件。它是具有高级资源管理功能的、灵活的虚拟主机平台。

VMware ESX Server 也提供存储虚拟化的能力。除可因兼并服务器减少设备购买及维护成本外，亦可因效能的尖峰离峰需求，以 VMotion 技术在各服务器或刀片服务器的刀板间弹性动态迁移系统平台，让 IT 人员做更有效的资源调度，并获得更好且安全周密的防护，当系统发生灾难时，可以在最短时间迅速恢复系统的运作。

VMware ESX Server 完美匹配企业数据中心，通过提高资源使用率扩展计算机性能和优化服务器。VMware ESX Server 帮助企业降低计算机基础架构的成本，其能实现以下功能。

（1）服务器整合：VMware ESX Server 能在更少的高伸缩和高可靠企业级服务器上（包括刀片式服务器），整合运行在不同操作系统上的应用程序和基本服务。

（2）提供高性能并担保服务品质：ESX Server 支持以开发和测试为目的，在同一系统内的虚拟主机集群，同样也支持高性能的系统间虚拟主机集群；VMware ESX Server 担保服务器的 CPU、内存、网络带宽和磁盘 I/O 处于最优的状态，改进对内和对外的服务。

（3）流水式测试和部署：VMware ESX Server 压缩虚拟主机镜像，以便它们在环境间能被非常容易地迁移，确保软件测试者和质量检验工程师在相对少的时间下做更多有效的测试。

（4）可伸缩的软硬件构架：VMware ESX Server 支持 VMware Virtual SMP，确保企业在灵活、安全和轻便的虚拟主机上运行所有重要的应用程序。

9.5.4 vSphere

vSphere 是 VMware 公司推出的一套服务器虚拟化解决方案。vSphere 5 的核心组件为 VMware ESXi 5.0.0（取代原 ESX），ESXi 与 Citrix 的 XenServer 相似，它是一款可以独立安装和运行在裸机上的系统，因此与以往见过的 VMware Workstation 软件不同的是，它不再依存于宿主操作系统。ESXi 安装好以后，可以通过 vSphere Client 远程连接控制，在 ESXi 服务器上创建多个虚拟机，再为这些虚拟机安装 Linux/Windows Server 系统，使之成为能提供各种网络应用服务的虚拟服务器。ESXi 也是在内核层级上支持硬件虚拟化，运行于其中的虚拟服务器在性能与稳定性上不亚于普通的硬件服务器，而且更易于管理维护。

VMware vSphere 集成容器（VIC）建立了一个在轻量级虚拟机内部署并管理容器的环境。全新的虚拟机环境提供了更高级别的硬件隔离度、灵活性以及可扩展性，使得容器对开发人员以及企业应用具有非常大的吸引力。

9.5.5 XenDesktop

Citrix XenDesktop 是一套桌面虚拟化解决方案，可将 Windows 桌面和应用转变为一种按需服务，向在任何地点使用任何设备的任何用户交付。

XenDesktop 是一套综合桌面虚拟化解决方案，其中包括向每位企业用户安全交付桌面、应用和数据所需的所有功能。XenDesktop 深受全球商业巨头们的信赖，而且其因领先的技术及针对桌面虚拟化所采取的战略性方式，获得了若干奖项。

XenDesktop 能帮助企业：

（1）实现虚拟工作方式，提高员工在任何地点的办公效率；

（2）利用最新的移动设备，在整个企业内推动创新；

（3）快速适应各种变化，通过快速、灵活的桌面和应用交付，实现外包、企业并购、分支机构扩展及其他计划；

（4）采用集中的交付、管理和安全性对桌面计算进行转型。

XenDesktop VDI 版本是一套可扩展的解决方案，适用于在 VDI 环境中交付虚拟桌面，它包括 Citrix HDX 技术、置备服务和配置管理。XenDesktop 企业版是一款企业级桌面虚拟化解决方案，它采用 FlexCast 交付技术，可向任何地点的任何用户交付正确类型的虚拟桌面和按需应用。综合性的白金版中包括高级管理、监控和安全性功能。

9.5.6 ThinApp

ThinApp 是 VMware 收购 Thinstall 后推出的应用程序虚拟化产品，产品主要功能就是将应用程序打包成不需要安装即可运行的单一可执行程序，实现瘦用户端和应用程序的快速部署及管理。ThinApp 主要应对 Citrix 的 XenApp。

VMware 作为服务器虚拟化的“老大”，为了拉动其虚拟服务器的销售，并扩大产品线，也有自己的桌面虚拟化产品 View。其后台架构在 VMware Sphere 上，虚拟机的远程访问使用了自有的 PCoIP 协议（与传统的远程桌面协议相比，PCoIP 提供了与真实 PC 相媲美的用户体验，并兼容 99.99%的应用程序以及外设）；应用虚拟化方面，兼并了原名为 Thinstall 的厂商（已更名叫 ThinApp），实现了与 Citrix 类似的架构体系。

由于 VMware 服务器虚拟化的龙头地位，其推动桌面虚拟化也是顺风顺水，尤其是其在服务器虚拟化产品方面具有技术优势。例如，采用内存 over-commit 技术，可以增加服务器上同时运行桌面的数量等。

随着 ThinApp 的加入，使用“流”方式的应用部署结构虽然只实现了微软 App-V 功能，或者 Citrix XenApp 产品中的“stream”功能，但是一定程度上实现了应用的拆离，使得整个体系变得更加灵活，大大弥补了架构上的不足。

9.5.7 XenApp

ThinApp 和 App-V 只支持应用虚拟化，而 Citrix XenApp 是一个综合性的应用程序部署系统，可以从 XenApp 或者 XenDesktop 中获取 Citrix Streaming 授权，其是 Citrix 的应用程序虚拟化技术。

以往的 XenApp 非常局限于自己的环境或者 XenClient 环境，使得其非常难以对其他应用开放端口。然而，Citrix 在 XenApp 6.0 中添加了对 Microsoft App-V 的支持。在 Citrix Synergy 2012 中，公司将 XenApp 和其桌面虚拟化产品进行了整合，推出了 Excalibur offering。对拥有多种应用程序的 IT 企业来说，XenApp 是很有用的，不论是旧的还是新的应用程序，它都可以利用 ThinApp 和 App-V 所不支持的 Citrix Streaming 将应用虚拟化。

利用 Instant App Access 特性，Citrix XenApp 6.5 缩短了应用程序启动时间。对 HDX 协议的改进使得应用可以在高延迟的环境中运行。除此之外，XenApp 6.5 中的移动组件可以改进针对移动设备的部署情况。

9.5.8 MED-V

Microsoft Enterprise Desktop Virtualization（MED-V）2.0 能够在整个企业中部署和管理 Windows Virtual PC 镜像。通过大规模部署 Windows Virtual PC 承载的运行 Windows XP Professional SP3 的桌面，MED-V 使企业即使在其部分应用程序可能尚未完全正常工作或

受支持的情况下也能升级 Windows 7。

MED-V 提供给用户使用的是安装在虚拟机中的应用，目标是解决桌面系统尤其是 Vista 上对遗留的应用不兼容的问题。

通过在运行 Windows XP SP3 的 Windows Virtual PC 中交付应用程序，MED-V 消除了操作系统升级的障碍，并使管理员能够在升级之后完成测试和解决应用程序的不兼容问题。

从用户的角度而言，这些应用程序可以从标准桌面的“开始”菜单中访问，并与本机应用程序并列出现，因此用户体验只有最小限度的改变。

用户通过使用 MED-V，可以执行以下操作：

（1）升级到新操作系统，而不必测试每个不兼容的应用程序和 URL；

（2）部署可自动加入域并由用户自定义的虚拟 Windows XP 镜像；

（3）将应用程序和 URL 重定向信息提供给用户；

（4）控制 Windows Virtual PC 设置；

（5）通过监视和故障排除来维护和支持端点；

（6）确保来宾计算机得到修补（即使处于暂停状态）；

（7）自动按用户创建虚拟机并初始化 Sysprep；

（8）轻松地诊断主机和来宾计算机上的问题；

（9）无缝地管理通过 Windows Virtual PC NAT 模式连接的来宾计算机。

9.6 实战项目：使用 VMware 安装 Ubuntu

项目目标：掌握 VMware 的使用方法，能够使用 VMware 安装 Ubuntu。

实战步骤如下。

（1）在网上搜索 Ubuntu 的官网，下载 Ubuntu 14.04 的 Desktop 版本。打开 VMware Workstation，单击菜单栏的“文件”菜单（见图 9-6），在弹出的下拉列表中单击“新建虚拟机”选项。

文件(F)　编辑(E)　查看(V)　虚拟机(M)　选项卡(T)　帮助(H)

图 9-6　单击“文件”菜单

（2）在弹出的“新建虚拟机向导”对话框中选择“典型（推荐）”单选按钮进行安装即可（见图 9-7），单击“下一步”按钮。选择下载好的 iso 镜像文件的存储位置（见图 9-8），单击“下一步”按钮。为系统设置账户（见图 9-9），全名、用户名与密码根据实际项目需求进行设置即可，单击“下一步”按钮。设置虚拟机名称并选择虚拟机存储位置（见图 9-10）。

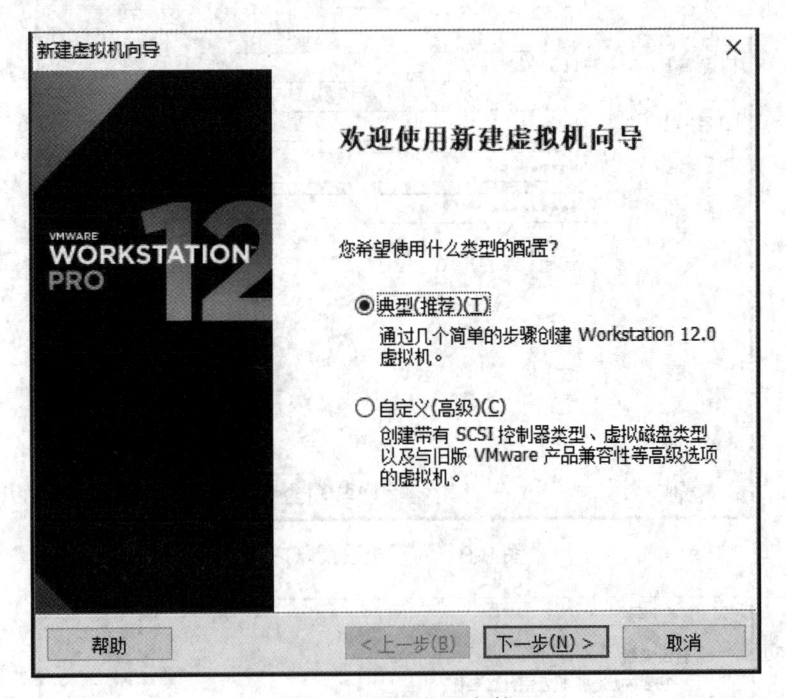

图 9-7 使用典型安装

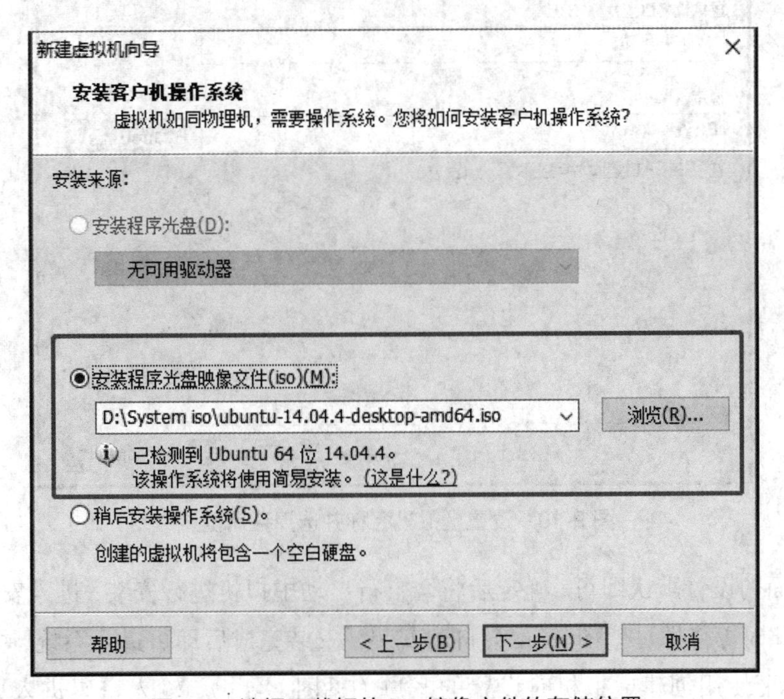

图 9-8 选择下载好的 iso 镜像文件的存储位置

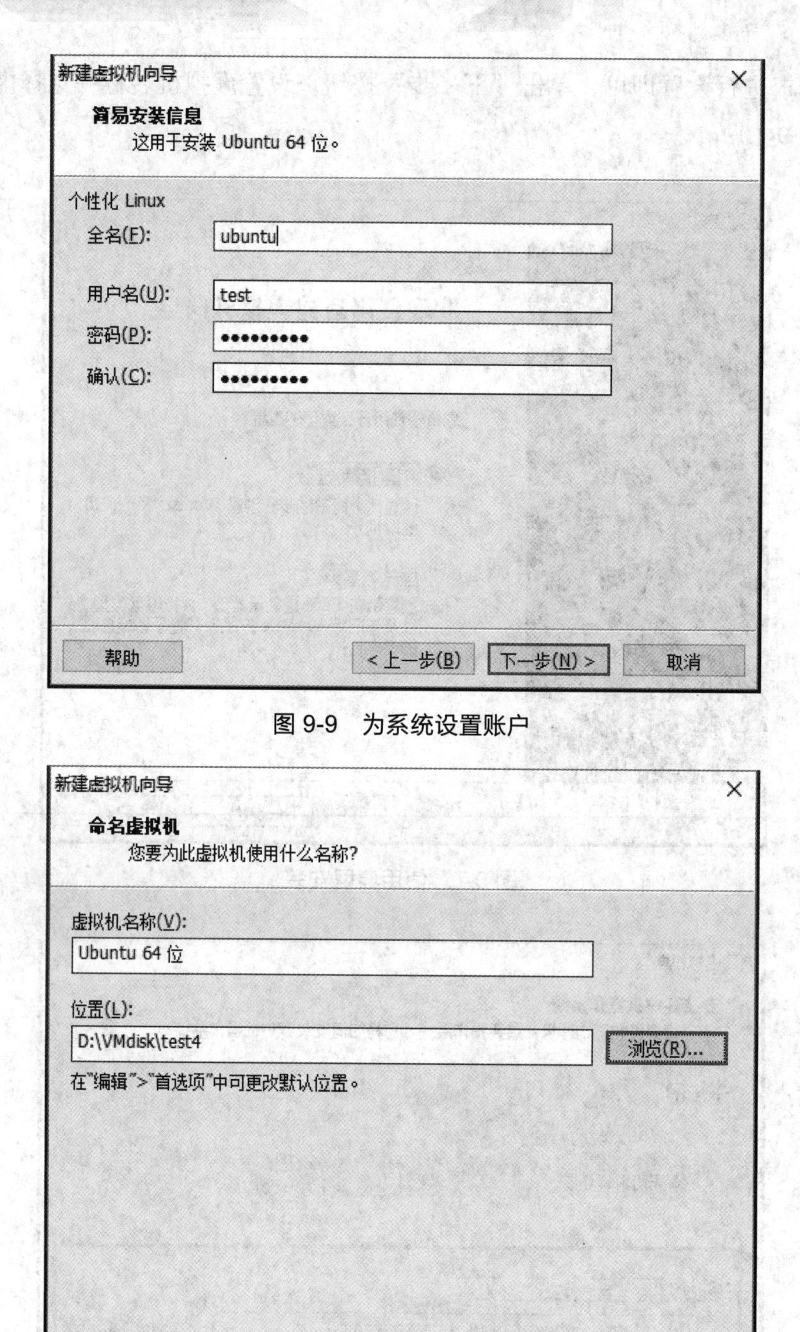

图 9-9　为系统设置账户

图 9-10　设置虚拟机名称并选择存储位置

（3）后面的设置默认即可，确定后将会自行启动虚拟机进行安装，进入安装界面（见图 9-11），此时等待即可。Ubuntu 会自动安装，安装完成后即可进入系统，安装好后出现的身份验证使用创建虚拟机时设置的账户（见图 9-12）。输入密码进入桌面，完成 Ubuntu 系统的安装（见图 9-13）。

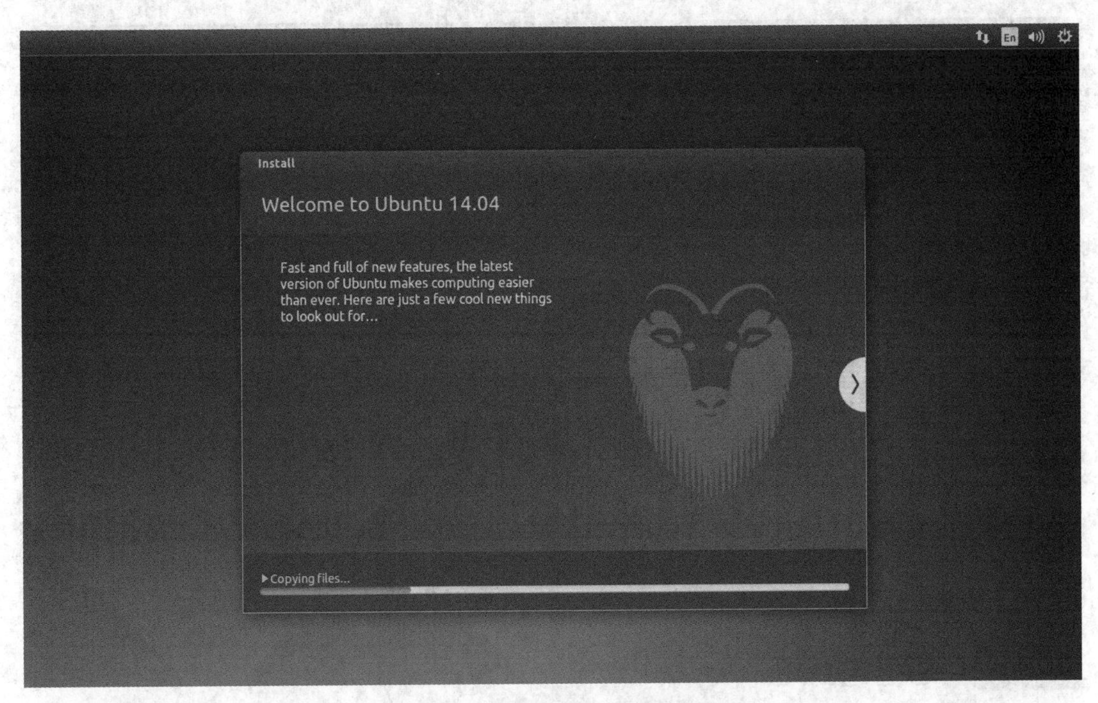

图 9-11　Ubuntu14.04 安装界面

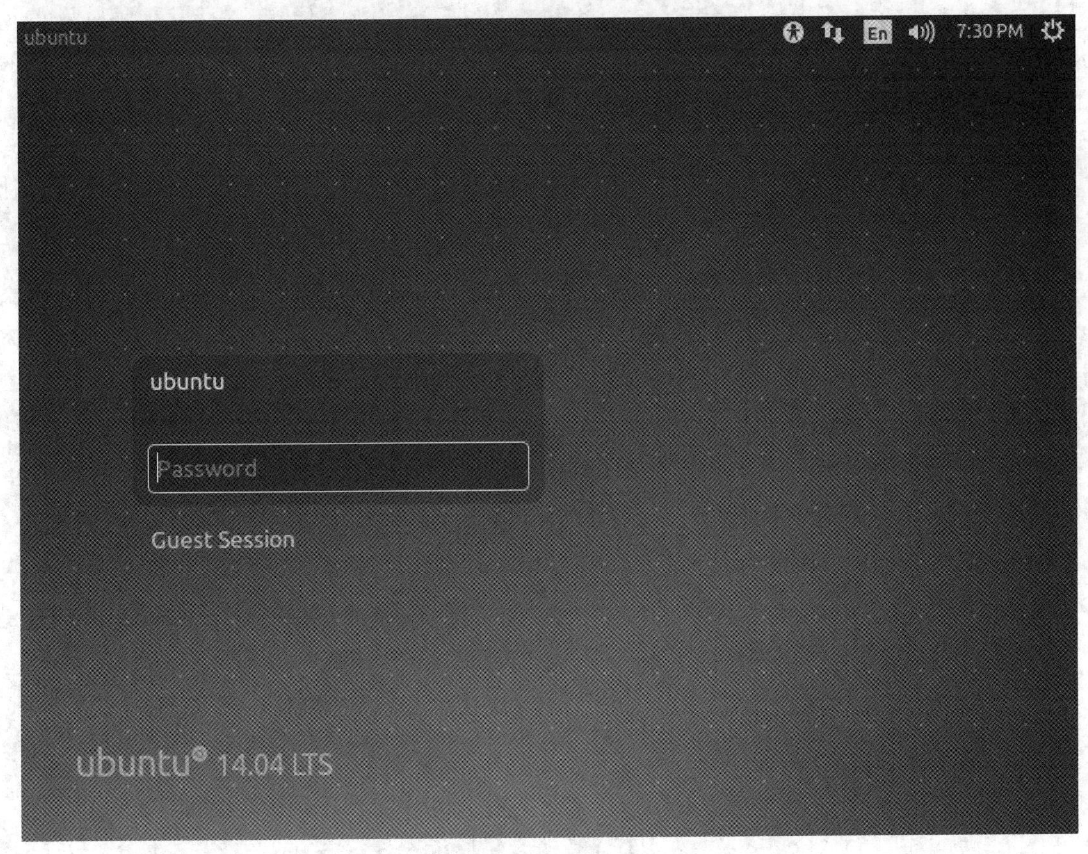

图 9-12　身份验证

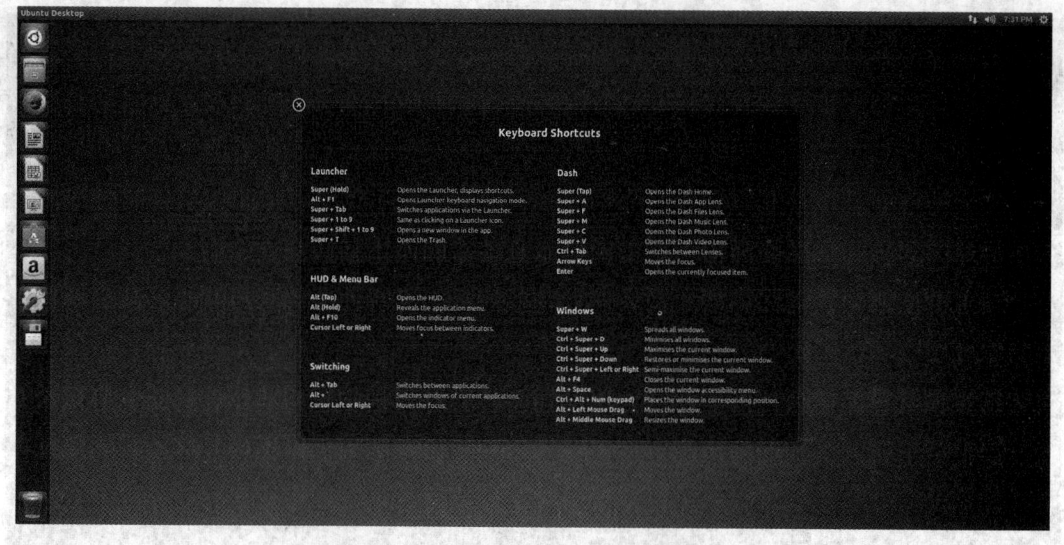

图 9-13 完成 Ubuntu 系统的安装

9.7 思考与练习

1. 你用什么理由说服上司开始实施数据中心虚拟化？（ ）

   A. 虚拟化节省物理空间

   B. 虚拟化减少电费开支

   C. 虚拟化降低维护服务器成本

   D. 虚拟化消除物理服务器散热需要的额外开支

2. 虚拟化技术是什么？
3. 虚拟化是如何起源的？
4. 虚拟化有哪几个特征？
5. 虚拟化主要有哪几类？
6. 服务器虚拟化的“一虚多”是怎样实现的？
7. 怎样理解存储虚拟化？
8. 网络虚拟化有哪几种技术？
9. 虚拟化产品有哪些？
10. 谈谈你对虚拟化产品的看法。

第10章 Linux基础

微软发布了一款基于 Linux 的操作系统，该 Linux 操作系统并不是为了和 Ubuntu、Fedora 等系统抢夺市场份额，而是专职服务于 Azure 云计算，因此它被称作 Azure Cloud Switch。

曾经非常抵制开源的微软近年来已越来越乐意加入开源社区。现在它为 Azure 的客户提供了 Linux 系统这一选择，用于帮助用户完成一些开源项目（如 Node.js 等）。

本章要点：

1. 了解 UNIX 操作系统；
2. 了解 Linux 操作系统；
3. 了解 Linux 文件类型和结构；
4. 了解 Ubuntu 操作系统；
5. 了解 FTP 服务；
6. 了解域名和域名系统 DNS。

10.1 UNIX

UNIX 操作系统是一个强大的多用户、多任务操作系统，支持多种处理器架构，按照操作系统的分类，UNIX 属于分时操作系统。

10.1.1 UNIX 操作系统

UNIX 操作系统最早由 Ken Thompson、Dennis Ritchie 和 Malcolm Douglas Mcllroy 于 1969 年在 AT&T 的贝尔实验室开发。目前它的商标权由国际开放标准组织所拥有，只有符合单一 UNIX 规范的 UNIX 系统才能使用 UNIX 这个名称，否则只能称为类 UNIX（UNIX-like）操作系统。

1965 年，贝尔实验室加入了一项由通用电气公司和麻省理工学院合作开展的计划。该计划要建立一套多使用者、多任务、多层次（multi-user、multi-processor、multi-level）

的复用信息和计算服务（Multiplexed Information and Computing Service，MULTICS）操作系统。直到 1969 年，因工作进度太慢，MULTICS 计划停了下来。当时，Ken Thompson（后被称为 UNIX 之父）已经有一个被称为“星际旅行”的程序在 GE-635 计算机上运行，但是反应非常慢，正巧他发现了一部被闲置的 PDP-7（Digital 的主机），Ken Thompson 和 Dennis Ritchie 就将“星际旅行”程序移植到 PDP-7 上，这部 PDP-7 就此在整个计算机发展历史上留下了芳名。

1970 年，那部 PDP-7 只能支持两个使用者，当时，Brian Kernighan 就开玩笑地称他们的系统其实是“UNiplexed Information and Computing Service”，缩写为“UNICS”，后来，大家取其谐音，就称其为“UNIX”。也正因此，1970 年可称为“UNIX 元年”。

1971 年，Ken Thompson 写了一份长篇申请报告，申请到了一台 PDP-11/24 计算机。这台计算机只有 24KB 的物理内存和 500KB 磁盘空间，UNIX 占用了 12KB 的内存，剩下的一半内存可以支持两个用户进行 Space Travel 游戏。

到了 1973 年，Ken Thompson 与 Dennis Ritchie 感觉用汇编语言做移植太复杂，于是他们想用高级语言来完成，在当时完全以汇编语言来开发程序的年代，他们的想法是相当疯狂的。一开始他们想尝试用 Fortran 语言，但最终失败了。后来他们开始用 BCPL 语言开发，他们整合了 BCPL 形成 B 语言，后来 Dennis Ritchie 觉得 B 语言还是不能满足要求，就改良了 B 语言，成为今天的 C 语言。于是，Ken Thompson 与 Dennis Ritchie 成功地用 C 语言重写了 UNIX 的第三版内核。由于 UNIX 这个操作系统修改、移植相当便利，因此为 UNIX 日后的普及打下了坚实的基础。UNIX 和 C 语言完美地结合为了一个统一体。

UNIX 的第一篇文章 *The UNIX Time Sharing System* 由 Ken Thompson 和 Dennis Ritchie 于 1974 年 7 月在 *The Communications of the ACM* 期刊发表。这是 UNIX 与外界的首次接触，结果引起了学术界的广泛兴趣及大量对其源码的索取，所以，UNIX 第五版就以“仅用于教育目的”为协议，提供给各高等院校作教学之用，成为当时操作系统课程中的范例，高等院校及企业开始通过 UNIX 源码对 UNIX 进行各种各样的改进和扩展。于是，UNIX 开始广泛流行。

UNIX 从一开始在 AT&T 公司出现，就只是一种近似于兴趣的产物。然而，20 世纪 70 年代，AT&T 公司开始注意到 UNIX 所带来的商业价值。公司的律师开始寻找一些手段来保护 UNIX，并让其成为一种商业机密。从 1979 年 UNIX 第 7 版开始，UNIX 的许可证开始禁止高等院校使用其源码，即使是在授课中为学习之用也不被允许。到了 1980 年，有了两个最主要的 UNIX 版本线，一个是 Berkeley 的 BSD UNIX，另一个是 AT&T 的 UNIX，二者间的竞争最终引发了 UNIX 的战争。在这场战争中，软件开发人员还是能够得到 UNIX 的源码并对其按照自己的需要进行“裁剪”，但 UNIX 开始一发不可收拾地开发出各种各样的变种。1982 年，比尔·乔伊（Bill Joy）创建了 Sun Microsystems 公司并提供了工作站——Sun-1，运行 SunOS。而 AT&T 则在随后的几年中发布了 UNIX System V 的第一版，这是一个具有强大影响力的操作系统，最终造就了 IBM 的 AIX 和惠普（Hewlett-Packard，HP）的 HP-UX。

UNIX 用户协会最早从 20 世纪 80 年代开始标准化工作，1984 年颁布了试用标准。后来电气和电子工程师协会（Institute of Electrical and Electronics Engineers，IEEE）为此制定了 POSIX 标准（即 IEEE 1003 标准），国际标准名称为 ISO/IEC 9945。它定义了在 UNIX 操作系统和应用程序之间兼容的语言接口。POSIX 是由 Richard Stallman 应 IEEE 的要求而提出的一个易于记忆的名称，含义是可移植操作系统接口（Portable Operating System Interface），而 X 表明其 API 的传承。

10.1.2 类 UNIX 操作系统

AIX（Advanced Interactive eXecutive，先进交互运行系统）是 IBM 开发的一套类 UNIX 操作系统。它符合 Open Group 的 UNIX 98 行业标准（The Open Group UNIX 98 Base Brand），通过全面集成对 32 位和 64 位应用的并行运行提供支持，为这些应用提供全面的可扩展性。它可以在所有的 IBM System p 和 IBM RS/6000 工作站、服务器和大型并行超级计算机上运行。AIX 的一些流行特性，如 chuser、mkuser、rmuser 命令以及相似的操作允许它像管理文件一样进行用户管理。AIX 级别的逻辑卷管理正逐渐被添加进各种自由的 UNIX 风格操作系统中。

Solaris 是 Sun 公司研制的类 UNIX 操作系统。直至 2013 年，Solaris 的最新版为 Solaris 11。早期的 Solaris 由 BSD UNIX 发展而来，但是随着时间的推移，Solaris 在接口上正在逐渐向 System V 靠拢，但至今 Solaris 仍旧属于私有软件。2005 年 6 月 14 日，Sun 公司将正在开发中的 Solaris 11 的源代码按照通用开发与发行许可（Common Development and Distribution License，CDDL）开源协议开放，这一开放版本就是 OpenSolaris。

Sun 的操作系统最初叫作 SunOS。从 SunOS 5.0 开始，Sun 的操作系统开发开始转向 System V4，并且有了新的名字 Solaris 2.0。Solaris 2.6 以后，Sun 删除了版本号中的“2”，因此，SunOS 5.10 就叫作 Solaris 10。Solaris 的早期版本后来又被重新命名为 Solaris 1.X. 所以“SunOS”这个词专指 Solaris 操作系统的内核，而 Solaris 被认为是由 SunOS、图形化的桌面计算环境，以及网络增强部分组成的。Solaris 运行在两个平台上：Intel x86 及 SPARC/UltraSPARC。后者是 Sun 工作站使用的处理器。因此，Solaris 在 SPARC 上拥有强大的处理能力和硬件支援，同时 Intel x86 上的性能也正在得到改善。对这两个平台，Solaris 屏蔽了底层平台差异，为用户提供了尽可能一致的使用体验。

HP-UX 取自 Hewlett-Packard UNIX，是惠普公司以 System V 为基础所研发的类 UNIX 操作系统。HP-UX 可以在使用 HP PA-RISC 处理器、Intel Itanium 处理器的计算机上运行，曾经也能用在后期的阿波罗计算机（Apollo/Domain）系统上。较早版本的 HP-UX 也能用在 HP-9000 系列 200 型、300 型、400 型的计算机系统（使用 Motorola 的 68000 处理器）上，以及 HP-9000 系列 500 型计算机系统（使用 HP 专属的 FOCUS 处理器架构）上。

IRIX 是由硅谷图形（Silicon Graphics，SGI）公司以 System V 与 BSD 延伸程序为基础所发展出的类 UNIX 操作系统。IRIX 可以在 SGI 公司的 RISC 型计算机上运行，即采用 32 位、64 位 MIPS 架构的 SGI 工作站、服务器。

Xenix 也是一种类 UNIX 操作系统，可在个人计算机及微型计算机上使用。该系统由微软公司在 1979 年从美国电话电报公司获得授权，为 Intel 处理器所开发。后来，SCO 集团收购了其独家使用权，自此，该公司开始将其以 SCO UNIX（亦被称作 SCO OpenServer）为名发售。值得一提的是，它还能在 DECPDP-11 或是 Apple Lisa 计算机上运行。Xenix 继承了 UNIX 的特性，具备多人多任务的工作环境，符合 UNIX System V 的接口规格（System V Interface Definition，SVID）。

A/UX（取自 Apple UNIX）是苹果电脑（Apple Computer）公司所开发的类 UNIX 操作系统，此操作系统可以在该公司的一些麦金塔计算机（Macintosh，Mac）上运行，最新的一套 A/UX 可在 Macintosh II、Quadra 及 Centris 等系列计算机上运行。A/UX 于 1988 年首次发表，最终的版本为 3.1.1 版，于 1995 年发表。A/UX 至少需要一个具有浮点运算单元及标签页式的存储器管理单元（Paged Memory Management Unit，PMMU）的 68KB 处理器才能运行。

A/UX 是以 System V 2.2 版为基础发展起来的，并且具有 System V 3（SysV 3）、System V 4、BSD 4.2、BSD 4.3 等的传统特色，它也遵循 POSIX 规范和 SVID 规范，不过，遵循标准版本就难以支持最新的信息技术，因此在之后的第二版，其开始加入 TCP/IP 网络功能。有传言表示 A/UX 有一个后续版本，以 OSF/1 为主要代码基础，但这一版本从未公开发表。

10.1.3 UNIX 特性

UNIX 操作系统有以下特性。

（1）UNIX 系统是一个多用户、多任务的分时操作系统。

（2）UNIX 的系统结构可分为 3 部分：操作系统内核，它是 UNIX 系统核心管理和控制中心，在系统启动或常驻内存；系统调用，供程序开发者开发应用程序时调用系统组件，包括进程管理、文件管理、设备状态等；应用程序，包括各种开发工具、编译器、网络通信处理程序等，所有应用程序都在 Shell 的管理和控制下为用户服务。

（3）UNIX 系统大部分是用 C 语言编写的，这使得系统易读、易修改、易移植。

（4）UNIX 提供了丰富的、精心挑选的系统调用，整个系统的实现十分紧凑、简洁。

（5）UNIX 提供了功能强大的可编程的 Shell 语言作为用户界面，具有简洁、高效的特点。

（6）UNIX 系统采用树状目录结构，具有良好的安全性、保密性和可维护性。

（7）UNIX 系统采用进程对换的内存管理机制和请求调页的存储方式，实现了虚拟内存管理，大大提高了内存的使用效率。

（8）UNIX 系统提供多种通信机制，如管道通信、软中断通信、消息通信、共享存储器通信、信号灯通信等。

10.2 Linux

Linux 是一套可免费使用和自由传播的类 UNIX 操作系统，是一个基于 POSIX 和 UNIX 的多用户、多任务、支持多线程和多 CPU 的操作系统。它能运行主要的 UNIX 工具软件、应用程序和网络协议，支持 32 位和 64 位硬件。Linux 继承了 UNIX 以网络为核心的设计思想，是一个性能稳定的多用户网络操作系统。

Linux 操作系统诞生于 1991 年 10 月 5 日（这是其第一次正式向外公布的时间）。Linux 存在着许多不同的版本，但它们都使用了 Linux 内核。Linux 可安装在各种计算机硬件设备中，如手机、便携式计算机、路由器、视频游戏控制台、台式计算机、大型机和超级计算机。严格来讲，Linux 这个词本身只表示 Linux 内核，但实际上人们已经习惯了用 Linux 来形容整个基于 Linux 内核并且使用 GNU 计划各种工具和数据库的操作系统。

Linux 操作系统的诞生和发展过程始终依赖着 5 个重要支柱：UNIX 操作系统、MINIX 操作系统、GNU 计划、POSIX 标准和 Internet 网络。

1981 年 IBM 公司推出微型计算机 IBM PC。1991 年，GNU 计划已经开发出了许多工具软件，最受期盼的 GNU C 编译器已经出现，GNU 的操作系统核心 Hurd 一直处于实验阶段，几乎没有任何可用性，实质上也没能开发出完整的 GNU 操作系统，但是 GNU 奠定了 Linux 用户基础和开发环境。

1991 年初，林纳斯·本纳第克特·托瓦兹（Linus Benedict Torvalds）开始在一台 386SX 兼容微机上学习 MINIX 操作系统。1991 年 4 月，他开始酝酿并着手编写自己的操作系统。1991 年 4 月 13 日，他在 comp.os.minix 新闻组上发布消息说自己已经成功地将 Bash 移植到了 MINIX 上，而且已经不能离开这个 Shell 软件了。1991 年 7 月 3 日，第一个与 Linux 有关的消息在 comp.os.minix 新闻组上发布（当然此时还不存在 Linux 这个名称）。

1991年10月5日，林纳斯·本纳第克特·托瓦兹在comp.os.minix新闻组上发布消息，正式对外宣布Linux内核的诞生（Free minix-like kernel sources for 386-AT）。

1993年，大约有100名程序员参与到Linux内核代码的编写/修改工作中，其中核心组由5人组成，此时Linux 0.99的代码大约有10万行，用户数大约有10万。

1994年3月，Linux 1.0发布，代码大约有17万行，当时其是按照完全自由免费的协议发布的，随后，其正式采用GNU通用公共许可协议（GNU General Public License，GPL）。

1995年1月，Bob Young创办了Red Hat（小红帽），其以GNU/Linux为核心，集成了400多个源代码开放的程序模块，开发出了一种冠以品牌的Linux，即Red Hat Linux，被称为Linux“发行版”，并在市场上出售。

1996年6月，Linux 2.0内核发布，此内核大约有40万行代码，并可以支持多个处理器。此时的Linux已经进入了实用阶段，全球大约有350万使用者。

1998年2月，以Eric Raymond为首的一批年轻的“老牛羚骨干分子”终于认识到GNU/Linux体系的产业化道路的本质，其并非自由哲学，而是市场竞争的驱动。于是，他们创办了“Open Source Initiative”（开放源代码促进会），并在互联网世界里展开了一场历史性的Linux产业化运动。

2001年1月，Linux 2.4发布，它进一步增强了SMP系统的扩展性，同时它也集成了很多用于支持桌面系统的功能，包括对USB、PC卡的支持以及内置的即插即用功能等。

2003年12月，Linux 2.6版内核发布，相对于2.4版内核，2.6版内核在对系统的支持上有很大的变化。

1. Linux操作系统特性

Linux操作系统有以下特性。

（1）Linux基于两点：第一，一切都是文件；第二，每个软件都有确定的用途。其中第一点详细来讲就是系统中的所有，包括命令、硬件设备和软件、操作系统、进程等对操作系统内核而言，都被视为拥有各自特性或类型的文件。第二点指的是每个软件代码模块只做一件事，然后把一个个小模块组合实现大功能。至于说Linux是基于UNIX的，很大程度上也是因为这两者的基本思想十分相近。

（2）完全免费。Linux是一款免费的操作系统，用户可以通过网络或其他途径免费获得，并可以任意修改其源代码，这是其他的操作系统所做不到的。正是由于这一点，来自全世界的许多程序员参与了Linux的编写、修改工作，程序员可以根据自己的兴趣和灵感对其进行改变，这让Linux吸收了无数程序员的智慧，不断发展壮大。

（3）完全兼容POSIX 1.0标准。这使得常见的DOS、Windows程序可以在Linux下通过相应的模拟器运行，为用户从Windows转到Linux奠定了基础。许多用户在考虑使用Linux时，会考虑以前在Windows下常用的程序是否能正常运行，这一点就消除了他们的疑虑。

（4）多用户、多任务。Linux 支持多用户，各用户对自己的文件设备有自己特殊的权利，保证了各用户之间互不影响；多任务则是现代计算机最主要的一个特点，Linux 可以使多个程序同时独立地运行。

（5）良好的界面。Linux 同时具有字符界面和图形界面。在字符界面，用户可以通过键盘输入相应的指令来进行操作。它同时也提供了类似 Windows 图形界面的 X Window 系统，用户可以使用鼠标对其进行操作。在 X Window 环境中就和在 Windows 系统中相似，它可以说是一个 Linux 版的 Windows。Linux 也支持图形界面，在图形计算中，一个桌面环境（有时称为桌面管理器）为计算机提供一个图形用户界面（Graphical User Interface，GUI）。但严格来说窗口管理器和桌面环境是有区别的。桌面环境就是桌面图形环境，它的主要目标是为 Linux/UNIX 操作系统提供一个更加完备的界面以及各类整合工具和使用程序，其基本易用性吸引着大量的新用户。桌面环境的名称来自桌面比拟，对应于早期的文字命令行界面（Command-Line Interface，CLI）。一个典型的桌面环境提供图标、视窗、工具栏、文件夹、壁纸以及像拖放这样的工具和功能。整体而言，桌面环境在设计和功能上的特性赋予了它与众不同的外观和用户体验。

（6）支持多种平台。Linux 可以运行在多种硬件平台上，如具有 x86、680x0、SPARC、Alpha 等处理器的平台。此外 Linux 还是一种嵌入式操作系统，可以运行在掌上计算机、机顶盒或游戏机上。2001 年 1 月份发布的 Linux 2.4 版内核已经能够完全支持 Intel 64 位芯片架构。同时，Linux 也支持多处理器技术，多个处理器同时工作，使系统性能大大提高。

2. 主流桌面环境

现今主流的桌面环境有 KDE、GNOME、Xfce、LXDE 等，除此之外还有 Ambient、EDE、IRIX Interactive Desktop、Mezzo、Sugar、CDE、Fluxbox、Enlightenment 等。

（1）GNOME 即 GNU 网络对象模型环境（The GNU Network Object Model Environment），是 GNU 计划的一部分、开放源码运动的一个重要组成部分，是一种让使用者容易操作和设定计算机环境的工具。它的目标是基于自由软件，为 UNIX 或者类 UNIX 操作系统构造一个功能完善、操作简单以及界面友好的桌面环境。它是 GNU 计划的正式桌面。

（2）Xfce 起初使用 XForms 工具包，但在两次重写后就放弃使用 XForms 工具包了，名称从 XFCE 改为 Xfce，Xfce 创建于 2007 年 7 月，其类似于商业图形环境 CDE，是一个运行在各类 UNIX 下的轻量级桌面环境。原作者 Olivier Fourdan 最先是基于 XForms 三维图形库设计 Xfce，设计目的是用来提高系统的效率，在节省系统资源的同时，能够快速加载和执行应用程序。

（3）Fluxbox 是一个基于 GNU/Linux 的轻量级图形操作界面，它虽然没有 GNOME

和 KDE 那样精致，但由于它运行时对系统资源和配置的要求极低，所以它被安装到很多较旧的或是对性能要求较高的计算机上，其菜单和有关配置被保存在用户根目录下的.fluxbox 目录里，这使得它的配置极为便利。

（4）Enlightenment 是一个功能强大的窗口管理器，它的目标是让用户轻而易举地配置所见即所得的桌面图形界面。现在 Enlightenment 的界面已经相当豪华，它拥有像 AfterStep 一样的可视化时钟以及其他界面效果，用户不仅可以任意选择边框和动感的声音效果，而且它开放的设计思想，使得每个用户可以根据自己的喜好，任意地配置窗口的边框、菜单以及屏幕上其他各个部分，而不需要接触源代码，也不需要编译任何程序。

10.3 Linux 文件类型和结构

1. Linux 文件类型

Linux 的文件类型如下。

（1）纯文本文件（txt）。这是 UNIX 系统中最多的一种文件类型，之所以称其为纯文本文件，是因为它的内容是可以直接读到的数据，如数字、字母等，设置文件几乎都属于这种文件类型。举例来说，使用“cat ～/.bashrc”命令就可以看到该文件的内容（cat 表示将文件内容读出来）。

（2）二进制文件（binary）。系统其实仅认识且可以执行二进制文件（binary file）。Linux 中的可执行文件（脚本和文本方式的批处理文件不在此列）就是这种格式。举例来说，“cat”命令就是一个二进制文件。

（3）数据格式的文件（data）。有些程序在运行过程中，会读取某些特定格式的文件，那些特定格式的文件可以称为数据文件（data file）。举例来说，Linux 在用户登录时，都会将登录数据记录在/var/log/wtmp 文件内，该文件是一个数据文件，它能通过“last”命令读出来。但使用“cat”命令时，会读出乱码，因为它是一种特殊格式的文件。

（4）目录文件（directory）。目录文件即指目录，第一个属性为[d]，如[drwxrwxrwx]。

（5）连接文件（link）。它类似 Windows 下的快捷方式。第一个属性为[l]，如[lrwxrwxrwx]。

（6）设备与设备文件（device）。这是与系统外设及存储等相关的一些文件，通常都集中在/dev 目录中。其通常又分为两种，块设备文件和字符设备文件。块设备文件，就是存储数据以供系统存取的接口设备，简单而言就是硬盘。第一个属性为[b]，如一号硬盘的代码是/dev/hda1 等。字符设备文件即串行端口的接口设备，如键盘、鼠标等。其第一个属性为[c]。

（7）套接字（sockets）。这类文件通常用于网络数据连接。可以启动一个程序来监听客户端的要求，客户端可以通过套接字来进行数据通信。第一个属性为[s]，常在/var/run

目录中看到这种文件类型。

（8）管道（FIFO，pipe）。在 Linux 中，管道是一种使用非常频繁的通信机制，是把一个程序的输出直接连接到另一个程序的输入。常说的管道多指无名管道，有名管道叫作 name pipe 或 FIFO（先进先出），从本质上讲，管道也是一种文件，但它又与一般的文件有所不同。

2. Linux 文件结构

Linux 的文件结构如图 10-1 所示，解释如下。

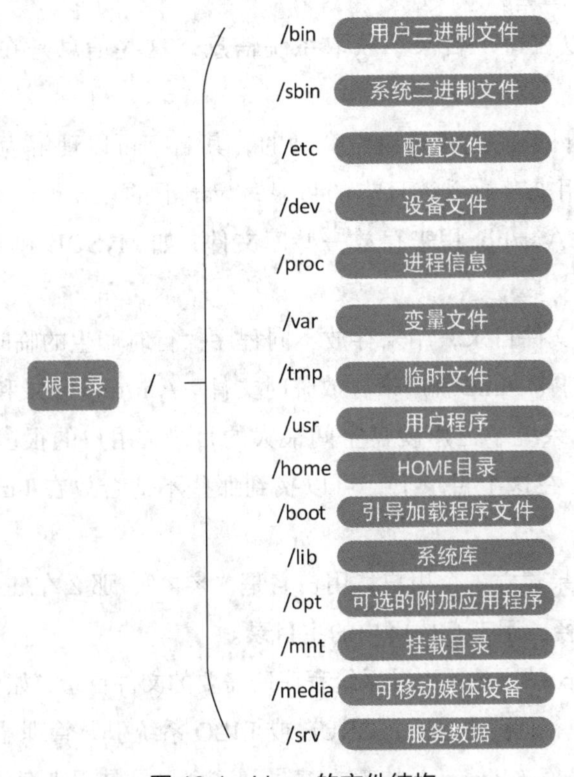

图 10-1 Linux 的文件结构

（1）/：根目录，所有的目录、文件、设备都在“/”之下，“/”就是 Linux 文件系统的组织者，也是最高级的领导者。

（2）/bin：bin 就是二进制（binary）的英文缩写。在一般的系统当中，都可以在这个目录下找到 Linux 常用的命令，系统所需要的那些命令位于此目录下。

（3）/sbin：这个目录用来存放系统管理员的系统管理程序。其中大多是涉及系统管理的命令，它是超级权限用户 Root 的可执行命令存放地，普通用户无权限执行这个目录下的命令，这个目录和/usr/sbin、/usr/X11R6/sbin 或/usr/local/sbin 目录是相似的，凡是目录 sbin 中包含的命令都是 Root 权限才能执行的命令。

（4）/etc：这个目录是 Linux 系统中最重要的目录之一。在这个目录下存放了系统管理要用到的各种配置文件和子目录，要用到的网络配置文件、文件系统、系统配置文件、设备配置信息、设置用户信息等都在这个目录下。

（5）/dev：dev 是设备（device）的英文缩写。这个目录对所有的用户都十分重要，因为在这个目录中包含了所有 Linux 系统中使用的外部设备。但是这里并不是放置外部设备的驱动程序，这一点和常用的 Windows、DOS 操作系统不一样，它实际上是一个访问这些外部设备的端口，通过这个端口可以非常方便地访问这些外部设备，与访问一个文件、一个目录没有区别。

（6）/proc：可以在这个目录下获取系统信息，这些信息是在内存中由系统自己产生的。

（7）/var：这个目录的内容是经常变动的，其名字可以理解为 vary 的缩写。/var 下有/var/log，这是用来存放系统日志的目录；/var 下的 www 目录是定义 Apache 服务器站点存放目录；/var/lib 用来存放一些库文件，如 MySQL 和 MySQL 数据库的存放地。

（8）/tmp：临时文件目录，用来存放不同程序执行时产生的临时文件。有时用户运行程序会产生临时文件，/tmp 就用来存放临时文件。/var/tmp 目录和这个目录相似。

（9）/usr：Linux 系统中占用硬盘空间最大的目录，用户的很多应用程序和文件都存放在这个目录下。在这个目录下，可以找到那些不适合放在/bin 或/etc 下的额外的工具。

（10）/home：如果建立一个用户，用户名是“××”，那么在/home 目录下就有一个对应的/home/××路径，用来存放用户的主目录。

（11）/boot：Linux 的内核及引导系统程序所需要的文件目录，如 vmlinuz 和 initrd.img 文件都在这个目录中。一般情况下，GRUB 或 LILO 系统引导管理器也位于这个目录。

（12）/lib：lib 是库（library）的英文缩写。这个目录是用来存放系统动态连接共享库的，几乎所有的应用程序都会用到这个目录下的共享库。因此，千万不要轻易对这个目录进行任何操作，一旦发生问题，系统就不能工作了。

（13）/opt：这里主要存放那些可选的程序。

（14）/mnt：这个目录一般是用于存放挂载存储设备的挂载目录，如 cdrom 等目录。具体可以参看/etc/fstab 的定义。

（15）/media：有些 Linux 的发行版使用这个目录来挂载 USB 接口的移动硬盘（包括 U 盘）、CD/DVD 驱动器等。

（16）/srv：服务启动后所需访问的数据目录。例如，www 服务启动读取的网页数据就可以放在/srv/www 中。

10.4 Ubuntu

Ubuntu 一词来自非洲南部祖鲁语或科萨语，意思是“人性”“我的存在是因为大家的存在”，类似于我国“仁爱”的思想。

Ubuntu 是基于 Linux 的免费开源桌面 PC 操作系统，支持 x86、AMD64（即 x64）和 PPC 架构，是由全球化的专业开发团队（Canonical 有限公司）打造的开源 GNU/Linux 操作系统，为桌面虚拟化提供支持平台。Ubuntu 为 GNU/Linux 的普及，特别是桌面普及做出了巨大贡献，使更多人共享开源的成果与精彩。

Ubuntu 最早基于 Debian 发行版和 GNOME 桌面环境，而从 Ubuntu 的 11.04 版起，Ubuntu 放弃了 GNOME 桌面环境，改为 Unity，与 Debian 不同的是，Ubuntu 每 6 个月会发布一个新版本。Ubuntu 的目标在于为一般用户提供一个最新的、相当稳定的、主要由自由软件构建而成的操作系统。Ubuntu 具有庞大的社区力量，用户可以方便地从社区获得帮助。2013 年 1 月 3 日，Ubuntu 正式发布面向智能手机的移动操作系统。2014 年 2 月 20 日，Canonical 有限公司在北京召开了 Ubuntu 智能手机发布会，正式宣布 Ubuntu 与国产手机厂商魅族合作推出 Ubuntu 版 MX3。

Ubuntu 正式支持的衍生版本包括 Kubuntu、Edubuntu、Xubuntu、Ubuntu Kylin、Ubuntu Server Edition、Gobuntu、Ubuntu Studio、Ubuntu JeOS、Mythbuntu、BioInfoServOS、Ebuntu、Fluxbuntu、Freespire、Gnoppix、gOS、Hiweed、Jolicloud、Gubuntu、Linux Deepin、Linux Mint、Lubuntu、nUbuntu、Ubuntu CE 等。

Ubuntu 由马克・沙特尔沃思（Mark Shuttleworth）创立，以 Debian GNU/Linux 不稳定分支为开发基础。Debian 依赖庞大的社区，而不依赖任何商业性组织和个人。Ubuntu 使用 Debian 的大量资源，同时其开发人员作为贡献者也参与 Debian 社区开发，许多热心人士也参与 Ubuntu 的开发。

Ubuntu 4.10 发布于 2004 年 10 月 20 日，它以 Debian 为开发蓝本。与 Debian 稳健的升级策略不同，Ubuntu 每 6 个月便会发布一个新版，人们可以实时地获取和使用新软件。Ubuntu 的开发目的是使个人计算机变得简单易用，同时也提供针对企业应用的服务器版本。Ubuntu 的每个新版本均会包含当时最新的 GNOME 桌面环境，通常在 GNOME 发布新版本后 1 个月内发布。与其他基于 Debian 的 Linux 发布版，如 MEPIS、Xandros、Linspire、Progeny 和 Libranet 等相比，Ubuntu 更接近 Debian 的开发理念，它主要使用自由、开源的软件，而其他发布版往往会附带很多闭源的软件。事实上，很多 Ubuntu 的开发者同时也是 Debian 主要软件的维护者。不过，Debian 与 Ubuntu 的软件并不一定完全兼容，也就是说，将 Debian 的包安装在 Ubuntu 上可能会出现兼容性问题，反之亦然。

Ubuntu 的运作主要依赖 Canonical 有限公司的支持，同时亦有来自 Linux 社区的热心人士提供协助。2005 年 7 月 8 日，马克·沙特尔沃思与 Canonical 有限公司宣布成立 Ubuntu 基金会，并提供 1000 万美元作为起始营运资金。成立基金会的目的是确保将来 Ubuntu 得以持续开发与获得支持，但直至 2006 年，此基金会仍未投入运作。马克·沙特尔沃思形容此基金会是在 Canonical 有限公司出现财务危机时的紧急营运资金。

用户可以通过船运服务（shipit）来获得过去版本的免费安装光盘。Ubuntu 6.06 以及之前的版本都提供免费船运服务，其后的 Ubuntu 6.10 却没有提供免费的船运邮寄光盘服务，用户只可从网站下载光盘镜像文件并刻录安装。但在 Ubuntu 7.04 推出时，船运服务再度启动。而 Ubuntu 11.04 发布前夕，船运服务再度停止。

Ubuntu 共有 5 个长期支持版本：Ubuntu 6.06、8.04、10.04、12.04 与 14.04。Ubuntu 12.04 和 14.04 桌面版与服务器版都有 5 年支持周期，而之前的长期支持版本为桌面版 3 年，服务器版 5 年。

Ubuntu 所有与系统相关的任务均须使用 Sudo 指令，这是它的一大特色，这种方式比传统的用系统管理员账号进行管理的方式更为安全，此为 Linux、UNIX 系统的基本思维之一。Windows 在较新的版本内也引入了类似的用户账户控制（User Account Control，UAC）机制，但用户数量不多。

同时，Ubuntu 也相当注重系统的易用性，标准安装完成后就可以立即投入使用。简单地说，就是安装完成以后，用户无须再安装浏览器、Office 配套程序、多媒体播放程序等常用软件，一般也无须下载安装网卡、声卡等硬件设备的驱动（但部分显卡需要额外下载驱动程序，且不一定能用包库中所提供的版本）。

Ubuntu 的开发者与 Debian 和 GNOME 开源社区合作密切，其各个正式版本的桌面环境均采用 GNOME 的最新版本，并通常会紧随 GNOME 项目的进展而及时更新（同时，也提供基于 KDE、Xfce 等桌面环境的派生版本）。

Ubuntu 与 Debian 使用相同的 deb 软件包格式，可以安装绝大多数为 Debian 编译的软件包，虽然不能保证完全兼容，但大多数情况下是通用的。

以下为部分在 Ubuntu 桌面里默认安装的软件。

（1）GNOME：桌面环境与附属应用程序。从 Ubuntu 11.04 开始，GNOME 桌面环境被替换为 Ubuntu 开发的 Unity 环境。

（2）Unity：自 Ubuntu 11.04 后成为默认桌面环境，但仍然使用部分 GNOME 的附属应用程序。

（3）GIMP：绘图程序（Ubuntu 10.04 以上默认没有安装）。

（4）Firefox：网页浏览器（Web Browser）。

（5）Empathy：即时通信软件。

（6）Evolution：电子邮件与个人资讯管理软件（Personal Information Management System，PIM），现改为 Thunderbird。

（7）OpenOffice：办公套件（Office Software），从 Ubuntu 11.04 开始用 Libreoffice 作为默认办公套件。

（8）SCIM 输入法平台：其支持中、日、韩三国的文字输入，并有多种输入法选择（只有在安装系统时选择中日韩三国语系安装，其他输入法才会在默认情况下被安装），从 Ubuntu 9.04 开始，默认输入法变成 IBus。

（9）Synaptic：新立得软件包管理器。

（10）Totem：媒体播放器。

（11）Rhythmbox：音乐播放器。

10.5 FTP 服务

文件传输协议（File Transfer Protocol，FTP）是 TCP/IP 组中的协议之一。FTP 包括两个组成部分，其一为 FTP 服务器，其二为 FTP 客户端（见图 10-2）。其中 FTP 服务器用来存储文件，用户可以使用 FTP 客户端通过 FTP 访问位于 FTP 服务器上的资源。在开发网站的时候，通常利用 FTP 把网页或程序传到 Web 服务器上。此外，由于 FTP 传输效率非常高，所以在网络上传输大的文件时，一般也采用该协议。

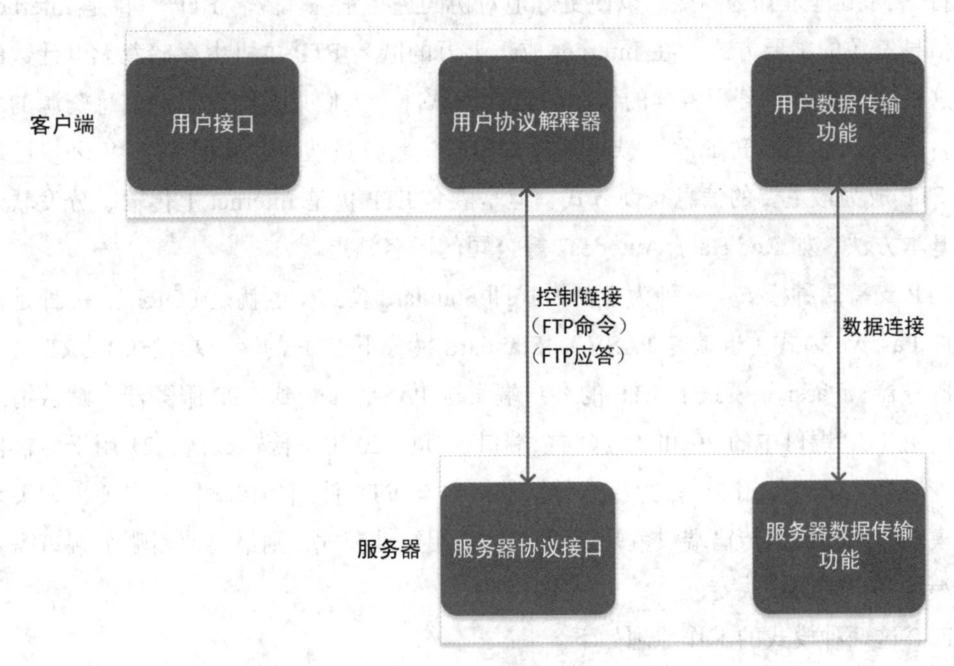

图 10-2　FTP 客户端与服务器通信

同大多数 Internet 服务一样，FTP 也是一个用户/服务器系统。用户通过一个用户机程序连接在远程计算机上运行的服务器程序。依照 FTP 提供服务、进行文件传输的计算机就是 FTP 服务器，而连接 FTP 服务器、遵循 FTP 与服务器传输文件的计算机就是 FTP 客户端。用户要连上 FTP 服务器，就要用到 FTP 的客户端软件，Windows 操作系统自带一个命令行的 FTP 用户程序。另外，常用的 FTP 用户程序还有 FileZilla、CuteFTP、WS_FTP、FlashFXP、LeapFTP、流星雨-猫眼等。

FTP 的地址是 FTP://用户名:密码@FTP 服务器 IP 或域名:FTP 命令端口/路径/文件名。除 FTP 服务器 IP 或域名为必需项外，其他都不是必需的。如以下地址都是有效 FTP 地址。

（1）FTP://foolish.6600.org。

（2）FTP://list:list@foolish.6600.org。

（3）FTP://list:list@foolish.6600.org:2003。

（4）FTP://list:list@foolish.6600.org:2003/soft/list.txt。

互联网中有很大一部分 FTP 服务器被称为“匿名”（Anonymous）FTP 服务器。这类服务器的目的是向公众提供文件复制服务，它不要求用户事先在该服务器进行登记注册，也不用取得 FTP 服务器的授权。匿名文件传输能够使用户与远程主机建立连接并以匿名身份从远程主机上复制文件，而不必是该远程主机的注册用户。用户使用特殊的用户名“anonymous”登录 FTP 服务器，就可访问远程主机上公开的文件。许多系统要求用户将 E-Mail 地址作为口令，以便更好地对访问进行跟踪。匿名 FTP 一直是 Internet 上获取信息资源的主要方式，在 Internet 成千上万的匿名 FTP 主机中存储着无以计数的文件，这些文件包含了各种各样的信息、数据和软件。人们只要知道特定信息资源的主机地址，就可以用匿名 FTP 登录获取所需的信息资料。虽然目前使用 WWW 环境已取代匿名 FTP 成为最主要的信息查询方式，但是匿名 FTP 仍是 Internet 上传输、分发软件的一种基本方法，如 Red Hat、Autodesk 等公司的匿名站点。

FTP 支持两种模式，一种为主动模式即 Standard 模式（也就是 PORT），一种是被动模式即 Passive 模式（也就是 PASV）。Standard 模式下 FTP 的客户端发送 PORT 命令到 FTP 服务器；Passive 模式下 FTP 的客户端发送 PASV 命令到 FTP 服务器。默认情况下 FTP 使用 TCP 端口中的 20 和 21 这两个端口，其中 20 用于传输数据，21 用于传输控制信息。但是，是否使用 20 作为传输数据的端口与 FTP 使用的传输模式有关，如果采用主动模式，那么数据传输端口就是 20；如果采用被动模式，则最终使用哪个端口需要服务器端和客户端协商决定。

FTP 这两种模式的工作原理如下。

（1）Standard 模式。FTP 客户端首先和 FTP 服务器的 TCP 21 端口建立连接，通过这个通道发送命令，客户端需要接收数据的时候在这个通道上发送 PORT 命令。PORT 命令包含了客户端用什么端口接收数据。在传输数据的时候，服务器端通过自己的 TCP 20 端口连接至客户端的指定端口，发送数据。FTP 服务器必须和客户端建立一个新的连接来传输数据。

（2）Passive 模式。其在建立控制通道的时候与 Standard 模式类似，但建立连接后发送的不是 PORT 命令，而是 PASV 命令。FTP 服务器收到 PASV 命令后，随机打开一个高端端口（端口号大于 1024）并且通知客户端在这个端口上传输数据，客户端连接 FTP 服务器的这个端口，然后 FTP 服务器将通过这个端口进行数据的传输，这个时候 FTP 服务器不再需要建立一个新的和客户端之间的连接。

很多防火墙在设置的时候不允许接受外部发起的连接，所以许多位于防火墙后或内网的 FTP 服务器不支持 PASV 模式，因为客户端无法穿过防火墙打开 FTP 服务器的高端端口；而许多内网的客户端不能用 PORT 模式登录 FTP 服务器，因为从服务器的 TCP 20 端口无法和内部网络的客户端建立一个新的连接，将导致无法工作。

FTP 仅仅提供了在 IPv4 上进行数据通信的能力支持，它的设计基于网络地址是 32 位这一假设。如原来的 PORT 命令格式是 PORT n1,n2,n3,n4,n5,n6，那么就有客户端 IP 地址（n1,n2,n3,n4）和端口（n5×256+n6）。但是，当 IPv6 出现以后，网络地址就比 32 位长许多了。原来对 FTP 进行的扩展在多协议环境中有时会失败，所以针对 IPv6，FTP 再次进行扩展，两个 FTP 命令 PORT 和 PASV 通过扩展后，被称为 EPRT 和 EPSV。

小文件传输协议（Trivial File Transfer Protocol，TFTP）比 FTP 简单但功能比 FTP 少。它在不需要用户权限或目录可见的情况下使用，使用 UDP 而不是 TCP。

TFTP 是一个传输文件的简单协议，它基于 UDP 而实现。此协议设计的目的是进行小文件的传输，因此它不具备通常的 FTP 的许多功能，它只能从文件服务器上获得或写入文件，不能列出目录，不能进行认证，传输 8 位数据。其在传输中有 3 种模式：netascii，以 8 位的 ASCII 码形式；octet，以 8 位源数据类型形式；mail，已经不再支持，它将返回的数据直接返回给用户而不是保存为文件。

10.6 域名和域名系统

Internet 中的地址方案分为两套，即 IP 地址系统和域名地址系统。这两套地址系统有对应的关系。IP 地址用二进制数来表示，每个 IP 地址长 32 位，由 4 个小于 256 的数字组成，数字之间用点间隔，例如，100.10.0.1 表示一个 IP 地址。由于 IP 地址是数字标识，使用时难以记忆和书写，因此在 IP 地址的基础上又发展出一种符号化的地址，来代替数字型的 IP 地址。每一个符号化的地址都与特定的 IP 地址对应，这样网络上的资源访问起来就容易得多了。这个与网络上的数字型 IP 地址相对应的字符型地址，就被称为域名（Domain Name）。

域名是由一串用点分隔的名字组成的 Internet 上某一台计算机或计算机组的名称，用于在数据传输时标识计算机的电子方位（有时也指地理位置，地理上的域名指代有行政自主权的一个地方区域）。一个域名是便于记忆和沟通的一组服务器的地址（网站、电子邮件、FTP 等）。

一个公司如果希望在网络上建立自己的主页，就必须取得一个域名，域名也是由若干部分组成的，包括数字和字母。通过该地址，人们可以在网络上找到所需的详细资料。域名是上网单位和个人在网络上的重要标识，起着识别作用，便于他人识别和检索某一企业、组织或个人的信息，从而更好地实现网络上的资源共享。除了识别功能，在虚拟环境下，域名还可以发挥引导、宣传、代表等作用。

通常 Internet 主机域名的一般结构是主机名.三级域名.二级域名.顶级域名。Internet 的顶级域名由 Internet 网络协会进行登记和管理，Internet 网络协会还为 Internet 的每一台主机分配唯一的 IP 地址。全世界现有三个大的网络信息中心：位于美国的 Inter-NIC 负责美国及其他地区；位于荷兰的 RIPE-NIC 负责欧洲地区；位于日本的 APNIC 负责亚太地区。

世界上第一个注册的域名是在 1985 年 1 月注册的。域名的注册遵循先申请先注册原则，管理认证机构对申请企业提出的域名是否侵犯了第三方的权利几乎不进行任何实质性审查。在中华网库每一个域名的注册都是独一无二、不可重复的，因此在网络上域名是一种相对有限的资源，它的价值将随着注册企业的增多而逐渐为人们所重视。

域名系统（Domain Name System，DNS）是 Internet 上域名和 IP 地址相互映射的一个分布式数据库，能够使用户更方便地访问互联网，而不用去记住能够被计算机直接读取的 IP 数串。通过主机名，最终得到该主机名对应的 IP 地址的过程叫作域名解析（或主机名解析）。DNS 协议运行在 UDP 之上，使用端口号 53。

主机名到 IP 地址的映射有以下两种方式。

（1）静态映射：每台设备上都配置主机到 IP 地址的映射，各设备独立维护自己的映射表，而且只供本设备使用。

（2）动态映射：建立一套域名解析系统，只在专门的 DNS 服务器上配置主机到 IP 地址的映射，网络上需要使用主机名通信的设备，首先需要到 DNS 服务器查询主机所对应的 IP 地址。

在解析域名时，可以首先采用静态域名解析的方法，如果静态域名解析不成功，再采用动态域名解析的方法。可以将一些常用的域名放入静态域名解析表中，这样可以大大提高域名解析效率。

10.7 实战项目：在 Ubuntu 上安装 FTP 服务

项目目标：在 Ubuntu 上安装 FTP 服务，并完成文件传输。

实战步骤如下。

（1）接着第 9 章的实战项目，在菜单栏的文本框中输入“terminal”（见图 10-3），选择第一个图标，进入 Terminal 窗口（见图 10-4）。

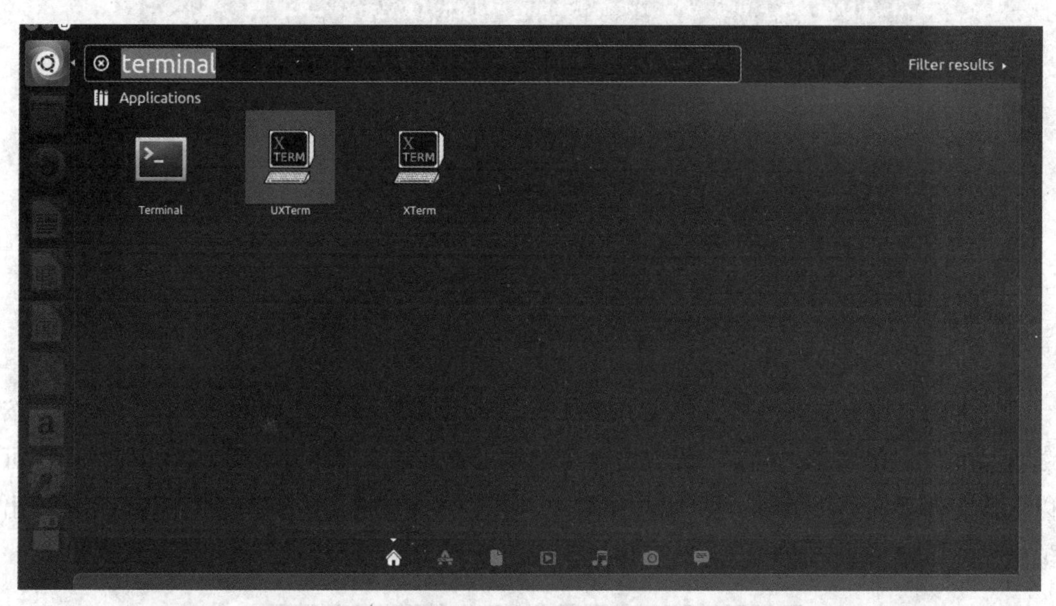

图 10-3 输入“terminal”

图 10-4 进入 Terminal 窗口

（2）先对系统进行更新，执行 Shell 命令“sudo apt-get update”（见图 10-5）。更新之后，安装 FTP 服务，执行 Shell 命令“sudo apt-get install vsftpd”（见图 10-6）。

```
test@ubuntu:~$ sudo apt-get update
Ign http://mirrors.aliyun.com trusty InRelease
Hit http://mirrors.aliyun.com trusty-updates InRelease
Hit http://mirrors.aliyun.com trusty-backports InRelease
Hit http://mirrors.aliyun.com trusty-security InRelease
Hit http://mirrors.aliyun.com trusty Release.gpg
Hit http://mirrors.aliyun.com trusty-updates/main Sources
Hit http://mirrors.aliyun.com trusty-updates/restricted Sources
Hit http://mirrors.aliyun.com trusty-updates/universe Sources
Hit http://mirrors.aliyun.com trusty-updates/multiverse Sources
```

图 10-5　对系统进行更新

```
test@ubuntu:~$ sudo apt-get install vsftpd
Reading package lists... Done
Building dependency tree
Reading state information... Done
The following packages were automatically installed and are no longer required:
  libntdb1 python-ntdb
Use 'apt-get autoremove' to remove them.
```

图 10-6　安装 FTP 服务

（3）FTP 服务安装好后，修改 FTP 的配置文件（见图 10-7）。进入配置文件后，按键盘字母“I”进入编辑模式。设置匿名可登录、可上传文件以及可写，这样任何人都可以上传文件了（见图 10-8、图 10-9 和图 10-10）。修改完成后，按键盘的“Esc”键退出编辑模式，用 Shell 命令“:wq”进行保存并退出。

```
test@ubuntu:~$ sudo vim /etc/vsftpd.conf
```

图 10-7　修改 FTP 的配置文件

```
test@ubuntu: ~
# Example config file /etc/vsftpd.conf
#
# The default compiled in settings are fairly paranoid. This sample file
# loosens things up a bit, to make the ftp daemon more usable.
# Please see vsftpd.conf.5 for all compiled in defaults.
#
# READ THIS: This example file is NOT an exhaustive list of vsftpd options.
# Please read the vsftpd.conf.5 manual page to get a full idea of vsftpd's
# capabilities.
#
#
# Run standalone?  vsftpd can run either from an inetd or as a standalone
# daemon started from an initscript.
listen=YES
#
# Run standalone with IPv6?
# Like the listen parameter, except vsftpd will listen on an IPv6 socket
# instead of an IPv4 one. This parameter and the listen parameter are mutually
# exclusive.
#listen_ipv6=YES
#
# Allow anonymous FTP? (Disabled by default)
anonymous_enable=YES
-- INSERT --                                              23,21         Top
```

图 10-8　设置匿名可登录

```
test@ubuntu: /srv/ftp
# Default umask for local users is 077. You may wish to change this to 022,
# if your users expect that (022 is used by most other ftpd's)
#local_umask=022
#
# Uncomment this to allow the anonymous FTP user to upload files. This only
# has an effect if the above global write enable is activated. Also, you will
# obviously need to create a directory writable by the FTP user.
anon_upload_enable=YES
#
# Uncomment this if you want the anonymous FTP user to be able to create
# new directories.
anon_mkdir_write_enable=YES
#
# Activate directory messages - messages given to remote users when they
# go into a certain directory.
dirmessage_enable=YES
#
# If enabled, vsftpd will display directory listings with the time
# in  your  local  time  zone.  The default is to display GMT. The
# times returned by the MDTM FTP command are also affected by this
# option.
use_localtime=YES
#
-- INSERT --                                              31,2          23%
```

图 10-9　设置可上传文件

```
# capabilities.
#
#
# Run standalone?  vsftpd can run either from an inetd or as a standalone
# daemon started from an initscript.
listen=YES
#
# Run standalone with IPv6?
# Like the listen parameter, except vsftpd will listen on an IPv6 socket
# instead of an IPv4 one. This parameter and the listen parameter are mutually
# exclusive.
#listen_ipv6=YES
#
# Allow anonymous FTP? (Disabled by default)
anonymous_enable=YES
#
# Uncomment this to allow local users to log in.
local_enable=YES
#
# Uncomment this to enable any form of FTP write command.
write_enable=YES
#
# Default umask for local users is 077. You may wish to change this to 022,
-- INSERT --                                              29,1           6%
```

图 10-10　设置可写

（4）用 Shell 命令“cd /srv/ftp/”进入 FTP 文件夹，在“/srv/ftp”目录里创建“pub”目录并修改权限，用于匿名用户上传文件（见图 10-11）。配置完成后，重启 FTP 服务（见图 10-12）。

```
test@ubuntu:/srv/ftp$ cd /srv/ftp/
test@ubuntu:/srv/ftp$ sudo mkdir pub
test@ubuntu:/srv/ftp$ sudo chown ftp:ftp pub
test@ubuntu:/srv/ftp$
```

图 10-11　在“/srv/ftp”目录里创建“pub”目录并修改权限

```
test@ubuntu:/$ sudo service vsftpd restart
vsftpd stop/waiting
vsftpd start/running, process 69303
test@ubuntu:/$
```

图 10-12　重启 FTP 服务

（5）在本地物理机上打开“我的电脑”，在地址栏输入“ftp://虚拟机的 IP 地址”，访问 FTP 服务（见图 10-13）。在“pub”文件夹中创建文件进行上传测试（见图 10-14）。

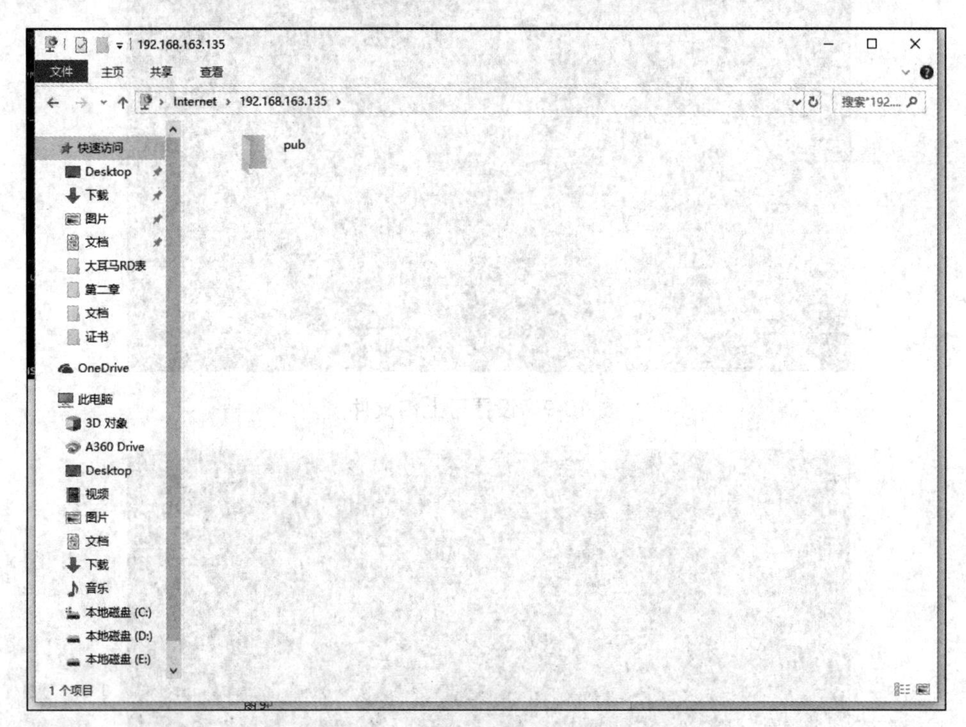

图 10-13 在本地物理机上访问 FTP 服务

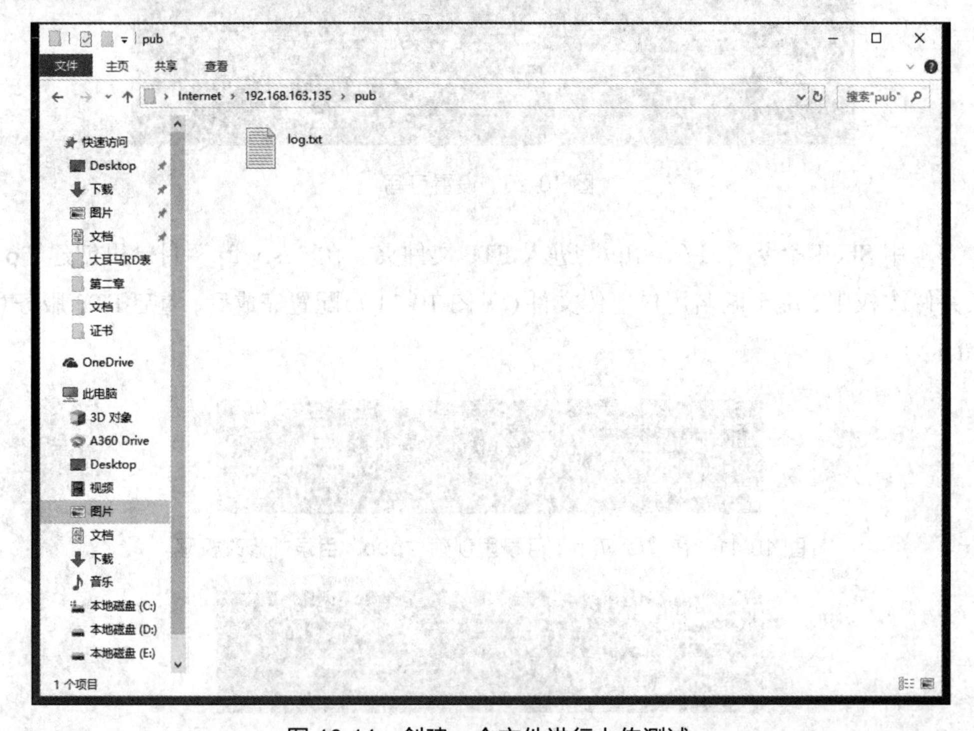

图 10-14 创建一个文件进行上传测试

10.8 实战项目：在 Ubuntu 上安装 DNS 服务

项目目标：在 Ubuntu 上安装 DNS 服务，并完成域名解析。

实战步骤如下。

（1）在 Terminal 终端用 Shell 命令“sudo apt-get install bind9”安装 DNS 服务（见图 10-15）。安装好后，用 Shell 命令“sudo vim /etc/bind/named.conf.default-zones”进入 DNS 解析文件（见图 10-16），修改服务器解析文件。进入文件之后，按键盘字母“I”进入编辑模式，在底部添加图 10-17 中信息并保存。

```
test@ubuntu:/$ sudo apt-get install bind9
Reading package lists... Done
Building dependency tree
Reading state information... Done
The following packages were automatically installed and are no longer required:
  libntdb1 python-ntdb
Use 'apt-get autoremove' to remove them.
The following extra packages will be installed:
  bind9utils
Suggested packages:
  bind9-doc
The following NEW packages will be installed:
  bind9 bind9utils
0 upgraded, 2 newly installed, 0 to remove and 14 not upgraded.
Need to get 433 kB of archives.
After this operation, 1,639 kB of additional disk space will be used.
Do you want to continue? [Y/n]
```

图 10-15　安装 DNS 服务

```
root@ubuntu:/home/test# sudo vim /etc/bind/named.conf.default-zones
```

图 10-16　进入 DNS 解析文件

```
zone "test.com" {
        type master;
        file "/etc/bind/db.test.com";
};
```

图 10-17　在底部添加信息并保存

（2）用 Shell 命令“sudo cp /etc/bind/db.local db.test.com”将“/etc/bind/db.local”文件复制一份（见图 10-18）。编辑复制的文件，在末尾加上图中下方的标记方框处的语句（见图 10-19）。编辑完成后退出文件并用 Shell 命令“sudo service bind9 restart”重启服务（见图 10-20）。

```
root@ubuntu:/home/test# sudo cp /etc/bind/db.local db.test.com
```

图 10-18　将文件复制一份

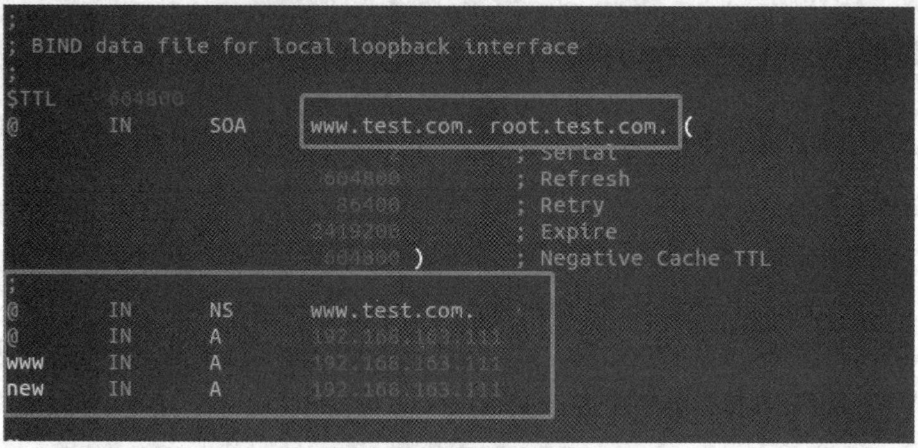

```
;
; BIND data file for local loopback interface
;
$TTL    604800
@       IN      SOA     www.test.com. root.test.com. (
                              2         ; Serial
                         604800         ; Refresh
                          86400         ; Retry
                        2419200         ; Expire
                         604800 )       ; Negative Cache TTL
;
@       IN      NS      www.test.com.
@       IN      A       192.168.163.111
www     IN      A       192.168.163.111
new     IN      A       192.168.163.111
```

图 10-19　在末尾加上下方方框处语句

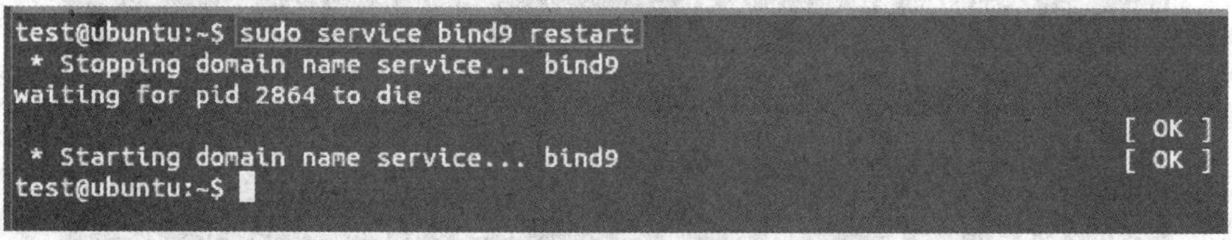

```
test@ubuntu:~$ sudo service bind9 restart
 * Stopping domain name service... bind9
waiting for pid 2864 to die
                                                                    [ OK ]
 * Starting domain name service... bind9                            [ OK ]
test@ubuntu:~$
```

图 10-20　重启服务

（3）用“host”命令解析域名（见图 10-21），再用“nslookup”命令解析域名（见图 10-22）。验证服务是否安装成功，如果出现图中的信息，即安装成功。

```
root@ubuntu:/home/test# host www.test.com
www.test.com has address 192.168.163.111
```

图 10-21　用“host”命令解析域名

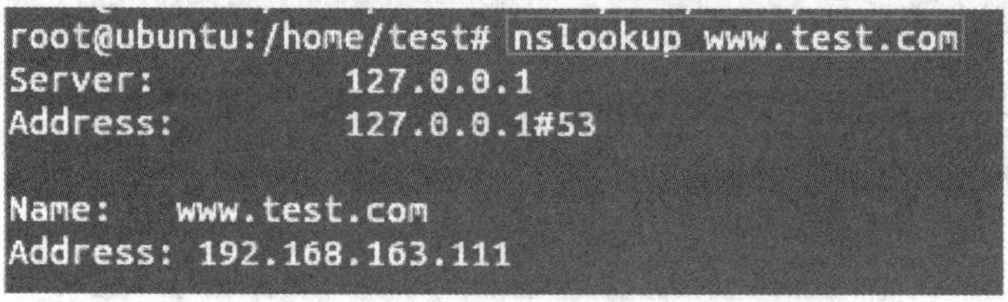

```
root@ubuntu:/home/test# nslookup www.test.com
Server:         127.0.0.1
Address:        127.0.0.1#53

Name:   www.test.com
Address: 192.168.163.111
```

图 10-22　用“nslookup”命令解析域名

10.9　思考与练习

1. 在创建 Linux 分区时，一定要创建（　　）两个分区。

   A. FAT/NTFS　　B. FAT/SWAP　　C. NTFS/SWAP　　D. SWAP/根分区

2. 在 Red Hat Linux 9 中，系统默认的（　　）用户对整个系统拥有完全的控制权。

   A. Root　　B. Guest　　C. Administrator　　D. Supervisor

3. 存放用户密码信息的目录是（　　）。

A. /boot　　B. /etc　　C. /var　　D. /dev

4. 默认情况下，管理员创建了一个用户，就会在（　　）目录下创建一个用户主目录。

A. /usr　　B. /home　　C. /root　　D. /etc

5. 如果要列出一个目录下的所有文件，需要使用命令行（　　）。

A. ls -l　　B. ls　　C. ls -a（所有）　　D. ls -d

6. 可以将普通用户转换成超级用户的命令是（　　）。

A. super　　B. passwd　　C. tar　　D. su

7. 除非特别指定，cp 假定要复制的文件在下面哪个目录下？（　　）

A. 用户目录　　B. home 目录　　C. root 目录　　D. 当前目录

8. 按下（　　）组合键能终止当前运行的命令。

A. Ctrl+C　　B. Ctrl+F　　C. Ctrl+B　　D. Ctrl+D

9. 用来启动 X Window 的命令是（　　）。

A. runx　　B. Startx　　C. startX　　D. xwin

10. 用来分离目录名和文件名的字符是（　　）。

A. dash（-）　　B. slash（/）　　C. period（.）　　D. asterisk（*）

第11章 Web服务

亚马逊旗下公司 Amazon Web Services，Inc.（AWS）在中国开通了三个 Amazon CloudFront 站点，分别位于北京、上海和宁夏中卫。在中国开通新站点可以为中国客户提供更好的体验，包括更快的内容分发和更高的安全性。

本章要点：

1. 了解 Web 服务的客户端和服务器端；
2. 了解三层架构；
3. 了解 Web 服务相关知识。

11.1 Web 服务的客户端和服务器端

基于 Web 的服务开发具有简单易用的特点，Web 技术通常被用作云计算服务的实现介质和管理接口。

所谓 Web，在互联网领域指网页，表现的形式有超文本（Hyper Text）、超媒体（Hypermedia）、超文本传输协议（HTTP）等。Web 技术是开发互联网应用的技术总称，一般包括 Web 客户端技术和 Web 服务器端技术。

11.1.1 Web 客户端

Web 客户端的主要任务是展现信息内容。Web 客户端设计技术主要包括 HTML、Java Applets、脚本程序、CSS、DHTML、插件技术以及 VRML 技术等。

（1）HTML：超文本标记语言（Hyper Text Markup Language，HTML），是构成 Web 页面的主要工具。

（2）Java Applets：Java 应用小程序。Java Applets 使用 Java 创建应用小程序，浏览器可以将 Java Applets 从服务器下载到浏览器，在浏览器所在的计算机上运行。Java Applets 可提供动画、音频等多媒体服务。1996 年，著名的 Netscape 浏览器在其 2.0 版本中率先提供了对 Java Applets 的支持，随后，Microsoft 的 IE 3.0 也在这一年开始支持

Java 技术。Java Applets 使得 Web 页面从只能展现静态的文本或图像信息，发展到可以动态展现丰富多样的信息。动态 Web 页面不仅可以表现网页视觉展示方式的多样化，更重要的是它可以对网页中的内容进行控制与修改。

（3）脚本程序：嵌入在 HTML 文档中的程序。使用脚本程序可以创建动态页面，提高交互性。用于编写脚本程序的语言主要有 JavaScript 和 VBScript。JavaScript 由 Netscape 公司开发，具有易使用、变量类型灵活和无须编译等特点。VBScript 由 Microsoft 公司开发，与 JavaScript 一样，可用于设计交互的 Web 页面。虽然 JavaScript 和 VBScript 语言最初都是为创建客户端动态页面而设计的，但它们都可以用于编写服务器端脚本程序。客户端脚本与服务器端脚本程序的区别在于执行的位置不同，前者在客户端计算机执行，而后者是在 Web 服务器端计算机执行。

（4）CSS：级联样式表（Cascading Style Sheets）。通过在 HTML 文档中设立样式表，可以统一控制 HTML 中各标签显示属性。1996 年年底，万维网联盟（World Wide Web Consortium，W3C）提出了 CSS 的建议标准，同年，IE 3.0 引入了对 CSS 的支持。CSS 大大提高了开发者对信息展现格式的控制能力。1997 年的 Netscape 4.0 不但支持 CSS，而且增加了许多 Netscape 公司自定义的动态 HTML 标签，这些标签在 CSS 的基础上，让 HTML 页面中的各种要素的展现方式更加灵活。

（5）DHTML：动态 HTML（Dynamic HTML）。1997 年，Microsoft 发布了 IE 4.0，并将动态 HTML 标签、CSS 和动态对象模型（Dynamic Object Model）发展成一套完整、实用、高效的用户端开发技术体系，Microsoft 称其为 DHTML。同样是实现 HTML 页面的动态效果，DHTML 技术无须启动 Java 虚拟机或其他脚本环境，就可以在浏览器的支持下，获得更好的展现效果和更高的执行效率。

（6）插件技术：这一技术大大丰富了浏览器的多媒体信息展示功能，常见的插件包括 QuickTime、RealPlayer、MediaPlayer 和 Flash 等。为了在 HTML 页面中实现音频、视频等更为复杂的多媒体应用，1996 年的 Netscape 2.0 成功地引入了对 QuickTime 插件的支持，插件这种开发方式也迅速融入了 Web 技术。同年，在 Windows 平台上，Microsoft 将 COM 和 ActiveX 技术应用于 IE 浏览器中，其推出的 IE 3.0 正式支持在 HTML 页面中插入 ActiveX 控件，这为其他厂商扩展 Web 客户端的信息展现方式提供了便捷的途径。1999 年，RealPlayer 插件先后在 Netscape 和 IE 浏览器中取得了成功，与此同时，Microsoft 的媒体播放插件 MediaPlayer 也被预装到了各种 Windows 版本之中。20 世纪 90 年代初期，Jonathan Gay 在 FutureWave 公司开发了一种名为 Future Splash Animator 的二维矢量动画展示工具，1996 年，Macromedia 公司收购了 FutureWave，并将 Jonathan Gay 的发明改名为人们现在熟知的 Flash。从此，Flash 成了 Web 开发者的一种常用工具。

（7）VRML 技术：虚拟现实建模语言（Virtual Reality Modeling Language）。Web 已经由静态步入动态，并正在逐渐由二维走向三维，将用户带入五彩缤纷的虚拟现实世界。VRML 是目前创建三维对象最重要的工具之一，它是一种基于文本的语言，并可运行于任何平台。

（8）HTTP 2：HTTP 2 不再是纯文本协议，而是二进制协议，这样协议的解析也更简单，传输也更快。HTTP 2 从 Google 的 SPDY 协议中借鉴了很多特性，重点改善了 HTTP 在网络环境下的性能。简单来讲，HTTP 2 更快。来自同一个 domain 的 HTTP 请求可以共享同一个 TCP 连接，这样可以很大程度上解决网络延迟带来的性能问题。HTTP 2 的出现让之前的很多 Web 前端优化技术可能不再是必需。HTTP 2 还有一些其他特性，如 header 压缩等。Firefox 已经开始支持 HTTP 2，包括 Chrome 在内的不少浏览器之前就支持 SPDY 协议。

（9）HTML5：HTML5 的标准规范已经制定完成，并已公开发布。HTML5 的设计目的是在移动设备上支持多媒体。新的语法特征被引进以支持这一点，如 video、audio 和 canvas 标签。HTML5 还提供了一些新的元素和属性，如 nav（网站导航块）和 footer。nav 标签将有利于搜索引擎的索引整理，同时可更好地帮助有小屏幕装置的人和视力障碍人士使用。HTML5 还引进了新的功能，可以真正改变用户与文档的交互方式，包括新的解析规则，一个 HTML5 文档到另一个文档间的拖放功能、离线编辑、多用途互联网邮件扩展（MIME）和协议处理程序注册，在 SQL 数据库中存储数据的通用标准（Web SQL）等。

11.1.2 Web 服务器端

与 Web 客户端技术从静态向动态的演变过程类似，Web 服务器端的开发技术也由静态向动态逐渐发展、完善起来。Web 服务器端技术主要包括服务器、CGI、PHP、ASP、ASP.NET、Servlet 和 JSP 等技术。

（1）服务器技术：主要指有关 Web 服务器构建的基本技术，包括服务器策略与结构设计、服务器软硬件的选择及其他有关服务器构建的问题。

（2）CGI 技术：公共网关接口（Common Gateway Interface）。最早的 Web 服务器简单地响应浏览器发来的 HTTP 请求，并将存储在服务器上的 HTML 文件返回给浏览器。CGI 是第一种使服务器能根据运行时的具体情况动态生成 HTML 页面的技术。1993 年，美国国家超级计算机应用中心（National Center Supercomputing Applications，NCSA）提出 CGI 1.0 的标准草案，之后分别在 1995 年和 1997 年制定了 CGI 1.1 和 1.2 标准。CGI 技术允许服务器端的应用程序根据客户端的请求动态生成 HTML 页面，这使客户端和服务器端的动态信息交换成为可能。随着 CGI 技术的普及，聊天室、论坛、电子商务、信息查询、全文检索等各式各样的Web应用蓬勃兴起，人们可以享受信息检索、信息交换、信息处理等更为便捷的信息服务。

（3）PHP（原为 Personal Home Page 的缩写，现已正式更名为 PHP Hypertext Preprocessor）技术：1994年，拉斯马斯·勒德尔夫（Rasmus Lerdorf）发明了专用于Web服务器端编程的PHP语言。与以往的CGI程序不同，PHP语言将HTML代码和PHP指令合成完整的服务器端动态页面，Web应用的开发者可以用一种更加简便、快捷的方式实现动态Web功能。

（4）ASP技术：活动服务器页面（Active Server Pages）。1996年，Microsoft借鉴PHP的思想，在其Web服务器IIS 3.0中引入了ASP技术。ASP使用的脚本语言是VBScript和JavaScript。借助Microsoft Visual Studio等开发工具在市场上的成功，ASP迅速成为Windows系统下Web服务器端的主流开发技术。

（5）ASP.NET技术：它使用C#语言代替ASP技术的JavaScript脚本语言，用编译代替了逐句解释，提高了运行效率。ASP.NET是建立.NET框架的公共语言运行库上的编程框架，可在服务器上生成功能强大的Web应用程序，代替以前在Web网页中加入的ASP脚本代码，使界面设计与程序设计以不同的文件分离，复用性和维护性得到增强。ASP.NET已经成为面向下一代企业级网络计算的Web平台，是对传统ASP技术的重大升级和更新。

（6）Servlet、JSP技术：以Sun公司为首的Java阵营于1997年和1998年分别推出了Servlet和JSP技术。与JSP的组合让Java开发者同时拥有了类似CGI程序的集中处理功能和类似PHP的HTML嵌入功能。此外，Java的运行时编译技术也大大提高了Servlet和JSP的执行效率。Servlet和JSP被后来的JavaEE平台吸收并成为核心技术。

11.2 三层架构

三层架构在通常意义上是将整个业务应用划分为（见图11-1）界面层（User Interface Layer）、业务逻辑层（Business Logic Layer）和数据访问层（Data Access Layer）。三层架构不是指物理上的三层，不是简单地放置三台计算机就是三层架构，也不是有B/S应用才是三层架构，三层是指逻辑上的三层，即把这三个层放置到一台计算机上。区分层次的目的是利用“高内聚低耦合”的思想。在软件体系架构设计中，分层式结构是最常见，也是最重要的一种结构。

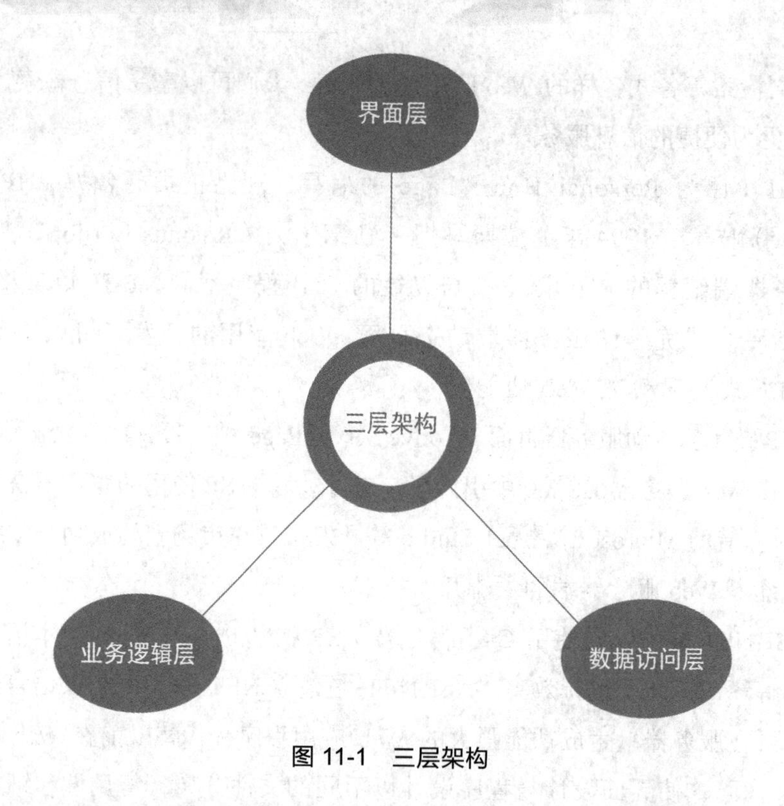

图 11-1　三层架构

三层架构的关键思想是在客户端与数据库之间加入一个中间层，即业务逻辑层。在三个层次中，系统主要功能和业务逻辑都在业务逻辑层进行处理。三层架构的应用程序将业务规则、数据访问、合法性校验等放到了中间层进行处理。通常情况下，客户端不直接与数据库进行交互，而是通过 COM/DCOM 通信与中间层建立连接，再经由中间层与数据库进行交互。

三层架构的具体定义如下。

（1）界面层：又称表示层，主要是指与用户交互的界面，用于接收用户输入的数据和显示处理后用户需要的数据。界面层主要以 Web 方式表示，也可以表示成 WinForm 方式，如果逻辑层足够强大和完善，无论界面层如何定义和更改，逻辑层都能提供完善的服务。

（2）业务逻辑层：是界面层和数据访问层之间的桥梁，实现业务逻辑。业务逻辑具体包含验证、计算、业务规则等。业务逻辑层是系统架构中体现核心价值的部分，它的关注点主要集中在业务规则的制定、业务流程的实现等与业务需求有关的系统设计，也就是说，它与系统所应对的领域逻辑有关。业务逻辑层在体系架构中的位置很关键，它处于数据访问层与界面层中间，起到了数据交换中的承上启下作用。由于层是一种弱耦合结构，层与层之间的依赖是向下的，所以底层对上层来说是“透明”的，改变上层的设计对其调用的底层来说没有任何影响。如果在分层设计时，遵循了面向接口设计的思想，那么这种向下的依赖也应该是一种弱依赖关系。因而在不改变接口定义的前提下，理想的分层式架构应该是一个可抽取、可替换的“抽屉”式架构。正因为如此，业务逻辑层的设计对一个支持可扩展的架构尤为关键，因为它扮演了两个不同的角色：对数据访问层来说，它是调用者；对界面层来说，它却是被调用者。

（3）数据访问层：与数据库打交道，主要实现对数据的增、删、改、查，将存储在数据库中的数据提交给业务逻辑层，同时将业务逻辑层处理的数据保存到数据库。数据访问层可以访问数据库系统、二进制文件、文本文档或是 XML 文档。用户的需求反映给界面层，界面层反映给业务逻辑层，业务逻辑层反映给数据访问层，数据访问层进行对数据的操作，操作后再一一返回，直到将用户所需数据反馈给用户。

采用三层架构的优点有以下几点：

（1）开发人员可以只关注整个结构中的其中一层；

（2）可以很容易地用新的实现来替换原有层次的实现；

（3）结构清晰、耦合度低，可以减弱层与层之间的依赖；

（4）有利于标准化；

（5）有利于各层逻辑的复用；

（6）结构更加明确；

（7）可维护性高，可扩展性高，极大地降低了维护成本并减少了维护时间。

采用三层架构的缺点有以下几点。

（1）降低了系统的性能。如果不采用分层式结构，很多业务可以直接访问数据库，获取相应的数据，如今却必须通过中间层来完成。

（2）有时会导致级联的修改。这种修改尤其体现在自上而下的方向，如果在界面层中需要增加一个功能，为保证其设计符合分层式结构，可能需要在相应的业务逻辑层和数据访问层中都增加相应的代码。

（3）提高了开发成本。

11.3 Web 服务相关知识

除了 Web 的客户端和服务器端、Web 的三层架构，还有许多与 Web 服务和技术相关的知识。包括统一资源定位符（URL）、HTML、HTTP、HTTPS、服务等级协议、服务质量（Quality of Service，QoS）等。

11.3.1 统一资源定位符

Internet 上的信息资源分布在各个 Web 站点，要找到所需信息就必须有一种确定信息资源位置的方法，这个方法就是统一资源定位符（Uniform Resource Locator，URL）。

URL 也被称为网页地址，是 Internet 上标准的资源地址。它最初由蒂姆·伯纳斯·李（Tim Berners-Lee）发明，用来作为万维网的地址，现在它已经被万维网联盟编制为 Internet 标准 RFC1738。人们在浏览器的地址栏输入网站地址 URL，通过 HTTP 或者 HTTPS 协议请求资源，浏览器将 Web 服务器上站点的网页代码提取出来，并翻译成网页。

一个完整的 URL 包括访问协议类型、主机地址、端口号码、路径、参数、查询和信息片段（见图 11-2）。

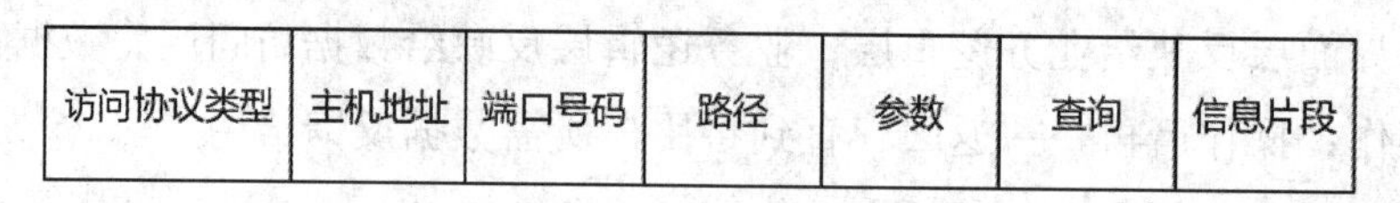

图 11-2 完整的 URL

（1）访问协议类型：即使用的传输协议。File 代表资源是本地计算机上的文件，格式是 file://；ftp 代表通过 FTP 访问该资源，格式是 FTP://；gopher 代表通过 Gopher 协议访问该资源；http 代表通过 HTTP 访问该资源，格式是 HTTP://；https 代表通过安全的 HTTPS 访问该资源，格式是 HTTPS://；mailto 代表资源为电子邮件地址，通过 SMTP 访问，格式是 mailto:；MMS 代表支持 MMS（流媒体）协议播放该资源，格式是 MMS://；ed2k 代表支持 ed2k（专用下载链接）协议的 P2P 软件访问该资源，格式是 ed2k://；Flashget 代表支持 Flashget（专用下载链接）协议的 P2P 软件访问该资源，格式是 Flashget://；thunder 代表支持 Thunder（专用下载链接）协议的 P2P 软件访问该资源，格式是 thunder://；News 代表通过 NNTP 访问该资源。

（2）主机地址：指存放资源的服务器的主机名或 IP 地址。有时，在主机名前也可以包含连接到服务器所需的用户名和密码（格式：username:password@hostname）。

（3）端口号码：整数，可选，省略时使用默认端口，各种传输协议都有默认的端口号，如 http 的默认端口号为 80。如果输入时省略，则使用默认端口号。有时出于安全或其他考虑，可以在服务器上对端口进行重定义，即采用非标准端口号，此时，URL 中就不能省略端口号这一项。

（4）路径：由 0 或多个"/"符号隔开的字符串，一般用来表示主机上的一个目录或文件地址。

（5）参数：用于指定特殊参数的可选项。

（6）查询：可选，用于给动态网页（如使用 CGI、ISAPI、PHP/JSP/ASP/ASP.NET 等技术制作的网页）传递参数，可有多个参数，用"&"符号隔开，每个参数的名称和值用"="符号隔开。

（7）信息片段：字符串，用于指定网络资源中的片段。如一个网页中有多个名词解释，可使用 fragment 直接定位到某一名词解释。

URL可以实现转发，即通过服务器的特殊设置，将访问当前域名的用户引导到指定的另一个网络地址。例如，URL 转发可以让用户在访问 http://www.rymooc.com 时，自动转向要访问的一个指定的网址 http://www.ryjiaoyu.com，URL 转发功能是万维网提供的域名注册后的增值服务。

11.3.2 HTML

万维网上的一个超媒体文档称为页面（page）。一个组织或者个人在万维网上放置开始点的页面称为主页（Homepage）或首页，主页中通常包括指向其他相关页面或其他节点的指针，即超级链接，所谓超级链接是一种统一资源定位器 URL 指针，通过激活（单击）它，可使浏览器方便地获取新的网页。在逻辑上，将被视为一个整体的一系列页面的有机集合称为网站（Website 或 Site）。

HTML 是万维网的描述语言。设计 HTML 的目的是把存放在一台计算机中的文本或图形与另一台计算机中的文本或图形方便地联系在一起，形成有机的整体，人们不用考虑具体信息是在当前计算机上还是在网络的其他计算机上。这样，用户只要使用鼠标指针在某一文档中单击一个图标，Internet 就会马上转到与此图标相关的内容上去，而这些信息可能存放在网络的另一台计算机中。网页的本质就是 HTML，通过结合使用其他的 Web 技术（如脚本语言、公共网关接口、组件等），可以创造出功能强大的网页。因此，HTML 是万维网编程的基础，也就是说，万维网是建立在超文本基础之上的。

HTML 是标准通用标记语言下的一个应用，是一种规范和标准，它通过标识符号来标识要显示的网页中的各个部分。HTML 中的“超文本”就是指页面内可以包含图片、链接，甚至音乐、程序等非文字元素。HTML 的结构包括头部（Head）和主体（Body）部分，其中头部提供关于网页的信息，主体提供网页的具体内容。

网页文件本身是一种文本文件，通过在文本文件中添加标签，可以告诉浏览器如何显示其中的内容（例如，文字如何处理、画面如何安排、图片如何显示等）。浏览器按顺序阅读网页文件，然后根据标签解释和显示其标识的内容，对书写出错的标签将不指出其错误，且不停止其解释执行过程，编制者只能通过显示效果来分析出错原因和出错部位。但需要注意的是，对于不同的浏览器，对同一标签可能会有不完全相同的解释，因而可能会有不同的显示效果。HTML 的版本迭代如下。

HTML 在 1993 年 6 月作为互联网工程工作小组的工作草案发布。

HTML 2.0 在 1995 年 11 月作为 RFC1866 发布，在 RFC2854 于 2000 年 6 月发布之后，其被宣布已经过时。

HTML 3.2 在 1997 年 1 月 14 日被万维网联盟 W3C 推荐为标准。

HTML 4.0 在 1997 年 12 月 18 日被万维网联盟 W3C 推荐为标准。

HTML 4.01 在 1999 年 12 月 24 日被万维网联盟 W3C 推荐为标准。

HTML 5 在 2014 年 10 月 28 日被万维网联盟 W3C 推荐为标准。

一个网页对应多个 HTML 文件，HTML 文件以.htm 或.html 为扩展名。可以使用任何能够生成 TXT 类型源文件的文本编辑器来产生 HTML 文件，只需修改文件后缀即可。标准的 HTML 文件都具有一个基本的整体结构，标签一般都成对出现（部分标签除外，如
），如 HTML 文件的开头与结尾标签和 HTML 的头部与主体两大部分。

HTML 语言有两个双标签用于页面整体结构的确认。

（1）标签<html>、</html>：说明该文件是用 HTML 来描述的，<html>是文件的开头，</html>则表示该文件的结尾，它们是 HTML 文件的开始标签和结尾标签。

（2）标签<head>、</head>：这两个标签分别表示头部信息的开始和结尾。头部中包含的标识是页面的标题、序言、说明等内容，它本身不作为内容来显示，但影响网页显示的效果。头部中最常用的标签是标题标签和 meta 标签，其中标题标签用于定义网页的标题，它的内容显示在网页窗口的标题栏中，网页标题可被浏览器用作书签和收藏清单。头部信息可以设置文档标题和其他在网页中不显示的信息，如方向、语言代码、指定字典中的元信息等。

HTML 文档制作不是很复杂，但其功能强大，支持不同数据格式的文件导入，这也是万维网盛行的原因之一，HTML 主要特点如下。

（1）简易性：HTML 语言版本升级采用超集方式，更加灵活方便。

（2）可扩展性：HTML 语言的广泛应用以及采取的子类元素方式，为系统扩展带来保证。

（3）平台无关性：虽然个人计算机大行其道，但使用 Mac 等其他计算机的用户也非常多，HTML 可以使用在广泛的平台上，它允许网页制作人建立文本与图片相结合的复杂页面，这些页面可以被网上的任何人浏览，无论使用的是什么类型的计算机或浏览器。

HTML 文件其实是文本，它需要浏览器的解释，它的编辑器大体可以分为以下 3 种。

（1）基本文本、文档编辑软件：使用微软自带的记事本或写字板就可以编写 HTML 文件，存盘时使用.htm 或.html 作为扩展名，浏览器就可以直接解释执行。

（2）半所见即所得软件：如 FCK-Editer、E-Webediter、Sublime Text 等在线网页编辑器。

（3）所见即所得软件：使用最广泛的编辑器，如 Amaya（万维网联盟）、Frontpage（微软）、Dreamweaver（Adobe）。所见即所得软件与半所见即所得软件相比，优点是开发速度更快，效率更高，且直观的表现力更强，对任何地方进行的修改只需要刷新即可显示；缺点是生成的代码结构复杂，不利于大型网站的多人协作和精准定位等高级功能的实现。

11.3.3 HTTP

超文本传输协议（Hyper Text Transfer Protocol，HTTP）是TCP/IP组中的协议之一，是互联网上应用最为广泛的一种网络协议，所有的WWW文件都必须遵守这个标准，设计HTTP最初的目的是提供一种发布和接收HTML页面的方法。1960年美国人Ted Nelson构思了一种通过计算机处理文本信息的方法，并称之为超文本（hypertext），这成为HTTP标准架构的发展根基。Ted Nelson组织协调万维网协会和互联网工程工作小组共同合作研究，最终发布了一系列的RFC，其中著名的RFC2616定义了HTTP 1.1。

HTTP是客户端浏览器或其他程序与Web服务器之间的应用层通信协议。在Internet上的Web服务器上存放的都是超文本信息，客户机需要通过HTTP传输所要访问的超文本信息。HTTP用于从Web服务器传输超文本到本地浏览器，它可以使浏览器更加高效，减少网络传输。它不仅保证计算机正确快速地传输超文本文档，还确定传输文档中的哪一部分，以及哪部分内容首先显示（如文本先于图形）等。HTTP包含命令和传输信息，不仅可用于Web访问，也可以用于其他Internet/内联网应用系统之间的通信，从而实现各类应用资源超媒体访问的集成。

通常，HTTP的使用由HTTP客户端发起一个请求，建立一个到服务器指定端口（默认是80端口）的TCP连接，HTTP服务器则在那个端口监听客户端发送过来的请求。一旦收到请求，服务器向客户端发回一个状态行（如“HTTP/1.1 200 OK”）和响应的消息，消息的消息体可能是请求的文件、错误消息，或者其他一些信息。HTTP使用TCP而不是UDP的原因在于打开一个网页必须传输很多数据，而TCP提供传输控制、按顺序组织数据和错误纠正。

HTTP的主要特点可概括如下。

（1）支持用户/服务器模式，支持基本认证和安全认证。

（2）简单快速：用户向服务器请求服务时，只需传输请求方法和路径。请求方法常用的有GET、HEAD、POST，每种方法规定了用户与服务器联系的类型不同。由于HTTP简单，所以HTTP服务器的程序规模小，因而通信速度很快。

（3）灵活：HTTP允许传输任意类型的数据对象，正在传输的类型由Content-Type加以标记。

（4）HTTP 0.9和1.0使用非持续连接：限制每次连接只处理一个请求，服务器处理完用户的请求并收到用户的应答后，即断开连接，采用这种方式可以节省传输时间。

（5）HTTP 1.1使用持续连接：不必为每个Web对象创建一个新的连接，一个连接可以传输多个对象。

（6）无状态：HTTP 是无状态协议，无状态是指协议对事务处理没有记忆能力。缺少状态意味着如果后续处理需要前面的信息，则它必须重传，这样可能导致每次连接传输的数据量增大。例如，用户获得一张网页之后关闭浏览器，然后再次启动浏览器，再登录该网站，但是服务器并不知道用户关闭了一次浏览器。

由于 Web 服务器要面对很多浏览器的并发访问，为了提高 Web 服务器对并发访问的处理能力，在设计 HTTP 时，规定 Web 服务器发送 HTTP 应答报文和文档时，不保存发出请求的 Web 浏览器进程的任何状态信息。这有可能出现一个情况，浏览器在几秒之内两次访问同一对象时，服务器进程不会因为已经给第一次的服务请求发过应答报文而不接受第二次服务请求。由于 Web 服务器不保存发送请求的 Web 浏览器进程的任何信息，因此 HTTP 属于无状态协议。

一次 HTTP 操作称为一个事务，其工作过程可分为 4 步。

（1）首先客户机与服务器需要建立连接，只需单击某个超级链接，HTTP 的工作即可开始。

（2）建立连接后，客户机发送一个请求给服务器，请求的格式是统一资源定位符、协议版本号、请求修饰符、客户机信息和可能的内容等。

（3）服务器接到请求后，给予相应的响应信息，其格式为一个状态行，包括信息的协议版本号、一个成功或错误的代码、服务器信息、实体信息和可能的内容等。

（4）客户端接收服务器所返回的信息，通过浏览器将其显示在用户的显示屏上，然后客户机与服务器断开连接。

如果以上过程中的某一步出现错误，那么产生错误的信息将返回客户端，由显示屏输出。对用户来说，这些过程是由 HTTP 自己完成的，用户只要用鼠标单击，等待信息显示就可以了。

请求方法有多种，各个方法的解释如下。

（1）GET：请求获取 Request-URI 所标识的资源。

（2）POST：在 Request-URI 所标识的资源后附加新的数据。

（3）HEAD：请求获取由 Request-URI 所标识的资源的响应消息报头。

（4）PUT：请求服务器存储一个资源，并用 Request-URI 作为其标识。

（5）DELETE：请求服务器删除 Request-URI 所标识的资源。

（6）TRACE：请求服务器回送收到的请求信息，主要用于测试或诊断。

（7）CONNECT：保留，将来使用。

（8）OPTIONS：请求查询服务器的性能，或者查询与资源相关的选项和需求。

状态代码由 3 位数字组成，第一位数字定义了响应的类别，有以下 5 种可能的取值。

（1）1××：指示信息，表示请求已接收，继续处理。

（2）2××：成功，表示请求已被成功接收、理解、接受，例如：200 OK 表示用户端请求成功。

（3）3××：重定向，要完成请求必须进行更进一步的操作。

（4）4××：客户端错误，请求有语法错误或请求无法实现。例如，400 Bad Request 表示客户端请求有语法错误，不能被服务器所理解；401 Unauthorized 表示请求未经授权，这个状态代码必须和 WWW-Authenticate 报头域一起使用；403 Forbidden 表示服务器收到请求，但是拒绝提供服务；404 Not Found 表示请求资源不存在，如输入了错误的 URL。

（5）5××：服务器端错误，服务器未能实现合法的请求。例如，500 Internal Server Error 表示服务器发生不可预期的错误，503 Server Unavailable 表示服务器当前不能处理客户端的请求，一段时间后可能恢复正常。

11.3.4 HTTPS

HTTP 用于在 Web 浏览器和网站服务器之间传递信息。HTTP 以明文方式发送内容，不提供任何方式的数据加密，如果攻击者截取了 Web 浏览器和网站服务器之间的传输报文，就可以直接读懂其中的信息，因此 HTTP 不适合传输一些敏感信息，如信用卡号、密码等。为了弥补 HTTP 的这一缺陷，需要使用另一种协议：超文本传输安全协议（Hyper Text Transfer Protocol over Secure Socket Layer，HTTPS）。

HTTPS 是以安全为目标的 HTTP，简单讲就是 HTTP 的安全版，即在 HTTP 下加入安全套接层（Secure Sockets Layer，SSL）。HTTPS 的安全基础是 SSL，为了数据传输的安全，HTTPS 在 HTTP 的基础上加入了 SSL 协议，SSL 依靠证书来验证服务器的身份，并为浏览器和服务器之间的通信加密。

SSL 及其后续传输层安全协议是为网络通信提供安全及数据完整性的一种安全协议。SSL 在传输层对网络连接进行加密，其为 Netscape 所研发，用以保障在 Internet 上的数据传输安全，利用数据加密技术，可确保数据在网络传输过程中不会被截取及窃听。SSL 协议位于 TCP/IP 与各种应用层协议之间，为数据通信提供安全支持。SSL 协议可分为两层：SSL 记录协议和 SSL 握手协议。SSL 记录协议：它建立在可靠的传输协议（如 TCP）之上，为高层协议提供数据封装、压缩、加密等基本功能的支持。SSL 握手协议：它建立在 SSL 记录协议之上，用于在实际数据传输开始前使通信双方进行身份认证、协商加密算法、交换加密密钥等。SSL 使用 40 位关键字作为 RC4 流加密算法，这对商业信息的加密是合适的。HTTPS 和 SSL 支持使用×.509 数字认证，如果需要，用户可以确认发送者是谁。SSL 的当前版本为 3.0，已被广泛地用于 Web 浏览器与服务器之间的身份认证和加密数据传输。

HTTPS 协议用于对数据进行加密和解密操作，并返回网络上传输回的结果。在使用时，用 https:URL 表示，表明它使用了 HTTP，但 HTTPS 与 HTTP 的不同点在于默认端口，以及增加了一个加密/身份验证层（在 HTTP 与 TCP 之间），即 SSL 层。HTTPS 使用端口 443，而不是像 HTTP 那样使用端口 80 来和 TCP/IP 进行通信。HTTPS 的主要作用可以分为两种：一种是建立一个信息安全通道，来保证数据传输的安全；另一种就是确认网站的真实性，凡是使用了 https 的网站，都可以通过单击浏览器地址栏的锁头图标来查看网站认证之后的真实信息，也可以通过 CA 机构颁发的安全签章来查询。

HTTPS 最初由 Netscape 公司在 1994 年研发，并内置于其浏览器 Netscape Navigator 中，其提供了身份验证与加密通信方法。最初，HTTPS 是与 SSL 一起使用的，在 SSL 逐渐演变到安全传输层协议（Transport Layer Security，TLS）时，最新的 HTTPS 也在 2000 年 5 月公布的 RFC2818 中正式确定下来。TLS 用于在两个通信应用程序之间提供保密性和数据完整性，该协议由两层组成：TLS 记录协议和 TLS 握手协议。

TLS 记录协议位于 TLS 握手协议的下面，在可靠的传输协议（如 TCP/IP）上面。TLS 记录协议的一条记录包含长度字段、描述字段和内容字段。TLS 记录协议处理数据的加密，即记录协议得到要发送的消息之后，将数据分成易于处理的数据分组，进行数据压缩处理（可选），计算数据分组的消息认证码 Mac，加密数据然后发送数据；接收到的消息首先被解密，然后被校验 Mac 值，解压缩，重组，最后传递给协议的高层用户。TLS 记录协议有 4 种类型的用户：握手协议、警告协议、改变密码格式协议和应用数据协议。通常使用一个对称算法，算法的密钥由握手协议提供的值生成。

TLS 握手协议处理对等用户的认证，在这一层使用了公共密钥和证书，并协商算法和加密实际数据传输的密钥，该过程在 TLS 记录协议之上进行。TLS 握手协议是 TLS 协议中最复杂的部分，它定义了 10 种消息，客户端和服务器利用这 10 种消息相互认证，协商哈希函数和加密算法并相互提供产生加密密钥的机密数据。TLS 记录协议会在加密算法中用到这些加密密钥，从而提供数据保密性和一致性保护。

HTTPS 现在被广泛用于万维网上安全敏感的通信，如交易支付方面。HTTPS 和 HTTP 的区别主要包括以下 4 点。

（1）HTTPS 协议需要到 CA 申请证书，一般免费证书很少，需要交费，而 HTTP 不需要申请证书。

（2）HTTP 是超文本传输协议，信息是明文传输，HTTPS 则是具有安全性的 SSL 加密传输协议。

（3）HTTP 和 HTTPS 使用的是完全不同的连接方式，用的端口也不一样，前者是 80，后者是 443。

（4）HTTP 的连接很简单，是无状态的；HTTPS 协议是由 SSL+HTTP 构建的，可进行加密传输、身份认证的网络协议，比 HTTP 安全。

11.3.5 服务等级协议

Web 服务本质上是一种服务，用户通过服务的形式来使用 Web 资源。评价服务的质量则需要制定一种标准。服务等级协议（Service-Level Agreement，SLA）是在一定开销下，为保障服务的性能和可靠性，服务提供商与用户间定义的一种双方认可的协定。通常这个开销是驱动提高服务质量的主要因素。

一个完整的 SLA 同时也是一个合法的文档，包括所涉及的当事人、协定条款（包含应用程序和支持的服务）、违约处罚、费用和仲裁机构、政策、修改条款、报告形式和双方的义务等。并且，服务提供商可以对用户在工作负荷和资源使用方面进行规定。典型的 SLA 包括以下内容：

（1）分配给用户的最小带宽；

（2）用户带宽极限；

（3）能同时服务的用户数目；

（4）在可能影响用户行为的网络变化之前的通知安排；

（5）拨入访问可用性；

（6）服务供应商支持的最小网络利用性能，如 99.9%有效工作时间或每天最多 1 分钟的停机时间；

（7）各类用户的流量优先权；

（8）用户技术支持和服务；

（9）惩罚规定，为服务供应商不能满足 SLA 需求时指定。

传统来讲，SLA 包含了对服务有效性的保障，如对故障解决时间、服务超时问题等的保证。但是随着更多商业应用在 Internet 上的广泛开展，SLA 对性能（如响应时间）的保障也越来越被需要。这种需要将会随着越来越多的商业应用在 Internet 上的开展而重要起来。实际上，SLA 的保障是以一系列的服务等级目标（SLO）的形式定义的。服务等级目标是一个或多个有限定的服务组件的测量的组合。一个 SLO 被实现是指那些有限定的组件的测量值在限定范围里，SLO 有所谓的操作时段，在这个时间范围内，SLO 必须被实现。但是由于 Internet 的统计特性，不可能任何时候都能实现这些保障，因此 SLA 一般都有实现时间段和实现比例。实现比例被定义为 SLA 必须实现的时间与实现时段的比值。例如，在工作负荷小于 100 transaction/s 的前提下，早上 8 点到下午 5 点的服务响应时间小于 85ms，服务有效率大于 95%，在一个月内的总体实现比例大于 97%。

11.3.6 服务质量

服务质量（Quality of Service，QoS）是指能够利用各种基础技术，为指定的网络通信提供更好的服务能力的一种安全机制，可以用来解决网络延迟和阻塞等问题。

在 Internet 创建初期，人们没有意识到 QoS 应用的重要性。因此，整个 Internet 运作如一个“竭尽全力”的系统。每段信息都有 4 个“服务类别”位和 3 个“优先级”位，但是它们完全没有派上用场。数据包从起点到终点的传输过程中会发生许多事情，并产生如下有问题的结果。

（1）丢失数据包。当数据包到达一个缓冲器已满的路由器时，代表此次的发送失败，路由器会根据网络状况决定丢弃还是不丢弃一部分或者所有的数据包，而且这不可能预先就知道，接收端的应用程序在这时必须请求重新传输，而这同时可能造成总体传输严重的延迟。

（2）延迟。可能需要很长时间才能将数据包传输到终点，因为它会被漫长的队列迟滞，可能需要运用间接路由来避免阻塞。延迟难以预料。

（3）传输顺序出错。当一群相关的数据包经过 Internet 时，不同的数据包可能选择不同的路由器，这会导致每个数据包有不同的延迟时间。最后数据包到达目的地的顺序会和数据包从发送端发送出去的顺序不一致，这个问题必须要有额外的特殊协议负责刷新失序的数据包。

（4）出错。有时候，数据包在传输途中会发生跑错路径、被合并甚至是毁坏的情况，这时接收端必须要能侦测出这些情况，并将它们统统判别为已遗失的数据包，再请求发送端再次发送一份同样的数据包。

在正常情况下，如果网络只用于特定的无时间限制的应用系统，则不需要 QoS，如 Web 应用，或 E-Mail 设置等。但 QoS 对关键应用和多媒体应用十分必要。当网络过载或拥塞时，所有的数据流都有可能被丢弃。为满足用户对不同应用、不同服务质量的要求，就需要网络能根据用户的要求分配和调度资源，对不同的数据流提供不同的服务质量：对于实时性强且重要的数据报文优先处理；对于实时性不强的普通数据报文，提供较低的处理优先级，网络拥塞时甚至将其丢弃。QoS 能确保重要业务不受延迟或被丢弃，同时保证网络的高效运行。

支持 QoS 功能的设备能够提供有品质的传输服务，针对某种类别的数据流，可以为它赋予某个级别的传输优先级，来标识它的相对重要性，并使用设备所提供的各种优先级转发策略、拥塞避免等机制为这些数据流提供特殊的传输服务。配置了 QoS 的网络环境，网络性能的可预知性增强，并能够有效地分配网络带宽，更加合理地利用网络资源。

QoS 的关键指标主要包括可用性、吞吐量、时延、时延变化（包括抖动和漂移）和丢失。

（1）可用性。可用性是当用户需要时网络即能工作的时间百分比。可用性主要是设备可靠性和网络存活性相结合的结果。对它起作用的还有一些其他因素，包括软件稳定性以及网络演进或升级时不中断服务的能力。

（2）吞吐量。吞吐量是在一定时间段内对网上流量（或带宽）的度量。根据应用和服务类型，服务等级协议可以规定承诺信息速率、突发信息速率和最大突发信号长度。承诺信息速率是应该予以严格保证的；突发信息速率可以有所限定，以在容纳预定长度突发信号的同时容纳从话音到视像以及一般数据的各种服务。一般来讲，吞吐量越大越好。

（3）时延。时延指一项服务从网络入口到出口的平均经过时间。许多服务，特别是话音和视像等实时服务都是高度不能容忍时延的。当时延超过 200～250ms 时，交互式会话是非常麻烦的。为了提供高质量话音和会议电视，网络设备必须能保证低时延。产生时延的因素很多，可分为分组时延、排队时延、交换时延和传播时延。传播时延是信息通过铜线、光纤或无线链路所需的时间，它是光速的函数。在同步数字系列、异步传输模式和弹性分组环路中，传播时延总是存在的。

（4）时延变化。时延变化是指同一业务流中不同分组所呈现的不同时延。高频率的时延变化称作抖动，而低频率的时延变化称作漂移。抖动主要是业务流中相继分组的排队等候时间不同引起的，是对服务质量影响最大的一个问题。某些业务类型，特别是话音和视像等实时业务是极不容忍抖动的。分组到达时间的差异将在话音或视像中造成断续。所有传输系统都有抖动，只要抖动落在规定容差之内就不会影响服务质量。利用缓存可以克服过量的抖动，但这将增加时延，造成其他问题。漂移是任何同步传输系统都有的一个问题，在同步系统中是通过严格的全网分级定时来克服漂移的，而在异步系统中，漂移一般不是问题。漂移会造成基群失帧，使服务不能满足质量的要求。

（5）丢失。不管比特丢失还是分组丢失，对分组数据业务的影响都比对实时业务的影响大。在通话期间，丢失一个比特或一个分组的信息用户往往注意不到。在视像广播期间，在屏幕上可能造成瞬间的波形干扰，然后视像很快恢复如初。即使用传输控制协议（TCP）传输数据，也能处理丢失，因为传输控制协议允许丢失的信息重发。事实上，一种叫做随机早期检测（Random Early Detection，RED）的拥塞控制机制在故意丢失分组，其目的是在流量达到设定门限时限制 TCP 传输速率，减少拥塞，同时还使 TCP 流失去同步，以防止因速率窗口的闭合引起吞吐量摆动。但分组丢失多了，会影响传输质量，所以，要保持统计数字，当超过预定门限时就向网络管理人员告警。

通常 QoS 提供以下 3 种服务模型：尽力而为服务模型、综合服务模型和区分服务模型。

（1）尽力而为服务模型：它是一个单一的服务模型，也是最简单的服务模型。对尽力而为服务模型，网络尽最大的可能来发送报文。但对延迟、可靠性等性能不提供任何保证。

（2）综合服务模型：它是网络的默认服务模型，通过先入先出队列来实现。它适用于绝大多数网络应用，如 FTP、E-Mail 等，可以满足多种 QoS 需求。该模型使用资源预留协议（Resource Reservation Protocol，RSVP），RSVP 运行在从源端到目的端的每个设备上，可以监视每个流，以防止其消耗资源过多。这种体系能够明确区分并保证每一个业务流的服务质量，为网络提供最细粒度化的服务质量区分。但是，综合服务模型对设备的要求很高，当网络中的数据流量很大时，设备的存储和处理能力会承受很大的压力。综合服务模型可扩展性很差，难以在 Internet 核心网络实施。

（3）区分服务模型：它是一个多服务模型，可以满足不同的 QoS 需求。与综合服务模型不同，它不需要通知网络为每个业务预留资源。区分服务模型实现简单，扩展性较好。

11.4 实战项目：PHP+MySQL+ Apache 动态网站服务部署

项目目标：在 Ubuntu 上安装 Apache 服务、MySQL 数据库和 PHP，并完成动态网站服务部署。

实战步骤如下。

（1）用 Shell 命令“sudo apt-get install apache2”安装 Apache（见图 11-3）。安装完成后，测试 Apache 是否安装成功。在浏览器中输入“127.0.0.1”进行访问，若出现图中的页面（见图 11-4），就代表安装成功。

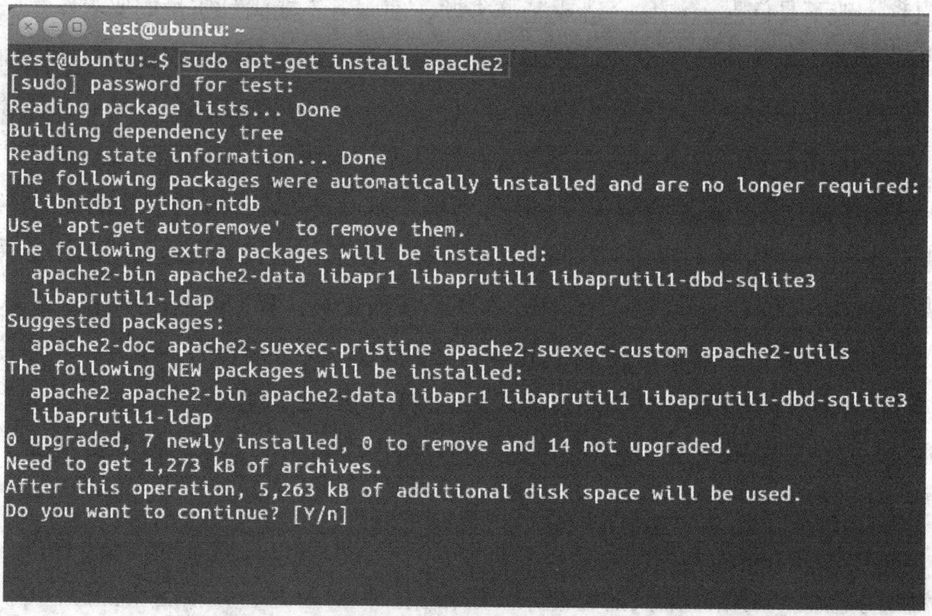

```
test@ubuntu: ~
test@ubuntu:~$ sudo apt-get install apache2
[sudo] password for test:
Reading package lists... Done
Building dependency tree
Reading state information... Done
The following packages were automatically installed and are no longer required:
  libntdb1 python-ntdb
Use 'apt-get autoremove' to remove them.
The following extra packages will be installed:
  apache2-bin apache2-data libapr1 libaprutil1 libaprutil1-dbd-sqlite3
  libaprutil1-ldap
Suggested packages:
  apache2-doc apache2-suexec-pristine apache2-suexec-custom apache2-utils
The following NEW packages will be installed:
  apache2 apache2-bin apache2-data libapr1 libaprutil1 libaprutil1-dbd-sqlite3
  libaprutil1-ldap
0 upgraded, 7 newly installed, 0 to remove and 14 not upgraded.
Need to get 1,273 kB of archives.
After this operation, 5,263 kB of additional disk space will be used.
Do you want to continue? [Y/n]
```

图 11-3　安装 Apache

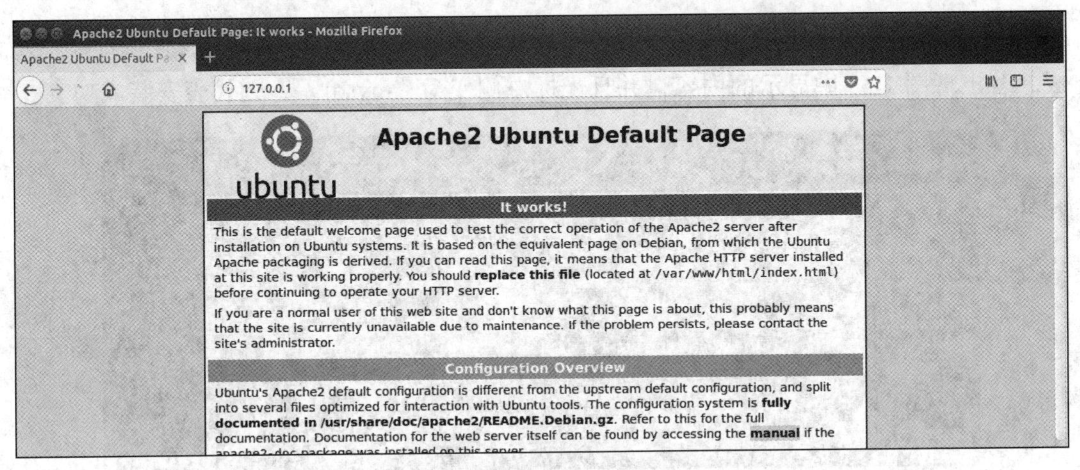

图 11-4　Apache 安装成功

（2）用 Shell 命令“sudo apt-get install mysql-server mysql-client”安装 MySQL，需要安装 MySQL 的服务器端和客户端（见图 11-5）。安装过程中会有提示，要设置 Root 用户的密码（见图 11-6）。

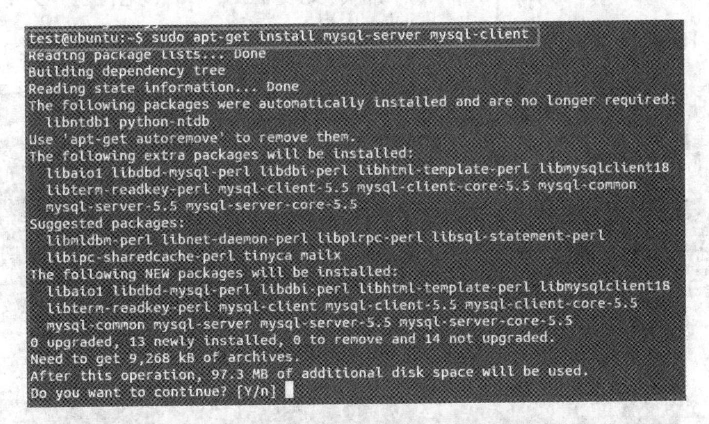

图 11-5　安装 MySQL 的服务器端和客户端

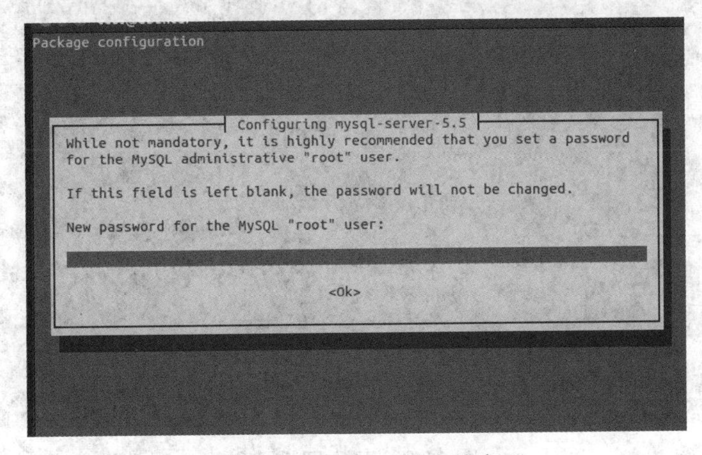

图 11-6　设置 Root 用户的密码

（3）安装后，用 Shell 命令“mysql -u root -p”进入 MySQL 数据库查看是否安装完成，若出现图 11-7 中显示的内容，并且光标左侧变为“mysql>”，则代表安装成功。

```
test@ubuntu:~$ mysql -u root -p
Enter password:
Welcome to the MySQL monitor.  Commands end with ; or \g.
Your MySQL connection id is 42
Server version: 5.5.60-0ubuntu0.14.04.1 (Ubuntu)

Copyright (c) 2000, 2018, Oracle and/or its affiliates. All rights reserved.

Oracle is a registered trademark of Oracle Corporation and/or its
affiliates. Other names may be trademarks of their respective
owners.

Type 'help;' or '\h' for help. Type '\c' to clear the current input statement.

mysql>
```

图 11-7　进入 MySQL 数据库

（4）在安装 PHP 之前先用 Shell 命令“sudo apt-add-repository ppa:ondrej/php”添加仓库。在 Ubuntu 里，直接运行命令“install php7.0”是不行的，需要用到 ppa（见图 11-8）。添加后再用“sudo apt-get install php7.0”命令安装 PHP 7.0（见图 11-9），接着安装功能模块（见图 11-10 和图 11-11）。

```
test@ubuntu:~$ sudo apt-add-repository ppa:ondrej/php
 Co-installable PHP versions: PHP 5.6, PHP 7.x and most requested extensions are
 included. Only Supported Versions of PHP (http://php.net/supported-versions.php
) for Supported Ubuntu Releases (https://wiki.ubuntu.com/Releases) are provided.
 Don't ask for end-of-life PHP versions or Ubuntu release, they won't be provide
d.

Debian oldstable and stable packages are provided as well: https://deb.sury.org/
#debian-dpa
```

图 11-8　安装 ppa

```
test@ubuntu:~$ sudo apt-get install php7.0
Reading package lists... Done
Building dependency tree
Reading state information... Done
The following packages were automatically installed and are no longer require
  libntdb1 python-ntdb
Use 'apt-get autoremove' to remove them.
The following extra packages will be installed:
  libapache2-mod-php7.0 libpcre3 libssl1.1 php-common php7.0-cli php7.0-commo
  php7.0-json php7.0-opcache php7.0-readline
Suggested packages:
  php-pear
The following NEW packages will be installed:
  libapache2-mod-php7.0 libssl1.1 php-common php7.0 php7.0-cli php7.0-common
  php7.0-json php7.0-opcache php7.0-readline
The following packages will be upgraded:
  libpcre3
1 upgraded, 9 newly installed, 0 to remove and 20 not upgraded.
Need to get 5,060 kB of archives.
After this operation, 17.7 MB of additional disk space will be used.
Do you want to continue? [Y/n] ^[a
```

图 11-9　安装 PHP 7.0

```
test@ubuntu:~$ sudo apt-get install libapache2-mod-php7.0
```

图 11-10 安装功能模块（1）

```
test@ubuntu:~$ sudo apt-get install php7.0-mysql
```

图 11-11 安装功能模块（2）

（5）使用“sudo /etc/init.d/apache2 stop”“sudo /etc/init.d/apache2 start”命令重启 Apache 服务，使用“sudo /etc/init.d/mysql restart”命令重启 MySQL 服务（见图 11-12）。

```
test@ubuntu:~$ sudo /etc/init.d/apache2 stop
 * Stopping web server apache2
 *
test@ubuntu:~$ sudo /etc/init.d/apache2 start
 * Starting web server apache2
AH00558: apache2: Could not reliably determine the server's fully qualified doma
in name, using 127.0.1.1. Set the 'ServerName' directive globally to suppress th
is message
 *
test@ubuntu:~$ sudo /etc/init.d/mysql restart
mysql stop/waiting
mysql start/running, process 17110
test@ubuntu:~$
```

图 11-12 重启 Apache 服务与 MySQL 服务

（6）测试 Apache 是否能成功解析 PHP。在“/var/www/html”目录里创建一个 PHP 文件（见图 11-13），进入文件并修改内容（见图 11-14）。增加一行 PHP 代码，这条代码的意思是显示 PHP 的版本信息（见图 11-15）。在浏览器中输入“127.0.0.1/phpinfo.php”访问这个 PHP 文件（见图 11-16），若显示 PHP 的信息则证明 Apache 能够成功解析 PHP。

```
test@ubuntu:~$ sudo touch /var/www/html/phpinfo.php
test@ubuntu:~$
```

图 11-13 创建一个 PHP 文件

```
test@ubuntu:~$ sudo vim /var/www/html/phpinfo.php
test@ubuntu:~$
```

图 11-14 进入文件并修改内容

图 11-15 增加一行 PHP 代码

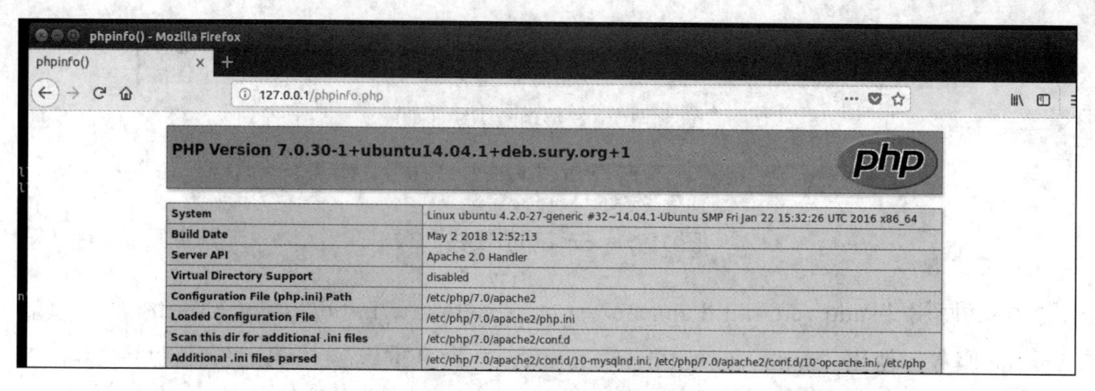

图 11-16　访问 PHP 文件

（7）使用“sudo vim /etc/apache2/apache2.conf”命令修改 Apache 的配置文件（见图 11-17），在文件底部添加图 11-18 中命令。修改完成后，重启 Apache 服务。

```
test@ubuntu:~$ sudo vim /etc/apache2/apache2.conf
```

图 11-17　修改 Apache 的配置文件

```
AddType application/x-httpd-php .php .htm .html
AddDefaultCharset UTF-8
```

图 11-18　在文件底部添加命令

（8）进入 MySQL 并用“create database student;”命令创建一个 student 数据库（见图 11-19）。在 student 数据库中先用“use student”命令切换数据库（见图 11-20），再用“create table”命令创建数据表（见图 11-21），并用“insert into”命令在表中插入数据（见图 11-22），最后用“select * from info”命令查看插入的数据（见图 11-23）。

```
mysql> create database student;
Query OK, 1 row affected (0.03 sec)

mysql>
```

图 11-19　进入 MySQL 并创建一个数据库

```
mysql> use student
Database changed
```

图 11-20　切换数据库

```
mysql> create table `info`( `name` varchar(50) not null, `age` int not null)engi
ne=InnoDB default charset=utf8;
Query OK, 0 rows affected (0.06 sec)
```

图 11-21　创建数据表

```
mysql> insert into info(name,age) values("Tom",20);
Query OK, 1 row affected (0.02 sec)
```

图 11-22 在表中插入数据

```
mysql> select * from info
    -> ;
+------+-----+
| name | age |
+------+-----+
| Tom  |  20 |
+------+-----+
1 row in set (0.00 sec)
```

图 11-23 查看插入的数据

（9）重新创建一个 PHP 文件（见图 11-24）。用 PHP 获取数据库中的信息，PHP 的代码如图 11-25 所示。访问网页输出的信息如图 11-26 所示。

```
test@ubuntu:~$ sudo touch /var/www/html/test.php
test@ubuntu:~$
```

图 11-24 重新创建一个 PHP 文件

```
<?php
$dbhost = 'localhost:3306';  // MySQL服务器主机地址
$dbuser = 'root';            // MySQL用户名
$dbpass = 'abcABC123';          // MySQL用户密码
$conn = mysqli_connect($dbhost, $dbuser, $dbpass);
if(! $conn )
{
    die('连接失败: ' . mysqli_error($conn));
}
// 设置编码，防止中文乱码
mysqli_query($conn , "set names utf8");

$sql = 'select * from info';

mysqli_select_db( $conn, 'student' );
$retval = mysqli_query( $conn, $sql );
if(! $retval )
{
    die('无法读取数据: ' . mysqli_error($conn));
}
while($row = mysqli_fetch_array($retval, MYSQLI_ASSOC))
{
    echo "MY NAME IS {$row['name']}, I AM {$row['age']} YEARS OLD";
}
mysqli_close($conn);
?>
~
```

图 11-25 PHP 的代码

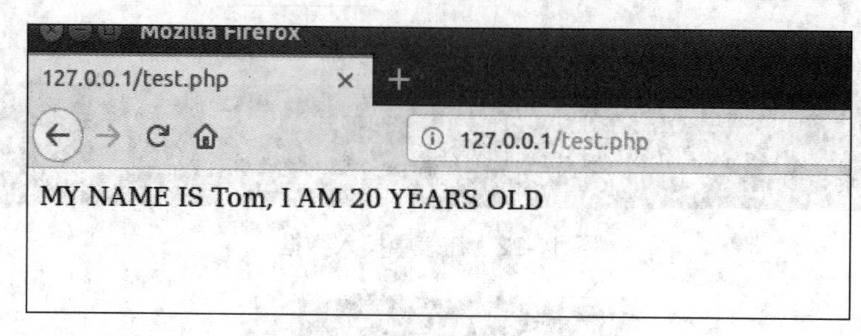

图 11-26　输出的信息

11.5 思考与练习

1. C/S 模式的优点和缺点分别是什么？
2. B/S 模式与 C/S 模式相比，优势是什么？
3. HTTPS 协议比 HTTP 更安全，体现在哪些地方？
4. Web 服务质量一般包括哪些内容？
5. URL 由哪些部分组成？
6. 常说的三层架构指的是什么？
7. 简述主要的 Web 开发语言的优劣。
8. HTML5 语言的优点是什么？
9. Web 开发常用的数据库有哪些？
10. Web 服务开发选用的服务器有哪些？

第12章 公有云平台

在云服务应用广泛的今天，很多人在利用云技术或者使用云服务，其中大部分人在使用公有云服务。公有云平台一般由云服务器、负载均衡、云存储、云数据库等组件组成。

得益于公有云平台的支持，越来越多的开发者在公有云平台上开发应用，公有云平台成为云服务的强大基石。

本章要点：

1. 了解公有云；
2. 了解云服务器；
3. 了解负载均衡；
4. 了解云存储；
5. 了解云数据库。

12.1 公有云

公有云是第三方提供商提供给用户使用的云，它一般可通过 Internet 使用，可能是免费或低成本的。相对于公有云，私有云是企业自己使用的云，它所有的服务不是供别人使用，而是供自己的内部人员或分支机构使用。

公有云的特点如下。

（1）基础设施：公有云的基础设施位于一个第三方的数据中心。这里有一个例外，那就是现在有一些服务提供商提出的虚拟私有云（Virtual Private Cloud，VPC）的概念，它指的是在第三方数据中心内部通过技术手段隔离出来的一个专用计算环境，并通过安全通道与企业连接。对于许多大型企业，由于经过了多年的 IT 建设和技术演变，它们的 IT 基础设施往往采用了不同的技术和平台，也就是说，这些企业采用的是异构平台环境。但是，对目前大部分公有云服务提供商来说，它们的平台往往是通过廉价和标准的硬件平台来构建的。这些标准化方式构建的平台能够以比较好的性价比满足大部分用户的需求。另外，在服务的提供方面，公有云服务提供商往往提供最为大众化的、需求量最为集中的服务。因此，对公有云服务来说，其服务和环境往往是同构的，这与企业自建的IT 环境不一样。

（2）商务模式：第三方提供的公有云服务根据目前云计算服务的收费方式，以按月服务或者按 IT 资源使用量的方式来进行付费，这样，对企业来说不需要大量的前期投入就可以使用 IT 服务。

（3）控制程度：使用公有云服务，实际上是采用租用服务的方式，好处是不需要自己来管理基础平台服务，但是对企业来说，这同时也降低了其定制化的能力，因为所有的基础设施，包括服务器、网络和存储，以及上面的软件平台都是由服务提供商来进行维护和管理的。

公有云能够以低廉的价格提供有吸引力的服务给最终用户，创造新的业务价值。它作为一个支撑平台，还能够整合上游的服务（如增值业务、广告）提供者和下游最终用户，打造新的价值链和生态系统。

全球公有云市场近几年增速一直保持在 20%～30%，从 2016 年的 987 亿美元，即将增长到 2020 年的 2 045 亿美元，2017—2020 年复合年均增长率（Compound Annual Growth Rate，CAGR）为 20%，营收规模持续扩大，云计算已经成为科技行业的新趋势。我国云市场才刚刚起步，与美国还有很大差距。2016 年我国的营收规模仅占全球云市场的2%，美国营收 627 亿美元，占比超过 63%。智研咨询发布的《2018—2024 年中国公有云产业深度调研及投资前景评估报告》中预测我国云计算市场营收将从 2016 年的 21 亿美元快速增长到 2020 年的 98 亿美元，CAGR 高达 47%，将显著高于美国的 19%和全球的 20%。我国市场在全球云市场的影响力将进一步提升。

12.2 云服务器

云服务器是一种基于 Web 服务，提供可调整云主机配置的弹性云技术，整合了计算、存储与网络资源的 IaaS 服务，提供具备按需使用和按需即时付费能力的云主机租用服务。云服务器在灵活性、可控性、扩展性及资源复用性上都有很大的提高。

云服务器采用的是类似虚拟专用服务器（Virtual Private Server，VPS）的虚拟化技术，VPS 是采用虚拟软件 VZ 或 VM 在一台服务器上虚拟出多个类似独立服务器的部分，每个部分都可以做单独的操作系统，管理方法同服务器一样。

云服务器的主要特点如下。

（1）稳定：云盘数据可靠性不低于 99.999%；自动宕机迁移、数据备份和回滚；提供系统性能报警。

（2）安全：防 DDoS 系统、安全组规则保护；多用户隔离；防密码破解。

（3）弹性：10min 内可启动或释放 100 台云服务器；5min 内停机升级 CPU 和内存；在线不停机升级带宽。

（4）高性能：多线边界网关协议（Border Gateway Protocol，BGP）骨干网络接入；高性价比，节约成本。

云服务器的产品功能如下。

（1）完全管理权限：对云服务器的操作系统有完全控制权，用户可以通过连接管理终端自助解决系统问题，进行各项操作。

（2）快照备份与恢复：对云服务器的磁盘数据生成快照，用户可使用快照回滚恢复以往磁盘数据，提升数据安全性。

（3）自定义镜像：对已安装应用软件包的云服务器，支持自定义镜像、使用数据盘快照批量创建服务器，简化用户管理部署。

（4）提供 API 接口：使用 ECS API 调用管理，通过安全组功能对一台或多台云服务器进行访问设置，使开发使用更加方便。

除了云服务器之外，其他主要的服务器类型有物理服务器、VPS 服务器和虚拟主机。

（1）物理服务器。客户拥有整台服务器的软硬件资源，可以自行配置或通过主机管理工具实现 Web、Mail、FTP 等多种网络服务。由于整台服务器只有一个用户使用，所以在服务器硬件资源以及带宽资源上都得到了极大的保障。其优势及适用范围：稳定安全、独享带宽、可绑定多个 IP 地址、可单独设置防火墙、可扩展硬件等，适用于中高端用户。

（2）VPS 服务器。VPS 服务器是在互联网服务器集群上，利用虚拟化及集中存储等技术构建的主机租用产品，每个 VPS 主机都是一台独立的虚拟服务器，具有完整的服务器功能，并且比同配置的物理服务器更灵活，具有更安全更稳定的性能。VPS 服务器适用于业务快速成长的商业运营公司，需要各地分支机构共享内部资源并筹建信息化服务平台的大中型行业门户网站。

（3）虚拟主机。把一台运行在互联网上的服务器划分成多个具有一定大小的硬盘空间，每个空间都给予相应的 FTP 权限和 Web 访问权限，以用于网站发布。虚拟主机的特点是低成本、高利用率，是中小企业提高企业竞争力的重要手段。虚拟主机适用于个人网站或中小型网站。

在云服务器产品面世以后，由于云服务器在性能、性价比、安全等多方面更加优越，不少原有物理服务器、VPS 服务器、虚拟主机的用户将他们的数据和服务迁移到了云服务器上。

目前市面上有多款云服务器产品，如阿里云的云服务器 ECS、腾讯云的云服务器 CVM、华为云的弹性云服务器 ECS，它们的主要功能基本一致。

（1）阿里云的云服务器 ECS（Elastic Compute Service）是一种弹性可伸缩的云计算服务，降低了 IT 成本，提升了运维效率。

（2）腾讯云的云服务器 CVM（Cloud Virtual Machine）提供安全可靠的弹性计算服务。只需几分钟，就可以在云端获取和启用 CVM 来满足计算需求。同时，随着业务需求的变化，还可以实时扩展或缩减计算资源。CVM 支持按实际使用的资源计费，可以节约计算成本。使用 CVM 可以极大降低软硬件采购成本，简化 IT 运维工作。

（3）华为云的弹性云服务器 ECS（Elastic Cloud Server）是一种可随时自助获取、可弹性伸缩的云服务器，帮助用户打造可靠、安全、灵活、高效的应用环境，确保服务持久稳定运行，提升运维效率。

云服务器的一个最重要的功能是弹性伸缩（见图 12-1）。弹性伸缩是根据业务需求和伸缩策略，自动调整计算资源。可设置定时、周期或监控策略，恰到好处地增加或减少云服务器实例，并完成实例配置，保证业务平稳健康运行。在需求高峰期时，弹性伸缩自动增加云服务器实例的数量，以保证性能不受影响；当需求较低时，则会减少云服务器实例数量以降低成本。弹性伸缩既适合需求稳定的应用程序，同时也适合每天、每周、每月使用量不断波动的应用程序。例如，可以设置一个伸缩策略，当 CPU 利用率较高时，就向伸缩组添加新的云服务器实例，新增的云服务器实例秒级计费；同样，也可以设置一个策略，在 CPU 使用率较低时从伸缩组删除实例；如果负载变化情况是可以预知的，则可以设置定时任务，对扩展活动进行规划。新增实例还可直接关联已有负载均衡，以使伸缩组新增的实例可以分发流量，提高服务可用性；还可以向管理员发送警告，帮助用户及时关注异常情况。

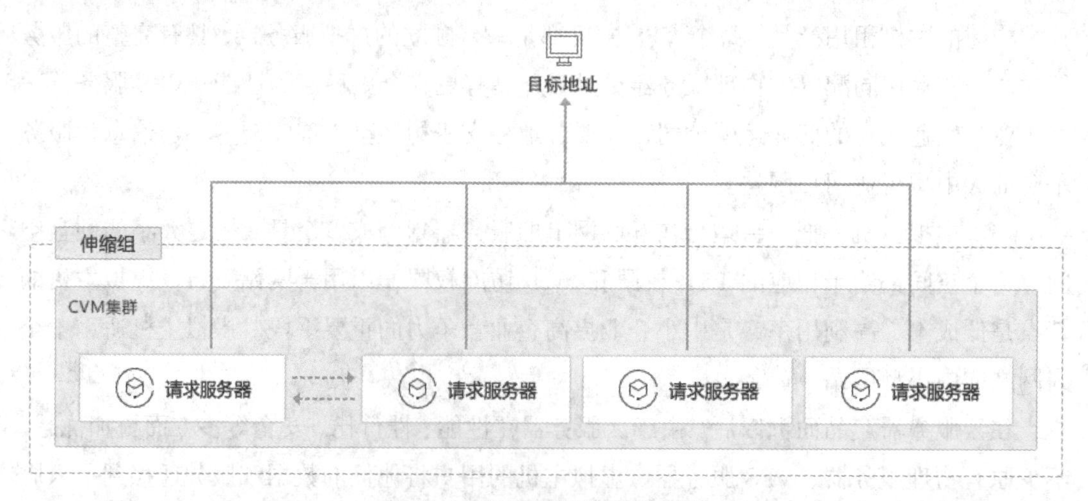

图 12-1　云服务器的弹性伸缩

目前市面上有多款云服务器的弹性伸缩产品，如阿里云、腾讯云、百度云、华为云等的弹性伸缩，它们的主要功能基本一致。

（1）阿里云的弹性伸缩是根据用户的业务需求和策略，经济地自动调整弹性计算资源的管理服务。弹性伸缩不仅适合业务量不断波动的应用程序，同时也适合业务量稳定的应用程序。弹性伸缩可以监控集群，随时自动替换不健康的实例，节省运维成本。它可以管理集群，在高峰期自动增加 ECS 实例，在业务回落时自动减少 ECS 实例，节省基础设施成本。它与 SLB/RDS 紧密集成，自动管理 SLB 后端服务器和 RDS 白名单，节省操作成本。它的使用按照所需资源相关价格计费。

（2）腾讯云弹性伸缩提供高效管理计算资源的策略。可设定时间周期性执行管理策略或创建实时监控策略，来管理 CVM 实例数量，并完成对实例的环境部署，保证业务平稳顺利运行。在需求高峰时，弹性伸缩自动增加 CVM 实例数量，以保证性能不受影响；当需求较低时，则会减少 CVM 实例数量以降低成本。弹性伸缩策略不仅能够让需求稳定规律的应用程序实现自动化管理，同时也能告别业务突增或 CC 攻击等带来的烦恼，对于每天、每周、每月使用量不断波动的应用程序，还能够根据业务负载进行分钟级扩展。弹性伸缩策略让集群保持恰到好处的实例数量。

（3）百度云弹性伸缩提供自由配置 CPU、内存、带宽的能力，符合业务需求，可以随时增加或缩减云服务器数量，快速响应业务变化，调整配置，避免数据丢失。

（4）华为云弹性伸缩可根据用户的业务需求和预设策略，自动调整计算资源，使云服务器数量自动随业务负载增长而增加，随业务负载降低而减少，保证业务平稳健康运行。

12.3 负载均衡

一台服务器的处理能力主要受限于服务器自身的硬件可扩展能力。所以，在需要处理大量用户请求的时候，通常都会引入负载均衡器，将多台普通服务器组成一个系统，来完成高并发的请求处理任务。

较早的负载均衡技术是通过 DNS 来实现的（见图 12-2），将多台服务器配置为相同的域名，使不同客户端在进行域名解析时，将这一组服务器中的请求随机分发到不同的服务器地址，从而达到负载均衡的目的。但在使用 DNS 均衡负载时，由于 DNS 数据刷新的延迟问题，无法确保用户请求的完全均衡。而且，一旦其中某台服务器出现故障，即使修改了 DNS 配置，仍然需要等到新的配置生效后，故障服务器才不会被用户访问。目前，DNS 负载均衡仍在大量使用，但多用于实现“多地就近接入”的应用场景。

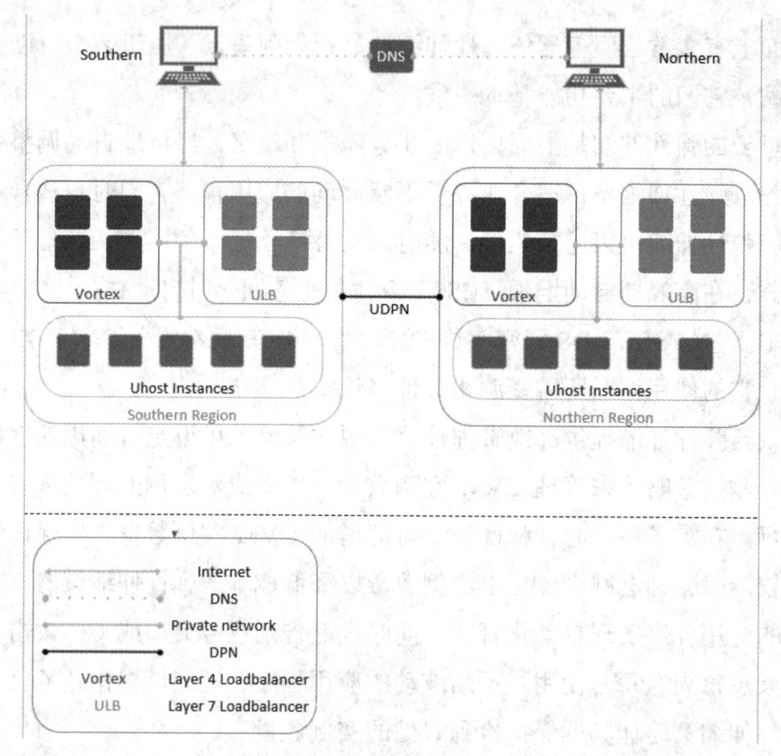

图 12-2 基于 DNS 的负载均衡技术

1996 年之后，出现了新的网络负载均衡技术。通过设置虚拟服务地址（IP），将位于同一地域的多台服务器虚拟成一个高性能、高可用的应用服务器池，再根据应用指定的方式，将来自客户端的网络请求分发到服务器池中。网络负载均衡会检查服务器池中后端服务器的健康状态，自动隔离异常的后端服务器，从而解决单台后端服务器的单点问题，同时提高应用的整体服务能力。网络负载均衡主要有硬件与软件两种实现方式，主流负载均衡解决方案中，硬件厂商以 F5 为代表，软件主要为 Nginx 与 LVS。但是，无论是硬件还是软件实现，都离不开基于四层交互技术的“报文转发”或基于七层协议的“请求代理”这两种方式。四层的转发模式通常性能会更好，但七层的代理模式可以根据更多的信息做到更智能地分发流量。一般大规模应用中，这两种方式会同时存在。

F5 BIG-IP LTM 的官方名称为本地流量管理器，可以做 4～7 层负载均衡，具有负载均衡、应用交换、会话交换、状态监控、智能网络地址转换、通用持续性、响应错误处理、IPv6 网关、高级路由、智能端口镜像、SSL 加速、智能 HTTP 压缩、TCP 优化、第 7 层速率整形、内容缓冲、内容转换、连接加速、高速缓存、Cookie 加密、选择性内容加密、应用攻击过滤、拒绝服务（DoS）攻击和 SYN Flood 保护、防火墙（包过滤、包消毒）等功能。

F5 BIG-IP 用作 HTTP 负载均衡器的主要功能如下。

（1）F5 BIG-IP 提供 12 种灵活的算法，将所有流量均衡地分配到各个服务器，而面对用户，其只是一台虚拟服务器。

（2）F5 BIG-IP 可以确认应用程序能否对请求返回对应的数据。假如 F5 BIG-IP 后面的某一台服务器发生服务停止、宕机等故障，F5 会检查出这些故障并将该服务器标识为宕机，从而不将用户的访问请求传输到该台发生故障的服务器上。这样，只要其他的服务器正常，用户的访问就不会受到影响。宕机一旦修复，F5 BIG-IP 就会自动查证应用以能对客户请求作出正确响应并恢复向该服务器传输。

（3）F5 BIG-IP 具有动态 Session 的会话保持功能。

（4）F5 BIG-IP 的 iRules 功能可以过滤 HTTP 内容，根据不同的域名、URL，将访问请求传输到不同的服务器。

LVS 是使用 Linux 内核集群实现的一个高性能、高可用的负载均衡服务器，它具有很好的可伸缩性、可靠性和可管理性。LVS 的优点如下。

（1）LVS 的抗负载能力强，工作在网络 4 层，仅作分发之用，没有流量的产生，这个特点也决定了它在负载均衡软件里是性能最强的，对内存和 CPU 资源消耗比较低。

（2）LVS 的配置性比较低，这是一个缺点也是一个优点，因为没有太多可配置的东西，所以并不需要太多接触，大大降低了人为出错的概率。

（3）LVS 的工作稳定，因为其本身抗负载能力很强，自身有完整的双机热备方案，如 LVS+Keepalived，不过在项目实施中用得最多的还是 LVS/DR+Keepalived。

（4）LVS 无流量，只分发请求，流量并不从它本身出去，这点保证了均衡器 I/O 的性能不会受到大流量的影响。

（5）LVS 的应用范围比较广，因为 LVS 工作在网络 4 层，所以它几乎可以对所有应用做负载均衡，包括 HTTP、数据库、在线聊天室等。

LVS 的缺点如下。

（1）软件本身不支持正则表达式处理，不能做动静分离。现在许多网站在这方面都有较强的需求，而这个是 Nginx/HAProxy+Keepalived 的优势所在。

（2）如果网站规模比较庞大，LVS/DR+Keepalived 实施起来就比较复杂了，特别是如果还有 Windows Server 的计算机，实施及配置还有维护过程就更复杂了，相对而言，Nginx/HAProxy+Keepalived 就简单多了。

Nginx 不仅仅是一款优秀的负载均衡器/反向代理软件，同时也是功能强大的 Web 应用服务器。LNMP 也是近几年非常流行的 Web 架构，在高流量的环境中稳定性也很好。Nginx 的 Web 反向加速缓存能力越来越成熟，速度比传统的 Squid 服务器更快，可以作为反向代理加速器。

Nginx 的主要优点如下。

（1）Nginx 工作在网络的 7 层之上，可以针对 HTTP 应用提供一些分流的策略，例如，针对域名、目录结构，它的正则规则比 HAProxy 更为强大和灵活，这也是它目前广泛流行的主要原因之一，Nginx 单凭这点可运用的场合就远多于 LVS。

（2）Nginx 对网络稳定性的依赖非常小，理论上能 Ping 通就能实现负载功能，这个也是它的优势之一，相反 LVS 对网络稳定性依赖比较大。

（3）Nginx 安装和配置比较简单，测试起来比较方便，它基本能把错误用日志打印出来。LVS 的配置、测试要花比较长的时间，对网络依赖比较大。

（4）Nginx 可以承担高负载压力且稳定，在硬件不差的情况下一般能支撑几万次的并发量，负载度比 LVS 相对小些。

（5）Nginx 可以通过端口检测到服务器内部的故障，例如，根据服务器处理网页返回的状态码、超时等，并且会把返回错误的请求重新提交到另一个节点，但其缺点就是不支持 URL 检测。例如，用户正在上传一个文件，而处理该上传的节点刚好在上传过程中出现故障，Nginx 会把上传切到另一台服务器重新处理，而 LVS 就直接切断处理，如果是上传一个很大的文件或者很重要的文件，用户可能会因此而不满。

（6）Nginx 可作为中层反向代理使用，在这一层面 Nginx 基本上无对手，唯一可以比肩 Nginx 的就只有 lighttpd 了。不过 lighttpd 目前还没有做到 Nginx 的所有功能，配置也不那么清晰易读，社区也远远没 Nginx 活跃。

（7）Nginx 也可作为静态网页和图片服务器，其在这方面的性能也无对手。另外，Nginx 社区非常活跃，第三方模块也很多。淘宝的前端使用的 Tengine 就是基于 Nginx 做的二次开发定制版。

Nginx 的缺点如下。

（1）Nginx 仅能支持 HTTP、HTTPS 和 E-Mail 协议，这样其就在适用范围上小些。

（2）对后端服务器的健康检查，Nginx 只支持通过端口来检测，不支持通过 URL 来检测。其不支持 Session 的直接保持。

目前市面上的云计算服务提供商均提供了负载均衡服务，如阿里云的负载均衡 SLB、腾讯云的负载均衡 CLB、百度云的负载均衡 BLB、华为云的负载均衡 ELB，它们的主要功能基本一致。

（1）阿里云的负载均衡 SLB（Server Load Balancer）是对多台云服务器进行流量分发的负载均衡服务。负载均衡可以通过流量分发扩展应用系统对外的服务能力，通过消除单点故障提升应用系统的可用性。

（2）腾讯云的负载均衡 CLB（Cloud Load Balancer）提供安全快捷的流量分配服务，它可以无缝提供分配应用程序流量所需的负载均衡容量，以实现自动分配云中多个 CVM 实例间应用程序的访问流量，实现更高水平的应用程序容错能力。

（3）百度云的负载均衡 BLB（Baidu Load Balance）可以在多台云服务器之间均衡应用流量，应对海量访问请求，实现业务水平扩展。此外 BLB 还可以避免单点故障，提高业务可用性。

（4）华为云的负载均衡 ELB（Elastic Load Balance）将访问流量自动分发到多台云服务器，扩展应用系统的对外服务能力，实现更高水平的应用程序容错性能。

负载均衡设备本身都是以负载均衡算法为基础的，负载均衡算法分为两种：静态负载均衡算法和动态负载均衡算法。

负载均衡算法有以下几种。

（1）轮询：顺序循环将请求依照顺序，循环地连接每个服务器。当其中某个服务器发生第 2 到第 7 层的故障时，就把其从顺序循环队列中拿出，不参加下一次的轮询，直到其恢复正常。

（2）比率：给每个服务器分配一个加权值为比率，根椐这个比率，把用户的请求分配到每个服务器。当其中某个服务器发生第 2 到第 7 层的故障时，就把其从服务器队列中拿出，不参加下一次用户请求的分配，直到其恢复正常。

（3）优先权：给所有服务器分组，给每个组定义优先权，设备将用户的请求分配给优先级最高的服务器组（在同一组内，采用轮询或比率算法分配用户的请求）。当最高优先级中的所有服务器出现故障时，才将请求送给次优先级的服务器组。这实际为用户提供了一种热备份的方式。

（4）最少的连接方式：传递新的连接给那些进行最少连接处理的服务器。当其中某个服务器发生第 2 到第 7 层的故障时，就把其从服务器队列中拿出，不参加下一次的用户请求的分配，直到其恢复正常。

（5）最快模式：传递连接给那些响应最快的服务器。当其中某个服务器发生第 2 到第 7 层的故障时，就把其从服务器队列中拿出，不参加下一次的用户请求的分配，直到其恢复正常。

（6）观察模式：以连接数目和响应时间的最佳平衡为依据，为新的请求选择服务器。当其中某个服务器发生第 2 到第 7 层的故障时，就把其从服务器队列中拿出，不参加下一次的用户请求的分配，直到其恢复正常。

（7）预测模式：利用收集到的服务器当前的性能指标进行预测分析，选择一台服务器，在下一个时间片内，其性能将达到最佳的服务器相应用户的要求。

（8）动态性能分配：对收集到的应用程序和应用服务器的各项性能参数进行动态流量分配。

（9）动态服务器补充：当主服务器群中因故障导致服务器数量减少时，动态地将备份服务器补充至主服务器群。

（10）服务质量：按不同的优先级对数据流进行分配。

（11）服务类型：按不同的服务类型对数据流进行分配。

（12）规则模式：针对不同的数据流设置导向规则，用户可自行编辑流量分配规则，设备利用这些规则对通过的数据流实施导向控制。

12.4 云存储

云存储是在云计算概念上延伸和发展出来的一个新的概念，是指通过集群应用、网格技术或分布式文件系统等功能，将网络中大量各种不同类型的存储设备通过应用软件集合起来协同工作，共同对外提供数据存储和业务访问功能的一个系统。

随着互联网的规模越来越大，以及数据类应用的大规模应用，需要存储的数据不断增多，应用的复杂程度在不断提高，且大多数据需要长时间持续地保存到存储系统中，并要求可以随时调用，这对存储系统的可靠性和性能等方面都提出了新的要求。在未来的复杂系统中，数据将呈现爆炸式的海量增长，提供对海量数据的快速存储及检索技术显得尤为重要，存储系统正在成为互联网技术未来发展的决定性因素。面对几百 TB，乃至 PB 级的海量存储需求，传统的存储区域网络（Storage Area Network，SAN）或网络连接存储（Network Attached Storage，NAS）在容量和性能的扩展上会存在瓶颈。而云存储可以突破这些性能瓶颈，而且可以实现性能与容量的线性扩展，这对追求高性能、高可用性的企业用户来说是一个新选择。

12.4.1 分层结构

云存储系统可以采用分层结构设计，整个系统从逻辑上分为 4 层，分别为设备层、存储层、管理层、接口层。

（1）设备层：设备层是云存储最基础、最底层的部分，该层由标准的物理设备组成，支持标准的 IP-SAN、FC-SAN 存储设备。在系统组成中，存储设备可以是 SAN 架构下的 FC 光纤通道存储设备或 iSCSI 协议下的 IP 存储设备。

（2）存储层：在存储层上部署云存储流数据系统，通过调用云存储流数据系统，实现存储传输协议和标准存储设备之间的逻辑卷或磁盘阵列的映射，实现数据和设备层存储设备之间的通信连接，提供数据的高效写入、读取和调用等服务。

（3）管理层：在管理层，融合了索引管理、计划管理、调度管理、资源管理、集群管理、设备管理等多种核心的管理功能；可以实现存储设备的逻辑虚拟化管理、多链路冗余管理、录像计划的主动下发，以及硬件设备的状态监控和故障维护等，实现整个存储系统的虚拟化的统一管理，实现上层服务的响应。

（4）接口层：应用接口层是云存储最灵活多变的部分，接口层面向用户应用提供完善以及统一的访问接口，接口类型可分为 Web Service 接口、API 接口、Mibs 接口，可以根据实际业务类型，开发不同的应用服务接口，提供不同的应用服务，实现和行业专属平台、运维平台的对接；实现和智能分析处理系统之间的对接；实现数据的存储、检索、浏览转发等操作；实现关键数据的远程容灾；实现设备以及服务的监控和运维等。

12.4.2 云存储类型

按照云存储提供商和用户的关系，可以将云存储分为3类：私有云存储、公有云存储和混合云存储。私有云存储的服务是由企业自己提供的；公有云存储的服务是由第三方提供的。

（1）公有云存储。公有云存储服务的提供商都有自己的简单存储服务，他们一般根据文件所占用的存储空间按月收费。云存储服务提供商通过对存储架构（众多基础设施）的集中管理，提供更大的空间以满足用户需求。对于公有云存储服务，用户不需要物理存储设备或其他的技术，就可以通过多种接口访问数据。

（2）私有云存储。私有云存储系统是公司根据自己所拥有的硬件和软件，在公司内部建立的一个存储系统，供公司内部员工存储和分享数据，且有公司内部IT员工进行管理。私有云集中公司内部的存储空间来实现不同部门之间的访问或不同项目组的使用。私有云运行于专用基础设施的数据中心，因此，它能够满足可靠性和安全性的要求。

（3）混合云存储。因私有云存储的存储容量不易扩展，因此，混合云存储应运而生。混合云存储包括两个部分：一部分是安装于客户端的一个特殊装置，另一部分是一个真实的云存储系统。通过客户端的特殊装置，可以实现对云存储系统中数据的存放等操作。

12.4.3 云存储产品

目前，诸多提供信息服务的厂商都已推出了云存储产品，比较有名的有易安信（EMC）的Atmos、IBM的XIV和HP的ExDS9100等。

1. EMC Atmos

EMC Atmos是第一套容量高达数吉字节的信息管理解决方案。Atmos能通过全球云存储环境，协助客户对大量非结构化数据进行自动管理。凭借其全球集中化管理与自动化信息配置功能，可以使Web 2.0用户、互联网服务提供商、媒体与娱乐公司等安全地构建和实现云端信息管理服务。Web 2.0用户正在创造越来越多的丰富应用，文件、影像、照片、音乐等信息可在全球范围共享。Web 2.0用户对信息管理服务提出了新需求，这正是“云优化存储”（Cloud Optimized Storage，COS）面世的主要原因，COS也将成为今后全球信息基础架构的代名词。EMC Atmos的领先优势在于信息配送与处理的能力，其采用基于策略的管理系统来创建不同层级的云存储。例如，将常用的重要数据定义为“重要”，该类数据可进行多份复制，并存储于多个不同地点；而不常用的数据，复制份数与存储地方相对较少；不再使用的数据在压缩后，复制份数与存储地方更少。同时，Atmos 可以为非付费用户和付费用户创建不同的服务级别，付费用户创建副本更多，保存在全球范围内的多个站点，并确保更高的可靠性和更快的读取速度。EMC Atmos 内置数据压缩、重复数据删除功能，以及多客户共享与网络服务应用程序设计接口功能。服务提供商通过 EMC Atmos 实现安全在线服务或其他模式的应用。媒体和娱乐公司也可以运用同样的功能来保存、发布、管理全球数字媒体资产。EMC Atmos 是企业向客户提供优质服务的必备竞争利器，因为他们只要花费低廉的成本就能拥有 PB 级云存储环境。

国际数据公司（International Data Corporation，IDC）企业存储系统研究部副总裁 Benjamin S. Woo 表示："在如今的数字世界中，数码照片、影像、流媒体等非结构化数字资产正在快速增长，其价值也不断提升。不同规模的企业和机构希望对这类资产善加运用，而新兴的云存储基础架构正是一套效率卓越的解决方案。云存储解决方案运用多项高度分布式资源作为单一地区数据处理中心，使得信息能够自由流动，企业若对 EMC Atmos 这类新型云存储基础架构解决方案进行运用，将能够大大提升业务潜能和竞争力。"

EMC Atmos 的功能与特色包括：EMC Atmos 将强大的存储容量与管理策略相结合，随时随地自动分配数据；结合功能强大的对象元数据与策略型数据管理功能，能有效进行数据配置服务；提供复制、版本控制、压缩、重复数据删除、磁盘休眠等数据管理服务；网络服务应用程序设计接口有 Rest 和 Soap，几乎所有应用程序都能轻松整合；内含自动管理和修复功能，以及统一命名空间与浏览器管理工具。这些功能可大幅减少管理时间，实现任何地点轻松控制和管理；多客户共享支持功能，可让同一基础架构执行多种应用程序并被安全地分隔，这项功能最适合需要云存储解决方案的大型企业。

EMC Atmos 云存储基础架构解决方案内含一套价格经济的高密度存储系统，目前 Atmos 推出 3 个版本，系统容量分别为 120TB、240TB 以及 360TB。EMC 公司云存储基础架构高级副总裁 Mike Feinberg 表示："EMC 身为企业级存储与信息管理系统的全球领导供应商，是唯一一家能让云存储基础架构发挥强大功能，提供新一代云存储服务的公司。全球使用者创造的信息内容正以惊人的速度成长，信息基础架构解决方案同样需要不断创新发展，以快速有效地管理 PB 级的信息。EMC 公司正在见证信息革命，未来大型企业客户能够更加有效地管理全球范围的数据信息，而崭新的云存储服务也正式开始了。"

2. IBM XIV

XIV 是 IBM 提供的一个理想的实现云存储的产品。它采用网格技术，极大地提高了数据的可靠性、容量的可扩展性、系统的可管理性。海量存储设备+大容量文件系统+高吞吐量互联网数据访问接口+管理系统是其设计特征。XIV 结构把中端和高端存储的特点结合在一起，在用户有了新的业务，或者数据快速增长，并能够预计未来业务高速增长，数据类型复杂的情况下，XIV 都是用户目前合理的选择。XIV 存储系统内置的虚拟化技术大幅度简化了管理及配置任务，瘦供给功能改善了 IT 操作，快照功能几乎可达到无限次的程度，并可瞬间复制数据卷，显著提升测试及访问数据库操作的速度。它的宗旨是通过消除热点与系统资源的全部占用，提供高度一致的性能。IBM XIV 存储系统能够帮助用户部署可靠、多用途、可用的信息基础结构，同时可提供存储管理、配置，以及改进资产利用率。

3. HP ExDS9100

ExDS9100（StorageWorks 9100 ExtremeDataStorage）是针对文件内容的海量可扩展存储系统，该系统结合了惠普 PolyServe 软件、BladeSystem 底盘以及刀片服务器以提高性能，还使用了被称为“块”的存储。这些块在同一个容器中包含了 82 个 1TB 的 SAS 驱动器。ExDS9100 专为简化 PB 级数据管理而设计，为 Web 2.0 及数字媒体公司提供的全新商业服务，包括图片共享、流媒体、视频自选节目及社交网络，所带来的大量以文档为基础数据的服务，完全满足即时存储与管理的需要，同时可满足石油及天然气生产、安全监控及基因研究等大型企业的类似需求。

4. Amazon S3

Amazon 的云名为亚马逊网络服务（Amazon Web Services，AWS），其目前主要由 4 块核心服务组成：简单存储服务（Simple Storage Service，S3）；弹性计算云（Elastic Compute Cloud，EC2）；简单排列服务（Simple Queuing Service，SQS）以及 SimpleDB。换句话说，Amazon 现在提供的是可以通过网络访问的存储、计算机处理、信息排队和数据库管理系统接入式服务。

Amazon S3 是一个公开的服务，使 Web 开发人员能够存储数字资产（如图片、视频、音乐和文档等），以便在应用程序中使用。使用 S3 时，它就像一个位于 Internet 的计算机，有一个包含数字资产的硬盘驱动。实际上，它涉及许多计算机（位于各个地理位置），其中包含数字资产（或者数字资产的某些部分）。Amazon 还处理所有复杂的服务请求，可以存储数据并检索数据。只需要付少量的费用就可以在 Amazon 的服务器上存储数据，支付 1 美元即可通过 Amazon 服务器传输数据。Amazon 的 S3 服务没有重复开发，它公开了 RESTful API，使用户能够使用任何支持 HTTP 通信的语言访问 S3。JetS3t 项目是一个开源 Java 库，可以抽象出使用 S3 的 RESTful API 的细节，将 API 公开为常见的 Java 方法和类。理论上，S3 是一个全球存储区域网络（SAN），它表现为一个超大的硬盘，用户可以在其中存储和检索数字资产。但是，从技术上讲，Amazon 的架构有一些不同。通过 S3 存储和检索的资产被称为对象。对象存储在存储段中。可以用硬盘进行类比：对象就像是文件，存储段就像是文件夹（或目录）。与硬盘一样，对象和存储段也可以通过统一资源标识符（Uniform Resource Identifier，URI）查找。S3 还提供了指定存储段和对象的所有者和权限的能力，就像对待硬件的文件和文件夹一样。在 S3 中定义对象或存储段时，可以指定一个访问控制策略，注明谁可以访问 S3 资产以及如何访问（例如，读和写权限）。相应地，可以通过许多方式提供对用户对象的访问，使用 RESTful API 只是其中一种方式。

5. Google GFS

从 2003 年开始，Google 连续几年在计算机系统研究领域的顶级会议与杂志上发表论文，揭示其内部的分布式数据处理方法，向外界展示其使用的云计算核心技术。从其近几年发表的论文来看，Google 使用的云计算基础架构模式包括 4 个相互独立又紧密结合在一起的系统，包括 Google 建立在集群之上的文件系统（Google File System，GFS）、针对 Google 应用程序的特点提出的 Map/Reduce 编程模式、分布式的锁机制 Chubby 以及 Google 开发的模型简化的大规模分布式数据库 BigTable。

为了满足 Google 迅速增长的数据处理需求，Google 设计并实现了 Google 文件系统。GFS 与过去的分布式文件系统拥有许多相同的目标，如性能、可伸缩性、可靠性以及可用性。然而，它的设计还受到 Google 应用负载和技术环境的影响，主要体现在以下 4 个方面。

（1）集群中的节点失效是一种常态，而不是一种异常。由于参与运算与处理的节点数目非常庞大，通常会使用上千个节点进行共同计算，因此，每时每刻总会有节点处在失效状态。需要通过软件程序模块监视系统的动态运行状况，侦测错误，并且将容错以及自动恢复系统集成在系统中。

（2）Google 系统中的文件大小与通常文件系统中的文件大小概念不同，Google 系统中的文件大小通常以 GB 计。另外文件系统中的文件含义与通常文件不同，一个大文件可能包含大量的通常意义上的小文件。所以，设计预期和参数如 I/O 操作和块尺寸都要重新考虑。

（3）Google 文件系统中的文件读写模式和传统的文件系统不同。在 Google 应用（如搜索）中对大部分文件的修改，不是覆盖原有数据，而是在文件末尾追加新数据。对文件的随机写是几乎不存在的。对于这类巨大文件的访问模式，客户端对数据块的缓存失去了意义，追加操作成为性能优化和原子性（把一个事务看作是一个程序，它要么被完整地执行，要么完全不执行）保证的焦点。

（4）文件系统的某些具体操作不再透明，而且需要应用程序协助完成，应用程序和文件系统 API 的协同设计提高了整个系统的灵活性。例如，放宽了对 GFS 一致性模型的要求，这样不用加重应用程序的负担，就大大简化了文件系统的设计。另外，还引入了原子性的追加操作，这样多个客户端同时进行追加的时候，就不需要额外的同步操作了。

总之，GFS 是为 Google 应用程序本身而设计的。据称，Google 已经部署了许多 GFS 集群。有的集群拥有超过 1000 个存储节点和超过 300TB 的硬盘空间，被不同计算机上的数百个客户端连续不断地访问着。

6. Symantec Norton Online Backup

赛门铁克（Symantec）公司推出了云存储服务 Norton Online Backup，一次可支持 5 台家庭网络中的计算机通过一个单一控制台来备份文档。

12.4.4 云存储功能

云存储的功能强大且灵活多变，主要体现在以下几个层面。

（1）设备层面。云存储的存储设备数量庞大，分布在不同的区域，多个设备之间进行协同合作，许多设备可以同时为某一个人提供同一种服务；云存储都是平台服务，云存储的供应商会根据用户需求开发出多种多样的平台，例如，IPTV 应用平台、视频监控应用平台、数据备份应用平台等。只要有标准的公用应用接口，任何一个被授权的用户都可以通过一个简单的网址登录云存储系统，享受云存储服务。

（2）功能层面。云存储的容量分配不受物理硬盘的控制，可以按照客户的需求及时扩容，设备故障和设备升级都不会影响用户的正常访问。云存储技术针对数据重要性采取不同的复制策略，并且复制的文件存放在不同的服务器上，因此硬件损坏时，不管是硬盘还是服务器，服务始终不会终止。而且正因为采用索引的架构，系统会自动将读写指令引导到其他存储节点，读写效能完全不受影响，管理人员只要更换硬件即可，数据也不会丢失，换上新的硬盘或服务器后，系统会自动将文件复制回来，永远保持多备份文件，从而避免数据的丢失。而在扩容时，只要安装好存储节点，接上网络，新增加的容量便会自动合并到存储中，并且其数据会自动迁移到新存储的节点，不需要做多余的设定，大大降低了维护人员的工作量。

（3）开支层面。传统存储模式，一旦完成资金的一次性投入，系统无法在后续使用中动态调整。随着设备的更新换代，落后的硬件平台难以处置；随着业务需求的不断变化，软件需要不断地更新升级甚至重构来与之相适应，导致维护成本高昂，很容易发展到不可控的程度。但使用云存储服务，可以免去企业在设备购买和技术人员聘用上的庞大开支，至于维护工作以及系统的更新升级都由云存储服务提供商完成，而且公有云的租用费用和私有云的建设费用会随着云存储供应商竞争的日趋激烈而不断降低。云存储是未来的存储应用趋势。

云存储给人们提供了一种全新的存储模式，但云存储的安全问题存在于很多方面，大致分为两类：一个是存储服务供应商的安全问题，另一个是客户面临的安全问题。

（1）数据机密性。用户为了获得云存储服务，首先需要上传其本地数据存储到服务器中，而在需要的时候也要从存储服务器中下载数据。这一过程中数据需要经历公有云、私有云以及互联网上的各种通信线路的传输。数据存储在服务器上的时候，有可能会遭受非法窃取或篡改，这些情况都会使用户的重要敏感数据面临机密性威胁。

（2）数据隔离问题。云计算的核心就是云的虚拟化问题，对不同的云用户来说，后面云存储的系统是一个相同的物理系统,不再像传统网络一样有物理的隔离和防护边界，这就会造成虚拟系统被越界访问等无法保证信息隔离性的问题。

（3）应用安全。对于运行在云存储平台之上的云应用，如果其本身未遵循安全规则或存在应用安全漏洞，就可能导致云存储数据被非法访问或破坏等问题。

（4）用户隐私。用户购买存储服务时，必然要向供应商提供一些个人信息，如信用卡账号、用户名等，这些信息都有可能被泄露。此外，用户的数字身份、证书以及存取操作记录等也需要隐私保护。

（5）版权风险。版权问题目前已大范围地出现在网盘服务中。一些个人或团体会将文件通过云存储的客户端上传至网盘中，然后通过分享的方式对其提供下载，大量有版权的文件被通过这种特殊盗版方式进行传播，在这种情况下面临侵权问题的不仅是用户还有云存储的提供商。

（6）运营停止。在目前这种互联网环境下，提供给公众的云存储服务每年的资金投入庞大，而且私人提供的云存储盈利模式还并不清晰，这些都会导致服务提供商在一定时间后关停服务，那么用户数据留存问题就变成了最大的隐患。

目前市面上的云计算服务提供商均提供了云存储服务，主要分为块存储、对象存储和文件存储。

公有云的块存储服务包括阿里云的块存储、腾讯云的块存储 CBS、百度云的块存储服务 CDS、华为云的块存储服务 EVS，它们的主要功能基本一致。

（1）阿里云的块存储是为云服务器 ECS 提供的低时延、高持久性、高可靠的数据块级随机存储。块存储支持在可用区内自动复制数据，防止意外硬件故障导致的数据不可用，保护业务，免于受组件故障的威胁。就像对待硬盘一样，用户可以对挂载到 ECS 实例上的块存储进行分区、创建文件系统等操作，并对数据进行持久化存储。

（2）腾讯云的块存储 CBS（Cloud Block Storage）提供用于 CVM 的持久性数据块级存储服务。云硬盘中的数据自动地在可用区内以多副本冗余方式存储，避免数据的单点故障风险，提供高级别数据可靠性。云硬盘提供多种类型及规格的磁盘实例，满足稳定低延迟的存储性能要求。云硬盘支持在同可用区的实例上挂载/卸载，并且可以在几分钟内调整存储容量，满足弹性的数据需求。只需为配置的资源量支付低廉的价格，用户就能享受到以上功能特性。

（3）百度云的块存储服务 CDS（Cloud Disk Service）为云服务器提供高可用和高容

量的数据存储服务。可以对挂载到云服务器实例的块存储进行格式化、分区、创建文件系统等操作。云磁盘还提供快照功能，可以防止业务数据因误删、物理服务器宕机及其他不可抗灾害而面临数据丢失风险。

（4）华为云的块存储服务 EVS（Elastic Volume Service）是一种基于分布式架构的、可弹性扩展的虚拟块存储服务。具有高数据可靠性、高 I/O 吞吐能力等特点。像使用传统服务器硬盘一样，可以对挂载到云服务器上的云硬盘做格式化、创建文件系统等操作，并对数据进行持久化存储。

公有云的对象存储服务包括阿里云的对象存储服务 OSS、腾讯云的对象存储 COS、百度云的对象存储 BOS、华为云的对象存储服务 OBS，它们的主要功能基本一致。

（1）阿里云的对象存储服务 OSS（Object Storage Service）是阿里云提供的海量、安全、低成本、高可靠的云存储服务。可以通过调用 API，在任何应用、任何时间、任何地点上传和下载数据，也可以通过 Web 控制台对数据进行简单的管理。OSS 适合存放任意类型的文件，适合各种网站、开发企业及开发者使用。其按实际容量付费，真正使用户专注于核心业务。

（2）腾讯云的对象存储 COS（Cloud Object Storage）是腾讯云为企业和个人开发者提供的一种能够存储海量数据的分布式存储服务，用户可随时通过互联网对大量数据进行批量存储和处理。腾讯云 COS 具有高扩展性、低成本、可靠和安全等特点，提供专业的数据存储服务。可以使用控制台、API、SDK 等多种方式连接到腾讯云对象存储，实时存储和管理业务数据。

（3）百度云的对象存储 BOS（Baidu Object Storage）提供稳定、安全、高效以及高扩展存储服务。“存储+计算框架”让数据加上“动力”引擎，让数据的传输、存储、处理、发布 4 个环节有机地融为一体。

（4）华为云的对象存储服务 OBS（Object Storage Service）是一个基于对象的海量存储服务，为客户提供海量、安全、高可靠、低成本的数据存储能力，包括创建、修改、删除桶，上传、下载、删除对象等。OBS 为用户提供了超大存储容量的服务，适合存放任意类型的文件，适合普通用户、网站、企业和开发者使用。由于 OBS 是一项面向 Internet 访问的服务，提供了基于 HTTP/HTTPS 协议的 Web 服务接口，所以用户可以随时随地在任意可以连接 Internet 的计算机上，通过 OBS 管理控制台或客户端访问和管理存储在 OBS 中的数据。此外，OBS 支持 REST API 接口，可使用户方便地管理自己存储在 OBS 上的数据，以及开发多种类型的上层业务应用。OBS 还提供图片处理特性，为用户提供稳定、安全、高效、易用、低成本的图片处理服务，包括图片剪切、图片缩放、图片水印、格式转换等。图片处理特性相关内容请参见 OBS 图片处理特性指南。云服务实现了在多地域部署基础设施，具备高度的可扩展性和可靠性，用户可根据自身需要指定地域使用 OBS，由此获得更快的访问速度和实惠的服务价格。

公有云的文件存储服务包括阿里云的文件存储 NAS、腾讯云的文件存储 CFS、百度云的文件存储 CFS、华为云的弹性文件服务 SFS，它们的主要功能基本一致。

（1）阿里云的文件存储 NAS（Network Attached Storage）是面向阿里云 ECS 实例、HPC 和 Docker 等计算节点的文件存储服务，提供标准的文件访问协议，无须对现有应用做任何修改，即可使用具备无限容量及性能扩展、单一命名空间、多共享、高可靠和高可用等特性的分布式文件系统。

（2）腾讯云的文件存储 CFS（Cloud File Storage）提供安全可靠、可扩展的共享文件存储服务。CFS 可与腾讯云服务器、容器服务、批量计算等服务搭配使用，为多个计算节点提供容量和性能可弹性扩展的高性能共享存储。腾讯云 CFS 的管理界面简单、易使用，可实现对现有应用的无缝集成；按实际用量付费，节约成本，简化 IT 运维工作。

（3）百度云的文件存储 CFS（Cloud File System）通过对标准 NFS 协议的支持，兼容 POSIX 接口，保证云上的虚拟机、容器资源可像操作本地文件系统一样操作云上系统，实现跨节点的数据共享和协作。同时，百度云的 CFS 提供简单、易操作的对外接口，并支持按实际使用量计费，免去部署、维护费用的同时，最大化提升业务效率。

（4）华为云的弹性文件服务 SFS（Scalable File Service）为弹性云服务器提供一个完全托管的共享文件存储，它提供标准文件协议，能够弹性伸缩至 PB 级规模，具备可扩展的性能，为海量数据、高带宽型应用提供有力支持。

12.5 云数据库

云数据库是在 SaaS 成为应用趋势的大背景下发展起来的云计算技术，它极大地增强了数据库的存储能力，消除了人员、硬件、软件的重复配置，让软、硬件升级变得更加容易，同时也虚拟化了许多后端功能。云数据库具有高可扩展性、高可用性、多租形式和支持资源有效分发等特点。可以说，云数据库是数据库技术的未来发展方向。

12.5.1 云数据库优点

目前，对云数据库的定义不尽相同，主要有以下两种。

（1）云数据库即 CloudDB，或者简称为“云库”。它把各种关系型数据库看成一系列简单的二维表，并基于简化版本的 SQL 或访问对象进行操作。

（2）云数据库是指被部署和虚拟化到云计算环境中的数据库。

云数据库解决了数据集中与共享的问题，剩下的是前端设计、应用逻辑和各种应用层开发资源的问题。使用云数据库的用户不能控制运行着原始数据库的计算机，也不必了解它身在何处。在云数据库应用中，客户端不需要了解云数据库的底层细节，所有的底层硬件都已经被虚拟化，对客户端而言是透明的。使用它就像在使用一个运行在单一服务器上的数据库，非常方便、容易，同时又可以获得理论上近乎无限的存储和处理能力。

云数据库具有以下特性。

（1）动态可扩展。理论上，云数据库具有无限可扩展性，可以满足不断增加的数据存储需求。在面对不断变化的条件时，云数据库可以表现出很好的弹性。例如，对于一个从事产品零售的电子商务公司，会存在季节性或突发性的产品需求变化；或者对于类似 Animoto 的网络社区站点，可能会经历一个指数级的增长阶段。这时，就可以分配额外的数据库存储资源来处理增加的需求，这个过程只需要几分钟。需求消失以后，就可以立即释放这些资源。

（2）高可用性。即不存在单点失效问题，如果一个节点失效了，剩余的节点就会接管未完成的事务。而且在云数据库中，数据通常是复制的，在地理上也是分布的。诸如 Google、Amazon 和 IBM 等大型云计算供应商具有分布在世界范围内的数据中心，通过在不同地理区间进行数据复制，可以提供高水平的容错能力。例如，Amazon SimpleDB 会在不同的区间进行数据复制，因此，即使整个区域内的云设施失效，也能保证数据继续可用。

（3）较低的使用代价。云数据库通常采用多租户的形式，这种共享资源的形式对用户而言可以节省开销；而且用户采用按需付费的方式使用云计算环境中的各种软、硬件资源，不会产生不必要的资源浪费。另外，云数据库底层存储通常采用大量廉价的商业服务器，这也大幅度降低了用户开销。

（4）易用性。使用云数据库的用户不必控制运行原始数据库的计算机，也不必了解它身在何处。用户只需要一个有效的链接字符串就可以开始使用云数据库。

（5）大规模并行处理。支持几乎实时的面向用户的应用、科学应用和新类型的商务解决方案。

分布式数据库是计算机网络环境中各场地或节点上的数据库的逻辑集合。逻辑上它们属于同一系统，而物理上它们分散在用计算机网络连接的多个节点，并统一由一个分布式数据库管理系统管理。分布式数据库已经存在很多年，它可以用来管理大量的分布存储的数据，并且通常采用非共享的体系架构。云数据库和传统的分布式数据库具有相似之处，例如，都把数据存放到不同的节点上。但是，分布式数据库在可扩展性方面是无法与云数据库相比的。由于需要考虑数据同步和分区失败等开销，前者随着节点的增加，性能会快速下降，而后者则具有很好的可扩展性，因为后者在设计时就已经避免了许多会影响到可扩展性的因素，例如，采用更加简单的数据模型、对元数据和应用数据进行分离以及放宽对一致性的要求等。另外，在使用方式上，云数据库也不同于传统的分布式数据库。云数据库通常采用多租户模式，即多个租户共用一个实例，租户的数据既有隔离又有共享，从而解决数据存储的问题，同时也降低了用户使用数据库的成本。

云数据库的出现带来了以下变革。

（1）数据存储的变革。云数据库把以往数据库中的逻辑设计简化为基于一个地址的简单访问模型。但为了满足足够的带宽和数据容量，物理设计就显得更为重要。以往人们采用商用数据库产品设计存储时，一般采用两种存储方式：NAS（网络连接存储）和SAN（存储区域网络）。不过，因为受到单个主机和数据库集群节点的限制，人们在单个集群中能协同的计算机非常有限，这对于云数据库环境的应用来说远远不够。从应用成本和容错的角度分析，Google 和 Amazon 尝试了一种全新的选择，即分散文件集群。所谓“分散文件”既可能是运行在某个有完善管理数据中心的 SAN 集群，也可能是运行在某“堆”老旧服务器上的磁盘塔。尽管存储效率不同，但对云数据库而言，保存在它们之上的数据只要可以按照客户的相应要求保质保量交付就可以。

（2）极大地改变企业管理数据的方式。Forrester Research 公司的分析师 Yuhanna 指出，18%的企业正在把目光投向云数据库。对中小企业而言，云数据库可以允许它们在 Web 上快速搭建各类数据库应用，越来越多的本地数据和服务将逐渐被转移到云中。企业用户在任意地点通过简单的终端设备，就可以对企业数据进行全面的管理。此外，云数据库可以很好地支持企业开展一些短期项目，降低开销，而不需要企业为某个项目单独建立昂贵的数据中心。但是，云数据库的成熟仍然需要一段时间。中小企业会更多地采用云数据库产品，但是对于大企业而言，云数据库并非首选，因为大企业通常自己建造数据中心。

（3）催生新一代的数据库技术。IDC 的数据库分析师 Olofson 认为，云模型提供了无限的处理能力以及大量的 RAM，因此，云模型将会极大地改变数据库的设计方式，将会出现第三代数据库技术。第一代是 20 世纪 70 年代的早期关系型数据库，第二代是 20 世纪 80～90 年代的更加先进的关系模型。第三代的数据库技术，要求数据库能够灵活处理各种类型的数据，而不是强制让数据去适应预先定制的数据结构。事实上，从目前云数据库产品中的数据模型设计方式来看，已经有些产品（如 SimpleDB、HBase、Dynamo、BigTable）放弃了传统的行存储方式，而采用键/值存储，从而可以在分布式的云环境中获得更好的性能。可以预期的是，云数据库将会吸引越来越多学术界的目光，该领域的相关问题也将成为未来一段时间内数据库研究的重点内容，例如，云数据库的体系架构和数据模型等。

12.5.2 云数据库缺点

云数据库不能够解决所有的问题，它存在以下的缺点。

（1）数据传输问题。虽然概念上云数据库与传统的应用流程差别不大，但这个通路因为超出了用户的控制范围，因此在实际执行效率、服务响应质量方面增加了很多不确定的因素。例如，用户把客户业务办理申请的信息提交给云数据库，由于企业的业务人员散布在亚洲、欧洲的几个中心城市，因此云运营商把数据实际存储在莫斯科、东京、班加罗尔这 3 个中心。假设老板在张家界的会议期间需要尽快获得一个投资豆油的敏感客户列表，以便对这一人群加强审查和防范。为此，IT 部门提交了一个查询，接着一个很壮观的查询便在地球上"蔓延"，查询时间可能会十分漫长，但究竟有多长，还需要看具体情况。不过查询时间长还不算最糟糕的，有时 IT 部门提交了一个查询，结果几毫秒内就获得了一个服务不可用的异常，但 Web 服务器运转正常，应用服务器健康状态也非常好，这是因为没有数据，原因是数据并不在查询者手中。

（2）数据安全问题。在云数据库安全方面，用户最关心的是如何相信云数据库提供商，或者云数据库提供商的内部工作人员不会利用数据去做违法的事情。例如，人们的个人隐私被泄露或者网上购物的购买行为被记录等，对用户来讲，这都侵犯了他们的隐私。对企业的核心数据来说，就更不简单了。目前比较成熟的云服务商业模式，大多数还是云服务提供商本身就是内容提供商，企业把核心业务直接迁移至公共云端的成功案例有限。因此，这会成为制约未来云计算发展的一个重要障碍。

12.5.3 云数据库产品

云数据库提供商主要分为以下 3 类。

（1）传统的数据库厂商：Teradata、Oracle、IBM DB2 和 Microsoft SQL Server。

（2）涉足数据库市场的云供应商：Amazon、Google 和 Yahoo！。

（3）新兴小公司：Vertica、LongJump 和 EnterpriseDB。

就目前阶段而言，虽然一些云数据库产品，如 Google BigTable、SimpleDB 和 HBase，在一定程度上实现了对海量数据的管理，但是这些系统暂时还不完善，只是云数据库的雏形。让这些系统支持更加丰富的操作以及更加完善的数据管理功能（例如，复杂查询和事务处理）以满足更加丰富的应用，仍然需要研究人员的不断努力。

主要的云数据库产品如下。

（1）Amazon 的云数据库产品。Amazon 是云数据库市场的先行者。Amazon 除了提供著名的 S3 存储服务和 EC2 计算服务，还提供基于云的数据库服务 Dynamo。Dynamo 采用键/值存储，其所存储的数据是非结构化数据，其不识别任何结构化数据，需要用户自己完成对值的解析。Dynamo 系统中的键（key）不是以字符串的方式进行存储，而是采用 md5_key（通过 md5 算法转换后得到）的方式进行存储，因此，它只能根据 key 去访问，不支持查询。SimpleDB 是 Amazon 公司开发的一个可供查询的分布数据存储系统，它是 Dynamo 键/值存储的补充和丰富。SimpleDB 的开发目的是作为一个简单的数据库来使用，由 id 字段来确定 SimpleDB 存储元素（属性和值）行的位置。这种结构可以满足用户基本的读、写和查询要求。SimpleDB 提供易用的 API 来快速地存储和访问数据。但是，SimpleDB 不是一个关系型数据库，传统的关系型数据库采用行存储，而 SimpleDB 采用了键/值存储，它主要是服务于那些不需要关系型数据库的 Web 开发者。

Amazon RDS 是 Amazon 开发的一种关系型数据库服务，它可以让用户在云环境中建立、操作关系型数据库（目前支持 MySQL 和 Oracle 数据库）。用户只需要关注应用层面和业务层面的内容，而不需要在烦琐的数据库管理工作上耗费过多的时间。

此外，Amazon 和其他数据库厂商开展了很好的合作，Amazon EC2 应用托管服务已经可以部署很多种数据库产品，包括 SQL Server、Oracle 11g、MySQL 和 IBM DB2 等主流数据库平台，以及其他一些数据库产品，例如，EnerpriseDB。作为一种可扩展的托管环境，其可以允许开发者开发并托管自己的数据库应用。

（2）Google 的云数据库产品。Google BigTable 是一种满足弱一致性要求的大规模数据库系统。一般来说，数据库在处理格式化的数据方面还是非常方便的，但是由于关系型数据库很强的一致性要求，很难将其扩展到很大的规模。为了处理 Google 内部大量的格式化以及半格式化数据，Google 构建了弱一致性要求的大规模数据库系统 BigTable。据称，现在有很多 Google 的应用程序建立在 BigTable 之上，如 Search History、Maps、Orkut 和 RSS 阅读器等。

Google 设计 BigTable 的目的是处理 Google 内部大量的格式化及半格式化数据。目前，许多 Google 应用都是建立在 BigTable 上的，例如，Web 索引、Google Earth、Google Finance、Google Maps 和 Search History。BigTable 提供的简单数据模型，允许客户端对数据部署和格式进行动态控制，并且描述了 BigTable 的设计和实现方法。BigTable 是构建在其他几个 Google 基础设施之上的：首先，BigTable 使用了分布式 Google 文件系统 GFS 来存储日志和数据文件；其次，BigTable 依赖一个高可用的、持久性的分布式锁服务 Chubby；再次，BigTable 依赖一个簇管理系统来调度作业、在共享计算机上调度资源、处理计算机失败和监督计算机状态。

但是，与 Amazon SimpleDB 类似，目前 BigTable 实际上还不是真正的 DBMS，它无法提供事务一致性和数据一致性。这些产品基本上可以被看成是云环境中的表单。

Google 开发的另一款云计算数据库产品是 Fusion Tables，它采用了基于数据空间的技术，该技术在 20 世纪 90 年代就已经出现，Google 充分利用了该技术的潜力。Fusion Tables 是一个与传统数据库完全不同的数据库，可以弥补传统数据库的很多缺陷。例如，通过采用数据空间技术，它能够简单地解决 RDBMS 中管理不同类型数据的麻烦，以及排序整合等常见操作的性能问题。Fusion Tables 可以上传 100MB 的表格文件，同时支持 CSV 和 XLS 格式，且具有处理大规模数据的能力。

（3）Microsoft的云数据库产品。2008年3月，微软开始通过SQL Data Service（SDS）提供SQL Server的RDBMS功能，这使得微软成为云数据库市场上的第一个大型数据库厂商。此后，微软对SDS功能进行了扩展，并且将其重新命名为SQL Azure。微软的Azure平台提供了一个Web服务集合，可以允许用户通过网络在云中创建、查询和使用SQL Server数据库，云中的SQL Server服务器的位置对用户而言是透明的。对云计算而言，这是一个重要的里程碑。

SQL Azure具有以下特性：其属于关系型数据库，支持使用T-SQL（Transact-Structured Query Language）来管理、创建和操作云数据库；支持存储过程，它的数据类型、存储过程和传统的SQL Server具有很大的相似性，因此，应用可以在本地进行开发，然后部署到云平台上；支持大量数据类型，包含了几乎所有典型的SQL Server 2008的数据类型；支持云中的事务，支持局部事务，但是不支持分布式事务。

（4）开源云数据库产品。HBase和Hypertable利用开源MapReduce平台Hadoop，提供了类似于BigTable的可伸缩数据库实现。MapReduce是Google开发的、用来运行大规模并行计算的框架。采用MapReduce的应用更像一个人提交的批处理作业，但是这个批处理作业不在单个服务器上运行，应用和数据都分布在多个服务器上。Hadoop是由Yahoo资助的一个开源项目，是MapReduce的开源实现，从本质上来说，它提供了一个使用大量节点来处理大规模数据集的方式。

HBase已经成为Apache Hadoop项目的重要组成部分，并且已经在生产系统中得到应用。与HBase类似的是Hypertable。不过，HBase的开发语言是Java，而Hypertable则采用C/C++开发。与HBase相比，Hypertable具有更高的性能。此外，HBase不支持SQL类型的查询语言。另外，甲骨文开源数据库产品BerkeleyDB也提供了云计算环境中的实现。

（5）其他云数据库产品。Yahoo!的PNUTS是一个为网页应用开发的、大规模并行的、地理分布的数据库系统，它是Yahoo!云计算平台的一个重要部分。Vertica Systems在2008年发布了云版本的数据库。10Gen公司的Mongo、AppJet的AppJet数据库也都提供了相应的云数据库版本。FathomDB旨在满足基于Web的公司提出的高传输要求，它所提供的服务更倾向于在线事务处理而不是在线分析处理。IBM投资的EnterpriseDB也提供了一个运行在Amazon EC2上的云版本。LongJump是一个与Salesforce公司竞争的新公司，它推出了基于开源数据库PostgreSQL的云数据库产品。Intuit QuickBase也提供了自己的云数据库系列。麻省理工学院研制的Relational Cloud可以自动区分负载的类型，并把类型近似的负载分配到同一个数据节点上，而且采用了基于图的数据分区策略，对复杂的事务型负载也具有很好的可扩展性。此外，它还支持在加密的数据上运行SQL查询。

目前市面上的云计算服务提供商均提供了云数据库服务，主要分为关系型数据库和非关系型数据库。

（1）阿里云。阿里云关系型数据库服务（Relational Database Service，RDS）是一种稳定可靠、可弹性伸缩的在线数据库服务。其基于阿里云分布式文件系统和 SSD 盘高性能存储，支持 MySQL、SQL Server、PostgreSQL 和 PPAS（Postgre Plus Advanced Server，一种高度兼容 Oracle 的数据库）引擎，并且提供了容灾、备份、恢复、监控、迁移等方面的全套解决方案，彻底消除数据库运维的烦恼。

阿里云数据库 Redis 版（ApsaraDB for Redis）是兼容开源 Redis 协议的键/值类型在线存储服务。它支持字符串（String）、链表（List）、集合（Set）、有序集合（SortedSet）、哈希表（Hash）等多种数据类型，以及事务（Transactions）、消息订阅与发布（Pub/Sub）等高级功能。通过“内存+硬盘”的存储方式，云数据库 Redis 版在提供高速数据读写能力的同时满足数据持久化需求。

阿里云数据库 MongoDB 版（ApsaraDB for MongoDB）基于飞天分布式系统和高性能存储，提供三节点副本集的高可用架构，容灾切换和故障迁移完全透明化，并提供专业的数据库在线扩容、备份回滚、性能优化等解决方案。

OceanBase 是阿里巴巴集团自主研发的分布式关系型数据库，融合传统关系型数据库的强大功能与分布式系统的特点，具备持续可用、高度可扩展、高性能等优势，广泛应用于蚂蚁金服、网上银行等金融级核心系统。在 2015 年“双 11”活动期间，OceanBase 承载了蚂蚁核心链路 100%的流量，创下了交易、每秒支付峰值的新纪录，在功能、稳定性和可扩展性等性能方面都经过了严格的检验。

阿里云数据库 Memcache 版（ApsaraDB for Memcache）是基于内存的缓存服务，支持海量小数据的高速访问。云数据库 Memcache 可以极大缓解对后端存储的压力，提高网站或应用的响应速度。云数据库 Memcache 支持键/值的数据结构，兼容 Memcache 协议的客户端都可与阿里云数据库 Memcache 版进行通信。

阿里云数据库 HBase 版（ApsaraDB for HBase）是基于 Hadoop 的一个分布式数据库，支持海量的 PB 级大数据存储，适用于高吞吐的随机读写场景。目前在阿里内部有数百个集群，服务数百个业务线，在订单存储、消息存储、物联网、轨迹、Wi-Fi、安全风控、搜索等领域有较多的在线应用。阿里云特别提供 HBase 产品化方案，服务广大的中小型客户。

分布式关系型数据库服务（Distributed Relational Database Service，DRDS）是阿里巴巴致力于解决单机数据库服务瓶颈问题而自主研发推出的分布式数据库产品。DRDS 高度兼容 MySQL 协议和语法，支持自动化水平拆分、在线平滑扩缩容、弹性扩展、透明读写分离，具备数据库全生命周期运维管控能力。DRDS 前身为淘宝 TDDL，是近千核心应用首选组件。

（2）腾讯云。腾讯云关系型数据库是可以在云中轻松部署、管理和扩展的关系型数据库，提供安全可靠、伸缩灵活的按需云数据库服务。腾讯云关系型数据库提供 MySQL、SQL Server、MariaDB、PostgreSQL 数据库引擎，并针对数据库引擎的性能进行了优化。腾讯云关系型数据库是一种高度可用的托管服务，提供容灾、备份、恢复、监控、迁移等数据库运维全套解决方案，可将用户从耗时的数据库管理任务中解放出来，有更多时间专注于应用和业务。

腾讯云数据库 Redis（TencentDB for Redis）是腾讯云打造的兼容 Redis 协议的缓存和存储服务。其丰富的数据结构能帮助用户完成不同类型的业务场景开发，支持主从热备，提供自动容灾切换、数据备份、故障迁移、实例监控、在线扩容、数据回档等全套的数据库服务。

腾讯云数据库 MongoDB（TencentDB for MongoDB）是腾讯云基于全球广受欢迎的 MongoDB 打造的高性能 NoSQL 数据库，100%兼容 MongoDB 协议，同时高度兼容 DynamoDB 协议，提供稳定丰富的监控管理，弹性可扩展、自动容灾，适用于文档型数据库场景，无须自建灾备体系及控制管理系统。

列式数据库 HBase（Cloud HBase Service）是腾讯云基于全球广受欢迎的 HBase 打造的高性能、可伸缩、面向列的分布式存储系统，100%兼容 HBase 协议，适用于写吞吐量大、海量数据存储以及分布式计算的场景，为用户提供稳定丰富的集群管理和弹性可扩展的系统服务。

分布式云数据库（Distributed Cloud Database，DCDB）是支持自动水平拆分的高性能数据库服务，即业务感受完整的逻辑表，而数据却均匀地拆分到多个物理分片中，可以有效应付超大并发、超高性能、超大容量的联机事务处理过程（On-Line Transaction Processing，OLTP）类场景。DCDB 的每个分片默认采用主从高可用架构，提供弹性扩展、备份、恢复、监控等全套解决方案，有效突破业务快速发展时的数据库性能瓶颈，使用户更加专注于业务发展。

（3）百度云。关系型数据库服务（RDS）是专业、高性能、高可靠的云数据库服务。百度云 RDS 提供 Web 界面以配置、操作数据库实例，还提供可靠的数据备份和恢复、完备的安全管理、完善的监控、轻松扩展等功能支持。相对于自建数据库，百度云 RDS 具有更经济、更专业、更高效、更可靠、简单易用等特点，使用户能更专注于核心业务。

分布式关系型数据库服务（DRDS）是百度云提供的基于中间件的分布式关系型数据库系统服务。百度云 DRDS 可以基于普通服务器和横向扩展的方式，构建支持海量数据存储和访问的数据库系统，从而实现无线扩容和弹性扩展。相对于单机关系型数据库（RDS），百度云 DRDS 提供了更高规格的存储和服务器每秒查询率（QPS），满足用户持续增长的海量数据存储需求并应对持续增大的业务请求压力。

（4）华为云。华为云关系型数据库服务（RDS）是一种基于云计算平台的即开即用、稳定可靠、弹性伸缩、便捷管理的在线关系型数据库服务。华为云 RDS 具有完善的性能监控体系和多重安全防护措施，并提供了专业的数据库管理平台，让用户能够在云中轻松地设置和扩展关系型数据库。通过华为云 RDS 控制台，用户几乎可以执行所有必需任务而无须编程，简化运营流程，减少日常运维工作量，从而专注于开发应用和业务发展。

华为云数据库 MySQL 是全球目前最受欢迎的开源数据库之一，其性能卓越，搭配 LAMP（Linux + Apache + MySQL + Perl/PHP/Python），成为 Web 开发的高效解决方案。华为云数据库拥有即开即用、稳定可靠、安全运行、弹性伸缩、轻松管理、经济实用等特点；其架构成熟稳定，支持流行应用程序，适用于多领域多行业，支持各种 Web 应用，成本低，是中小企业的首选；管理控制台提供全面的监控信息，简单易用，灵活管理，可视又可控；可随时根据业务情况弹性伸缩所需资源，按需开支，量身定做。

华为云数据库 PostgreSQL 是一个开源对象关系型数据库管理系统，并侧重于可扩展性和标准的符合性，被业界誉为“最先进的开源数据库”。PostgreSQL 面向企业复杂 SQL 处理的 OLTP 在线事务处理场景，支持 NoSQL 数据类型（JSON/XML/hstore），支持 GIS 地理信息处理，在可靠性、数据完整性方面有良好的声誉，适用于互联网网站、位置应用系统、复杂数据对象处理等应用场景；其支持 PostGIS 插件，空间应用卓越，达到国际标准；其更接近 Oracle 数据库，去“O”成本低；另外，其适用场景丰富，费用低，随时可以根据业务情况弹性伸缩所需的资源，按需开支，量身定做。

华为云数据库 SQL Server 是老牌商用级数据库，成熟的企业级架构轻松应对各种复杂环境，性能优秀。其一站式部署、保障关键运维服务，大量降低人力成本；根据华为国际化安全标准，打造安全稳定的数据库运行环境；被广泛应用于政府、金融、医疗、教育和游戏等领域。华为云数据库 SQL Server 具有即开即用、稳定可靠、安全运行、弹性伸缩、轻松管理和经济实用等特点；拥有高可用架构、数据安全保障和故障秒级恢复功能，提供了灵活的备份方案；包含了微软的 License 费用，无需额外支出费用。

华为云分布式缓存服务（Distributed Cache Service，DCS）提供即开即用、安全可靠、弹性扩容、便捷管理的在线分布式缓存能力，兼容 Redis、Memcache 和内存数据网格，提供单机、主备、集群等丰富的实例类型，满足用户高并发及快速数据访问的业务诉求。Redis 是一种支持键/值等多种数据结构的存储系统，可用于缓存、事件发布或订阅、高速队列等场景。该数据库使用 ANSI C 语言编写，支持网络，提供字符串、哈希、列表、队列、集合的结构直接存取，基于内存，可持久化。Memcache 是一种内存键/值缓存系统，它支持简单字符串数据的存取，通常作为后端数据库内容缓存，以提升 Web 的应用性能，降低对后端数据库的性能依赖。华为云 DCS 全面兼容 Memcache 协议并增强实现了双机热备和数据持久化。内存数据网格（In-memory Data Grids，IMDG）是一种键/值存储的内存数据库，为应用和不同的数据源之间提供高性能、基于分布式内存的数据组织和管理功能。IMDG 服务使用业界领先的内存计算平台解决方案 GridGain 及 Apache Ignite 开源项目，提供分布式的缓存、SQL 查询、计算及事务能力，全面兼容 JCache（JSR107）和 SQL ANSI-99 标准访问接口。

12.6 实战项目：在腾讯云上使用 Linux 操作系统

项目目标：掌握使用腾讯云的方法，能够在云上使用 Linux 操作系统和 Linux 命令。

实战步骤如下。

（1）在网上搜索并使用腾讯云的开发者实验室，选择并进入“Linux 的基础入门”。

（2）使用 Linux 创建目录命令“mkdir”（见图 12-3）。使用切换目录命令“cd”（见图 12-4）。返回上一级命令“cd ../”（见图 12-5）。移动文件/目录命令“mv”（见图 12-6）。删除目录命令“rm”（见图 12-7）。查看目录下的文件命令“ls”（见图 12-8）。

```
[root@VM_189_93_centos ~]# mkdir $HOME/testFolder
[root@VM_189_93_centos ~]#
```

图 12-3 创建目录命令

```
[root@VM_189_93_centos ~]# cd $HOME/testFolder
[root@VM_189_93_centos testFolder]#
```

图 12-4 切换目录命令

```
[root@VM_189_93_centos testFolder]# cd ../
[root@VM_189_93_centos ~]#
```

图 12-5 返回上一级命令

```
[root@VM_189_93_centos ~]# mv $HOME/testFolder /var/tmp
[root@VM_189_93_centos ~]# ls /var/tmp
systemd-private-c2e5b5ae5d134210b661f10bbfbc1499-ntpd.service-Gxw4CN  testFolder
[root@VM_189_93_centos ~]#
```

图 12-6 移动文件/目录命令

```
[root@VM_189_93_centos ~]# rm -rf /var/tmp/testFolder
[root@VM_189_93_centos ~]# ls /var/tmp
systemd-private-c2e5b5ae5d134210b661f10bbfbc1499-ntpd.service-Gxw4CN
[root@VM_189_93_centos ~]#
```

图 12-7 删除目录命令

```
[root@VM_189_93_centos ~]# ls /etc
acpi                cron.weekly               GeoIP.conf          krb5.conf        mtab                    prelink.conf.d  sasl2            systemd
adjtime             crypttab                  GeoIP.conf.default  krb5.conf.d      my.cnf                  printcap        scl              system-release
aliases             csh.cshrc                 gnupg               ld.so.cache      my.cnf.d                profile         securetty        system-release-
alternatives        csh.login                 GREP_COLORS         ld.so.conf       nanorc                  profile.d       security         tcsd.conf
anacrontab          dbus-1                    groff               ld.so.conf.d     NetworkManager          protocols       selinux          terminfo
asound.conf         default                   group               libaudit.conf    networks                python          services         tmpfiles.d
at.deny             depmod.d                  group-              libnl            nsswitch.conf           qcloudzone      sestatus.conf    trusted-key.key
audisp              dhcp                      grub2.cfg           libreport        nsswitch.conf.bak       rc0.d           setuptool.d      tuned
audit               DIR_COLORS                grub.d              libuser.conf     nsswitch.conf.rpmnew    rc1.d           shadow           udev
avahi               DIR_COLORS.256color       gshadow             locale.conf      ntp                     rc2.d           shadow-          updatedb.conf
bash_completion.d   DIR_COLORS.lightbgcolor   gshadow-            localtime        ntp.conf                rc3.d           shells           usb_modeswitch.
bashrc              dnsmasq.conf              gss                 login.defs       ntp.conf.dist           rc4.d           skel             usb_modeswitch.
binfmt.d            dnsmasq.d                 host.conf           logrotate.conf   openldap                rc5.d           sos.conf         uuid
```

图 12-8　查看目录下的文件命令

（3）创建文件命令“touch”（见图 12-9）。复制文件命令“cp”（见图 12-10）。删除文件命令“rm”（见图 12-11）。查看文件内容命令“cat”（见图 12-12）。

```
[root@VM_189_93_centos ~]# touch ~/testFile
[root@VM_189_93_centos ~]# ls
testFile
[root@VM_189_93_centos ~]#
```

图 12-9　创建文件命令

```
[root@VM_189_93_centos ~]# cp ~/testFile ~/testNewFile
[root@VM_189_93_centos ~]# ls
testFile  testNewFile
[root@VM_189_93_centos ~]#
```

图 12-10　复制文件命令

```
[root@VM_189_93_centos ~]# rm ~/testFile
rm: remove regular empty file '/root/testFile'? y
[root@VM_189_93_centos ~]#
```

图 12-11　删除文件命令

```
[root@VM_189_93_centos ~]# cat ~/.bash_history

#1531201922
mkdir $HOME/testFolder
#1531201955
cd $HOME/testFolder
#1531201980
cd ../
#1531202014
mv $HOME/testFolder /var/tmp
#1531202016
ls /var/tmp
#1531202044
```

图 12-12　查看文件内容命令

（4）单词过滤命令“grep”（见图 12-13）。重定向命令“>”或“<”，将输出重定向到一个指定文件中（见图 12-14）。

```
[root@VM_189_93_centos ~]# grep 'root' /etc/passwd
root:x:0:0:root:/root:/bin/bash
operator:x:11:0:operator:/root:/sbin/nologin
[root@VM_189_93_centos ~]#
```

图 12-13　单词过滤命令

```
[root@VM_189_93_centos ~]# echo 'Hello World' > ~/test.txt
[root@VM_189_93_centos ~]#
```

图 12-14　重定向命令

（5）“ping”命令检测与目标是否连通（见图 12-15）。“netstat -lt”命令查看正在监听的 TCP 端口（见图 12-16）。“netstat -tulpn”命令查看端口信息（见图 12-17）。

```
[root@VM_189_93_centos ~]# ping -c 4 cloud.tencent.com
PING cloud.tencent-cloud.com (139.199.215.180) 56(84) bytes of data.
64 bytes from 139.199.215.180: icmp_seq=1 ttl=61 time=0.243 ms
64 bytes from 139.199.215.180: icmp_seq=2 ttl=61 time=0.239 ms
^C
--- cloud.tencent-cloud.com ping statistics ---
2 packets transmitted, 2 received, 0% packet loss, time 1001ms
rtt min/avg/max/mdev = 0.239/0.241/0.243/0.002 ms
[root@VM_189_93_centos ~]#
```

图 12-15　检测与目标是否连通命令

```
[root@VM_189_93_centos ~]# netstat -lt
Active Internet connections (only servers)
Proto Recv-Q Send-Q Local Address           Foreign Address         State
tcp        0      0 0.0.0.0:ssh             0.0.0.0:*               LISTEN
[root@VM_189_93_centos ~]#
```

图 12-16　查看监听端口命令

```
[root@VM_189_93_centos ~]# netstat -tulpn
Active Internet connections (only servers)
Proto Recv-Q Send-Q Local Address           Foreign Address         State       PID/Program name
tcp        0      0 0.0.0.0:22              0.0.0.0:*               LISTEN      1399/sshd
udp        0      0 10.104.189.93:123       0.0.0.0:*                           1568/ntpd
udp        0      0 127.0.0.1:123           0.0.0.0:*                           1568/ntpd
udp        0      0 0.0.0.0:123             0.0.0.0:*                           1568/ntpd
udp6       0      0 :::123                  :::*                                1568/ntpd
[root@VM_189_93_centos ~]#
```

图 12-17　查看端口信息命令

12.7 思考与练习

1. 谈谈你对云服务器特点的理解。
2. 主流云服务器有哪些?
3. 弹性伸缩的应用场景主要有哪些?
4. 负载均衡是怎么实现的?
5. 谈谈云存储与其他存储方式的区别。
6. 云存储有哪些形式?
7. 块存储产品有哪些?
8. 对象存储的特点是什么?
9. 谈谈云数据库与分布式数据库的区别。
10. 谈谈关系型数据库和非关系型数据库的主要区别。

第13章 私有云平台

我国云 IT 基础架构支出的增长速度远高于全球市场，无论公有云还是私有云，相应 IT 基础架构支出在我国的增长速度都是全球增速的两倍左右。接下来，我国云 IT 基础架构支出将继续保持高速增长，其中，我国私有云 IT 基础架构支出将超过美国。

本章要点：

1. 了解私有云概念；
2. 了解 OpenStack；
3. 了解 OpenStack 发展历程；
4. 了解 OpenStack 架构和服务组件。

13.1 私有云概念

私有云是指企业自行（或委托提供商）配置软硬件基础实施，搭建的云服务平台，仅供内部人员使用。采用私有云的企业，数据保存在部署于内部的服务器上。私有云的主要特点如下。

（1）配置：自建云服务平台，需要自己配置 IT 基础设施。

（2）扩展性：扩展的规模和速度取决于基础实施状况。

（3）定制性：自建平台可自由定制，与现有业务系统对接。

（4）运维：完全自主运维，或交第三方托管。

（5）成本：自建模式，初期成本高昂，随业务量增长而递减。

（6）使用场景：专门个性化定制，适合企业内部业务。

在决定选择私有云还是公有云的时候，要根据需要来考虑，不是每个企业都适合私有云，而公有云也不能满足所有企业的需求。

13.2 OpenStack 概述

OpenStack 是一个开源的云计算管理平台项目，由 NASA 和 Rackspace 合作研发并发起，以 Apache 许可证授权。它的特点是自由和开放源代码。

OpenStack 由几个主要的组件组合起来完成具体工作，支持几乎所有类型的云环境，项目目标是提供实施简单、可大规模扩展、丰富、标准统一的云计算管理平台。OpenStack 通过各种互补的服务提供了基础设施即服务的解决方案，每个服务提供 API 以进行集成。OpenStack 能够帮助服务商和企业内部实现类似于 Amazon EC2 和 S3 的云基础架构服务 IaaS。

OpenStack 的社区拥有超过 130 家企业及 1 350 位开发者，这些机构与个人都将 OpenStack 作为基础设施即服务资源的通用前端。OpenStack 项目的首要任务是简化云的部署过程并为其带来良好的可扩展性。

OpenStack 包含两个主要模块：Nova 和 Swift，前者是 NASA 开发的虚拟服务器部署和业务计算模块；后者是 Rackspace 开发的分布式云存储模块。两者可以一起用，也可以分开单独用。OpenStack 除了有 Rackspace 和 NASA 的大力支持外，还有 Dell、Citrix、Cisco、Canonical 等重量级公司的贡献和支持，其发展速度非常快，有取代另一个业界领先开源云平台 Eucalyptus 的态势。

本书希望通过提供必要的指导信息，帮助读者利用 OpenStack 来部署自己的私有云。

13.3 OpenStack 发展历程

在 OpenStack 面世以前，Eucalyptus 是主要的云计算平台。Eucalyptus 最初是美国加利福尼亚大学 Santa Barbara 计算机科学学院的一个研究项目，现在已经商业化，发展成为 Eucalyptus Systems Inc。不过，Eucalyptus 仍然按开源项目维护和开发。Eucalyptus 分为 open source 版和 enterprise 版。Eucalyptus 的源码是公开的，并且有提供给 CentOS 5、Debian Squeeze、OpenSUSE 11、Fedora 12 的软件包。Eucalyptus 选择 Xen 和 KVM 作为虚拟化的管理程序，其 enterprise 版已经对 vSphere ESX/ESXi 提供了支持。

2010 年，NASA 在云计算领域投入了大量的资金，使用了很多 Eucalyptus 的代码。NASA 在该平台上进行了很多深度开发，但最后放弃了该平台，原因是 NASA 的工程师试图获取更多的 Eucalyptus 代码，但是失败了，因为这个平台只开放部分的源码。另一部分代码包括管理、SAN 集成、更为出色的后台数据库以及与 VMware 的兼容性并没有开源。之后，NASA 的工程师就用 Python 开发了 Nova，在 2010 年 4 月开始筹备 OpenStack。2010 年 7 月 NASA 贡献了自己的云计算管理平台 Nova 代码，联合当时第二大云计算厂商 Rackspace（贡献了对象存储代码，也就是后来的 Swift）发起了 OpenStack 开源项目。在过去的几年里，OpenStack 已经产生了 12 个发行版本。OpenStack 现在保持每 6 个月发行一个新版本的周期，与 OpenStack 峰会举办周期一致。该项目的参与公司已经从过去的 25 家发展为现在的超过 200 家，超过 130 个国家或地区的数千名用户参与其中。OpenStack 项目约定了几个原则：

（1）项目全部用 Python 语言开发；

（2）虚拟机默认使用 KVM；

（3）项目进行松耦合设计；

（4）使用 GitHub 进行代码管理；

（5）使用 Launchpad 进行项目管理；

（6）3 个月迭代一个版本（后来改为 6 个月）；

（7）举办开发峰会；

（8）产业链条设计（更多公司加入，让开源项目更为蓬勃地发展）。

13.4 OpenStack 架构和服务组件

OpenStack 是一个开源的云计算管理平台项目，是一系列软件开源项目的组合。它提供了一个部署云的操作平台或工具集，其宗旨在于帮助组织运行为虚拟计算或存储服务的云，为公有云、私有云，也为大云、小云提供可扩展的、灵活的云计算。

OpenStack 开源项目由社区维护，为 OpenStack 计算（Nova）、OpenStack 对象存储（Swift）和 OpenStack 镜像服务（Glance）的集合。OpenStack 提供了一个操作平台或工具包，用于编排云。其常见组件如下。

- Nova（计算）；
- Glance（镜像管理项目）；
- Swift（网盘，对象）；
- Keystone（权限管理）；
- Horizon（Web 项目）；
- Neutron（网络）；
- Cinder（磁盘管理）。

（1）Nova 计算。Nova 是 OpenStack 计算的弹性控制器。OpenStack 云实例生命周期所需的各种动作都将由 Nova 进行处理和支撑，这就意味着 Nova 以管理平台的身份登场，负责管理整个云的计算资源、网络、授权及测度。虽然 Nova 本身并不提供任何虚拟能力，但是它将使用 libvirt API 与虚拟机的宿主机进行交互。Nova 通过 Web 服务 API 来对外提供处理接口，而且这些接口与 Amazon 的 Web 服务接口是兼容的。

Nova 的功能及特点：实例生命周期管理；计算资源管理；网络与授权管理；基于 REST 的 API；异步连续通信；其支持各种宿主，包括 Xen、XenServer/XCP、KVM、UML、VMware vSphere 及 Hyper-V。

Nova 弹性云主要包含以下部分：API 服务器（nova-api）、消息队列（RabbitMQ Server）、运算工作站（nova-compute）、网络控制器（nova-network）、卷管理（nova-volume）、调度器（nova-scheduler）。

API 服务器提供了云设施与外界交互的接口，它是外界用户对云实施管理的唯一通道。通过使用 Web 服务来调用各种 EC2 的 API，接着 API 服务器便通过消息队列把请求送达云内目标设施进行处理。用户也可以使用 OpenStack 的原生 API 作为对 EC2-api 的替代，人们把它叫作 OpenStack API。

消息队列（RabbitMQ Server）：OpenStack 内部在遵循高级消息队列协议的基础上采用消息队列进行通信。Nova 对请求应答进行异步调用，当请求接收后便立即触发一个回调。由于使用了异步通信，因此不会有用户的动作被长置于等待状态。例如，启动一个实例或上传一份镜像的过程较为耗时，API 调用就将等待返回结果而不影响其他操作，在此异步通信发挥了很大作用，使整个系统变得更加高效。

运算工作站（nova-compute）：运算工作站的主要任务是管理实例的整个生命周期。它们通过消息队列接收请求并执行，从而对实例进行各种操作。在实际生产环境下会架设许多运算工作站，根据调度算法，一个实例可以在可用的任意一台运算工作站上部署。

网络控制器（nova-network）：网络控制器处理主机的网络配置，如分配 IP 地址，配置项目 VLAN，设定安全群组以及为计算节点配置网络。

卷管理（nova-volume）：卷管理基于 LVM 的实例卷，它能够为一个实例创建、删除、附加卷，也可以从一个实例中分离卷。卷管理为何如此重要？因为它提供了一种保持实例持续存储的手段，例如，当结束一个实例后，根分区如果是非持续化的，那么对其的任何改变都将丢失。可是，如果从一个实例中将卷分离出来，或者为这个实例附加上卷，即使实例被关闭，数据仍然保存其中。这些数据可以通过将卷附加到原实例或其他实例的方式而被重新访问。因此，为了日后访问，重要数据务必要写入卷中。卷管理对数据服务器实例的存储尤为重要。

调度器（nova-scheduler）：调度器负责把 nova-api 调用送达目标。调度器以名为 nova-scheduler 的守护进程方式运行，并根据调度算法从可用资源池中恰当地选择运算服务器。有很多因素都可以影响调度结果，例如，负载、内存、子节点的远近、CPU 架构等。需要强调的是，Nova 调度器采用的是可插入式架构。目前 Nova 调度器使用了几种基本的调度算法：随机化，主机随机选择可用节点；可用化，与随机化相似，只是随机选择的范围被指定；简单化，应用这种方式，主机选择负载最小者来运行实例。负载数据可以从别处获得，如负载均衡服务器。

（2）Glance 镜像。OpenStack 镜像服务器是一套虚拟机镜像发现、注册、检索系统，人们可以将镜像存储到以下任意一种存储中：本地文件系统（默认）、OpenStack 对象存储、S3 直接存储、S3 对象存储（作为 S3 访问的中间渠道）、HTTP（只读）。Glance 的功能是提供镜像相关服务。

Glance 主要由 3 个部分构成：glance-api、glance-registry 以及 image store。

glance-api 在功能上与 nova-api 十分类似，都是接收 RESTful API 请求，然后通过其他模块（glance-registry 及 image store）来完成诸如镜像的查找、获取、上传、删除等操作，默认监听端口为 9292。

glance-registry 用于与 MySQL 数据库交互，存储或获取镜像的元数据，提供镜像元数据相关的 REST 接口；通过 glance-registry，可以向数据库中写入或从中获取镜像的各种数据，glance-registry 监听端口为 9191。Glance 的数据库中有两张表，一张是 image 表，另一张是 image property 表。image 表保存了镜像格式、大小等信息；image property 表则主要保存镜像的定制化信息。

image store 是一个存储的接口，通过这个接口，Glance 可以获取镜像。image store 支持的存储有 Amazon 的 S3、OpenStack 本身的 Swift，还有诸如 Ceph、sheepdog、GlusterFS 等分布式存储。image store 是镜像保存与获取的接口，它仅仅是一个接口，具体的实现需要外部的存储支持。

Glance 为 Nova 提供镜像的查找等操作，存储组件为 Glance 提供了实际的存储服务。而 Swift、Ceph、Gluster、sheepdog 等又是 Glance 存储接口的一些具体实现，Glance 的存储接口还能支持 S3 等第三方的商业组件。

（3）Swift 存储。Swift 为 OpenStack 提供一种分布式的持续虚拟对象存储，它类似于 Amazon Web Service 的 S3 简单存储服务。Swift 具有跨节点百级对象的存储能力。Swift 内置冗余和失效备援管理，也能够处理归档和媒体流，特别是对大数据（GB）和大容量（多对象数量）的测度非常高效。

Swift 的功能包括海量对象存储、大文件（对象）存储、数据冗余管理、备份与归档

（处理大数据集）、为虚拟机和云应用提供数据容器、处理流媒体、对象安全存储等，其具有良好的可伸缩性。

Swift 的组件包括 Swift 账户、Swift 容器、Swift 对象、Swift 代理、Swift Ring、Swift 代理服务器、Swift 对象服务器、Swift 容器服务器、Swift 账户服务器、Ring（索引环）。

Swift 代理服务器：用户都是通过 Swift-API 与代理服务器进行交互的，代理服务器正是接收外界请求的门卫，它检测合法的实体位置并路由它们的请求。此外，代理服务器也同时处理实体失效而转移时，故障切换的实体重复路由请求。

Swift 对象服务器：对象服务器是一种二进制存储，它负责处理本地存储中的对象数据存储、检索和删除。对象都是文件系统中存放的典型的二进制文件，具有扩展文件属性的元数据（xattr）。xattr 格式被 Linux 中的 Ext3/4、XFS、Btrfs、JFS 和 ReiserFS 所支持，但是并没有有效测试证明其在 XFS、JFS、ReiserFS、Reiser4 和 ZFS 下也同样能运行良好。

Swift 容器服务器：容器服务器将列出一个容器中的所有对象，默认对象列表将存储为 SQLite 文件（也可以修改为 MySQL，安装中就是以 MySQL 为例）。容器服务器也会统计容器中包含的对象数量及容器的存储空间耗费。

Swift 账户服务器：账户服务器与容器服务器类似，将列出容器中的对象。

Ring（索引环）：Ring 容器记录着 Swift 中物理存储对象的位置信息，它是真实物理存储位置的实体名的虚拟映射，类似于查找及定位不同集群的实体真实物理位置的索引服务。这里所谓的实体指账户、容器、对象，它们都拥有属于自己的不同的 Ring。

（4）Keystone 认证。Keystone 为所有的 OpenStack 组件提供认证和访问策略服务，它依赖自身 REST（基于 Identity API）系统进行工作，主要对（但不限于）Swift、Glance、Nova 等进行认证与授权。事实上，授权对动作消息来源者请求的合法性进行鉴定。

Keystone 采用两种授权方式，一种基于用户名/密码，另一种基于令牌。除此之外，Keystone 提供以下 3 种服务：令牌服务，含有授权用户的授权信息；目录服务，含有用户合法操作的可用服务列表；策略服务，利用 Keystone 具体指定用户或群组的某些访问权限。

Keystone 认证服务组件主要包括以下几个。

服务入口。像 Nova、Swift 和 Glance 一样，每个 OpenStack 服务都拥有一个指定的端口和专属的 URL，人们称其为入口。

区位。在某个数据中心，一个区位具体指定了一处物理位置。在典型的云架构中，如果不是所有的服务都访问分布式数据中心或服务器，也可以称为区位。

用户。为 Keystone 授权使用者，代表一个个体，OpenStack 以用户的形式来授权服务给它们。用户拥有证书，且可能分配给一个或多个租户。经过验证后，会为每个单独的租户提供一个特定的令牌。

服务。总体而言，任何通过 Keystone 进行连接或管理的组件都被称为服务。例如，人们可以称 Glance 为 Keystone 的服务。

角色。为了维护安全稳定，就云内特定用户可执行的操作而言，该用户关联的角色是非常重要的。一个角色是应用于某个租户的使用权限集合，以允许某个指定用户访问或使用特定操作。角色是使用权限的逻辑分组，它使得通用的权限可以简单地分组并绑定到与某个指定租户相关的用户。

租间。其是具有全部服务入口并配有特定成员角色的项目。一个租间映射到一个 Nova 的“project-id”，在对象存储中，一个租间可以有多个容器。根据不同的安装方式，一个租间可以代表一个客户、账号、组织或项目。

（5）Horizon Web 接口。Horizon 是一个用于管理、控制 OpenStack 服务的 Web 控制面板，它可以管理实例、镜像，创建密钥对，对实例添加卷，操作 Swift 容器等。除此之外，用户还可以在控制面板中使用终端或 VNC 直接访问实例。总之，Horizon 具有如下一些特点。

- 实例管理：创建、终止实例，查看终端日志，VNC 连接，添加卷等。
- 访问与安全管理：创建安全群组，管理密钥对，设置浮动 IP 等。
- 偏好设定：对虚拟硬件模板可以进行不同偏好设定。
- 镜像管理：编辑或删除镜像。
- 查看服务目录。
- 用户管理：创建用户，管理用户、配额及项目用途等。
- 卷管理：创建卷和快照。
- 对象存储处理：创建、删除容器和对象。
- 为项目下载环境变量。

（6）Neutron 网络。Neutron 是 OpenStack 的网络服务，以前叫 Quantum。Neutron 是 OpenStack 的核心项目之一，提供云计算环境下的虚拟网络功能。OpenStack Havana 版本的 Release Note 描述了 Neutron 新增加的功能，具体如下。

- Multi-Vendor-Support：同时支持多种物理网络类型，支持 Linux Bridge、Hyper-V 和 OVS bridge 计算节点共存。
- Neutron-FwaaS：支持防火墙服务。

- VPNaaS：支持节点间 VPN 服务。
- More-Vendors：更多的网络设备支持和开源 SDN，新增加了 ML2（The Modular Layer2）插件。

Neutron 网络的目标是使 OpenStack 云更灵活地划分物理网络，在多租户环境下提供给每个租户独立的网络环境，其提供 API 来实现这个目标。在 Neutron 中用户可以创建自己的网络对象，如果要和物理环境下的概念映射，这个网络对象相当于一个巨大的交换机，可以拥有无限多个动态可创建和销毁的虚拟端口。在 Horizon 上创建 Neutron 网络的过程如下。

- 首先管理员拿到一组可以在互联网上寻址的 IP 地址，并且创建一个外部网络和子网。
- 租户创建一个网络和子网。
- 租户创建一个路由器并且连接租户子网和外部网络。
- 租户创建虚拟机。

一个标准的 OpenStack 网络设置有 4 个不同的物理数据中心网络。

- 管理网络：用于 OpenStack 各组件之间的内部通信。
- 数据网络：用于云部署中虚拟数据之间的通信。
- 外部网络：公共网络，外部或 Internet 可以访问的网络。
- API 网络：暴露所有的 OpenStack API，包括 OpenStack 网络中给租户的 API。

OpenStack 虚拟网络 Neutron 把部分传统网络管理的功能推到了租户方，租户通过它可以创建一个自己专属的虚拟网络及其子网，并创建路由器等，在虚拟网络功能的帮助下，基础物理网络就可以向外提供额外的网络服务了。例如，租户完全可以创建一个属于自己的类似于数据中心网络的虚拟网络。Neutron 提供了比较完善的多租户环境下的虚拟网络模型以及 API，像部署物理网络一样，使用 Neutron 创建虚拟网络时也需要做一些基本的规划和设计。

（7）Cinder 存储。Nova 利用主机的本地存储为虚拟机提供“临时存储”，如果虚拟机被删除了，挂在这个虚拟机上的任何临时存储都将自动释放。基于 SAN、NAS 等不同类型的存储设备，OpenStack Cinder、Swift 引入了永久存储，负责为每个虚拟机本身的镜像以及它所产生的数据提供一个存储场地。

Cinder 是 OpenStack 中提供类似于 EBS 块存储服务的 API 框架，为虚拟机提供持久化的块存储能力，实现虚拟机存储卷的创建、挂载卸载、快照等生命周期管理。Cinder 提供的 RESTful API 对逻辑存储卷进行管理。

用户通过 Client 发送 RESTful 请求，cinder-api 进入 Cinder 的 HTTP 结构。cinder-volume 运行在存储节点上，管理具体存储设备的存储空间，每个存储节点上都会运行一个 cinder-volume 服务，多个节点一起构成了一个存储资源池。

cinder-Scheduler 根据预定的策略选择合适的 cinder-volume 节点来处理客户请求。cinder-backup 提供存储卷备份功能。

Cinder 并没有实现对块设备的管理和实际服务，而是为后端不同的存储结构提供了统一的接口，不同的块设备服务厂商在 Cinder 中实现其驱动支持以与 OpenStack 进行整合。后端的存储可以是 DAS、NAS、SAN、对象存储或者分布式文件系统，如 Ceph。也就是说，Cinder 的块存储数据完整性、可用性保障是由后端存储提供的。Cinder 只是提供了一层抽象，要得到回应得通过其后端支持的 driver 发出命令。关于块存储的分配信息以及选项配置等会被保存到 OpenStack 统一的 DB 中。Cinder 默认使用 LVM 作为后端存储，LVM 将众多不同的物理存储器资源组成卷组，在卷组上创建逻辑卷，然后将文件系统安装在逻辑卷上。

13.5 实战项目：云平台调研报告

项目目标：自行分组，每组人数 5～6 人。小组自行选出组长，自行选择云平台相关主题，策划调研提纲、搜集资料数据、进行云平台调研并汇总形成云平台调研报告。

项目内容如下。

云计算按照应用层次，主要划分为 IaaS、PaaS 和 SaaS 这 3 种层次的应用。目前市面上常见的 IaaS 应用主要有 Amazon 的 AWS，其基本上已经成为整个行业的标准。IaaS 在开源领域也是百花齐放，比较著名的开源平台有：Eucalyptus、OpenStack 和 CloudStack、OpenNebula、Nimbus，在国内社区比较火热的主要是前 3 种。接下来主要介绍 Eucalyptus。

Eucalyptus 是一种开源的软件基础结构，用来通过计算集群或工作站群实现弹性的、实用的云计算。Eucalyptus Systems 还在基于开源的 Eucalyptus 构建额外的产品，它还提供支持服务。

Eucalyptus 在 2008 年 5 月发布 1.0 版本，在 2009 年与 Ubuntu 合作，成为 Ubuntu Server 9.04 的一个重要特性，可以选择 Xen、KVM 作为虚拟化管理程序，对 vSphere ESX/ESXi 提供支持。

Eucalyptus 主要是用 C 和 Java 语言开发的，其中云控制器是由 Java 语言完成的，Tools 是由 Perl 语言完成的，其他的都是由 C 语言完成的。

Eucalyptus 主要由 5 个组件组成，分别是：云控制器（Cloud Controller，CLC）、集群控制器（Cluster Controller，CC）、节点控制器（Node Controller，NC）、存储控制器（Storage Controller，SC）和 Walrus。

（1）CLC。其负责管理整个系统。它是所有用户和管理员进入 Eucalyptus 云的主要入口。所有客户机通过基于 SOAP 或 REST 的 API 与 CLC 通信，由 CLC 负责将请求传递给正确的组件，CLC 收集请求并将来自这些组件的响应发送回客户机。CLC 是 Eucalyptus 云的对外“窗口”。

（2）CC：负责管理整个虚拟实例网络。请求通过基于 SOAP 或 REST 的接口被送至 CC。CC 维护有关运行在系统内的节点控制器的全部信息，并负责控制这些实例的生命周期。它将开启虚拟实例的请求路由到具有可用资源的节点控制器。

（3）NC：主要负责控制主机操作系统及相应的 Hypervisor（Xen、KVM 或 VMware），必须在托管了实际的虚拟实例（根据来自 CC 的请求实例化）的每个计算机上运行 NC 的一个实例。

（4）SC：实现了 Amazon 的 S3 接口，SC 与 Walrus 联合工作，用于存储和访问虚拟机镜像、内核镜像、RAM 磁盘镜像和用户数据。其中，虚拟机镜像可以是公共的，也可以是私有的，并最初以压缩和加密的格式存储。这些镜像只有在某个节点需要启动一个新的实例并请求访问此镜像时才会被解密。

（5）Walrus：负责管理对 Eucalyptus 内的存储服务的访问。请求通过基于 SOAP 或 REST 的接口传递至 Walrus。

Eucalyptus 云可以聚合和管理来自一个或多个集群的资源，一个集群是连接到相同 LAN 的一组计算机。在一个集群中，可以有一个或多个 NC 实例，每个实例管理虚拟实例的实例化和终止。

13.6 思考与练习

1. 比较私有云和公有云的区别。
2. OpenStack 有哪些组件？
3. Eucalyptus 的主要特点是什么？
4. OpenStack 的 Nova 组件的主要功能有哪些？

5. 谈谈你对开源云平台的看法。
6. OpenStack 是怎样发展起来的？
7. OpenStack 的网络由哪个组件提供？
8. OpenStack 的存储是怎样实现的？
9. OpenStack 的身份认证是怎样实现的？
10. OpenStack 提供了一个用户接口，是由哪个服务提供的？